"十二五"期间海南省生态环境质量及污染物排放趋势研究

陈表娟　莫　凌　编著

U0252712

科　学　出　版　社

北　京

内 容 简 介

本书基于海南省生态环境监测网 2011～2015 年开展的海南省环境空气、水环境、声环境、辐射环境、生态环境等环境要素监测结果和海南省废气、废水和固体废弃物等污染物排放情况,对"十二五"期间海南省生态环境质量现状及污染物排放压力进行分析研究,为海南省经济社会发展规划、环境保护政策制定奠定理论基础。

本书适合环境质量监测人员、科研人员、高等院校和科研机构学生以及对海南省"十二五"期间环境状况及变化趋势感兴趣的广大读者参考阅读。

图书在版编目(CIP)数据

"十二五"期间海南省生态环境质量及污染物排放趋势研究/陈表娟,莫凌编著.—北京:科学出版社,2018.3
ISBN 978-7-03-055702-5

Ⅰ.①十… Ⅱ.①陈… ②莫… Ⅲ.①区域生态环境—环境监测—研究—海南 2011—2015 ②排污—环境管理—研究—海南—2011—2015
Ⅳ.①X321.266

中国版本图书馆 CIP 数据核字(2017)第 294392 号

责任编辑:杨光华/责任校对:石娟娟
责任印制:彭 超/封面设计:苏 波

斜 学 出 版 社 出版
北京东黄城根北街 16 号
邮政编码:100717
http://www.sciencep.com

武汉精一佳印刷有限公司印刷
科学出版社发行 各地新华书店经销
*
开本:787×1092 1/16
2018 年 3 月第 一 版 印张:18 1/4
2018 年 3 月第一次印刷 字数:432 700
定价:188.00 元
(如有印装质量问题,我社负责调换)

《"十二五"期间海南省生态环境质量及污染物排放趋势研究》

编 委 会

序

回顾"十二五"期间,在海南省委省政府的正确领导下,海南省生态环境保护紧紧围绕生态立省、国际旅游岛建设战略,坚持以环境保护促进结构调整和转变发展方式,强力推动"多规合一"等重点改革,不断增强发展的内生动力与活力,着力推进水和大气污染防治和主要污染物减排,圆满完成各项国家考核任务,加强生态建设和农村环境综合整治,积极推进生态示范区建设,加强环境保护监管执法,提高环境风险防控能力,推进环境保护领域改革,健全法规政策体系。妥善解决突出环境问题,在推动海南省经济社会可持续健康发展的同时,环境空气、地表水、地下水、近岸海域环境质量优良,海南省生态环境质量继续保持优良态势。

本书基于海南省生态环境监测网 2011~2015 年开展的海南省环境空气、水环境、声环境、辐射环境、生态环境等环境要素监测结果和海南省废气、废水和固体废弃物等污染物排放情况,对"十二五"期间海南省生态环境质量现状及污染物排放压力进行了分析,便于环境质量监测人员和科研人员了解"十二五"期间海南省生态环境质量状况、污染物排放情况及主要压力,亦可作为大专院校和科研机构开展海南省生态环境质量状况与污染物排放趋势研究的参考书籍。

本书共分为 5 章,第 1 章由陈表娟、王琇、武凤莉、王敏英、符致钦、唐闻雄、吴姬、韩金妮、王仁忠等编著,第 2 章由陈表娟、杨朝晖、黄春、胡超等编著,第 3 章由陈表娟、杨晓姝、孟鑫鑫、谢东海、刘彬、叶映、李攀、黄文静、刘阳生、杨安富、符诗雨、史健康、吕淑果、关学彬、莫凌、陈峻峰、王小菊等编著,第 4 章由莫凌、杨朝晖、黄春、谢东海、薛育易、刘彬、黄文静、穆晓东、刘贤词、林天等编著,第 5 章由刘彬、陈表娟、莫凌编著,附录由黄文静、莫凌、叶映、刘彬编著。陈表娟、莫凌、刘彬、黄文静对全书进行统稿和定稿。

海南省环境监测中心站和全省 18 个市(县)(不含三沙市)环境监测站的现场采样人员和实验室分析人员为本书的编写提供了原始监测数据,海南省生态环境保护厅相关处室、直属单位,以及海南省统计、水务、气象、农业、国土等相关部门和单位为本书的研究与分析提供了基础数据和相关信息,在此,对各单位及参加监测的所有工作人员表示感谢。

由于海南生态环境监测在不断发展,加上编写人员的业务水平、工作经验有限,书中难免存在不足之处,敬请专家和广大读者批评指正。

编　者

2017 年 10 月

目 录

第1章 概　况

1.1　自然环境概况

1.1.1　地理位置

海南省位于中国最南端。北以琼州海峡与广东省划界,西隔北部湾与越南相对,东面和南面在南海中与菲律宾、文莱、印度尼西亚和马来西亚为邻。海南岛地处北纬 $18°10'\sim 20°10'$,东经 $108°37'\sim111°03'$,岛屿轮廓形似一个椭圆形大雪梨,长轴呈东北至西南向,长约 290 km,西北至东南宽约 180 km,面积 $3.39×10^4$ km^2,是国内仅次于台湾岛的第二大岛。海岸线总长 1822.86 km,有大小港湾 68 个,周围 $-5\sim-10$ m 的等深地区达 2 330.55 km^2,相当于陆地面积的 6.8%。海南岛北与广东雷州半岛相隔的琼州海峡宽约 18 n mile,是海南岛与大陆之间的"海上走廊",也是北部湾与南海之间的海运通道。西沙群岛和中沙群岛在海南岛东南面约 300 n mile 的南海海面上。中沙群岛大部分淹没于水下,仅黄岩岛露出水面。西沙群岛有岛屿 22 座,陆地面积 8 km^2,其中永兴岛最大(2.13 km^2)。南沙群岛位于南海的南部,是分布最广和暗礁、暗沙、暗滩最多的一组群岛,陆地面积仅 2 km^2,其中曾母暗沙是我国最南端的领土。

1.1.2　地形地貌

海南岛四周低平,中间高耸,呈穹隆山地形,以五指山、鹦哥岭为隆起核心,向外围逐级下降,由山地、丘陵、台地、平原构成环形层状地貌,梯级结构明显。海南岛地貌以山地和丘陵为主,占全岛面积的 38.7%。丘陵主要分布在岛内陆和西北、西南部等地区。在山地和丘陵周围,广泛分布着宽窄不一的台地和阶地,占全岛总面积的 49.5%。环岛多为滨海平原,占全岛总面积的 11.2%。海岸主要为火山玄武岩台地的海蚀堆积海岸、由溺谷演变而成的小港湾或堆积地貌海岸、沙堤围绕的海积阶地海岸,海岸生态以热带红树林海岸和珊瑚礁海岸为特点。西、南、中沙群岛地势较低平,一般在海拔 $4\sim5$ m,西沙群岛的石岛最高,海拔约 15.90 m。

1.1.3　气候

海南省是我国最具热带海洋气候特色的地方,全年暖热,雨量充沛,干湿季节明显,台风活动频繁,气候资源多样。年平均气温 $23\sim26$ ℃,$\geqslant10$ ℃的积温为 8 200 ℃·d,最冷的 $1\sim2$ 月份温度仍达 $16\sim21$ ℃,年光照为 $1\,750\sim2\,650$ h,光照率为 $50\%\sim60\%$,光温充足,光合潜力高。海南省雨量充沛,年平均降水量为 1 600 mm 以上,有明显的多雨季和少雨季。每年的 $5\sim10$ 月份是多雨季,总降水量达 1 500 mm 左右,占全年总降水量的 $70\%\sim 90\%$,雨源主要有锋面雨、热雷雨和台风雨,每年 11 月至翌年 4 月为少雨季,仅占全年降水量的 $10\%\sim30\%$,少雨季干旱常常发生。

1.1.4　土壤植被

海南岛由于地形的影响,导致生物气候条件的分异,土壤分布具有明显的垂直地带性和地域性。由于西部地形隆起,海拔高达 1 867 m(五指山),因而形成了比较完整的土壤垂直带谱。在海南岛山地的东坡,由基带上的砖红壤,随着海拔的升高而递变为山地赤红壤和山地黄壤。砖红壤、山地赤红壤和山地黄壤均为湿润亚热带典型地带性土壤类型。因地形差异,引起降水量和湿度分布的地域性变异,降水和湿度一般沿海比内陆低,东部比西南部高,形成了土壤分布的区域性,北部为典型山地红色砖红壤,东南部为黄色砖红壤,西南部为褐色砖红壤和典型的热带干旱地区土壤——燥红土。中部山区主要分布山地黄壤、赤红壤。丘陵、台地主要分布砖红壤、酸性紫色土、红色石灰土、石质土等。沿海四周台地阶地平原主要分布浅海沉积物砖红壤、燥红土、滨海沙土、冲积土、滨海沼泽盐土、酸性硫酸盐土等。

海南岛植被生长快,植物繁多,是热带雨林、热带季雨林的原生地。到目前为止,海南岛有维管束植物 4 000 多种,约占全国总数的 1/7,其中 630 多种为海南特有。在 4 000 多种植物资源中,药用植物 2 500 多种;乔灌木 2 000 多种,其中 800 多种经济价值较高,被列为国家重点保护的特产与珍稀树木 20 多种;果树(包括野生)142 种;芳香植物 70 多种;热带观赏花卉及园林绿化美化树木 200 多种。

植物资源的最大蕴藏量在热带森林植物群落类型中。热带森林植被类型复杂,森林植被垂直分带明显,且具有混交、多层、异龄、常绿、干高、冠宽等特点。热带森林主要分布于五指山、尖峰岭、霸王岭、吊罗山、黎母山等林区,其中五指山属未开发的原始森林。热带森林以生产珍贵的热带木材而闻名,在 1 400 多种针阔叶树种中,乔木达 800 种,其中 458 种被列为国家的商品材,属于特类材的有花梨、坡垒、子京、荔枝、母生 5 种,一类材 34 种,二类材 48 种,三类材 119 种,适于造船和制造名贵家具的高级木材有 85 种,珍稀树种 45 种。

1.1.5　矿产资源

海南矿产资源种类较多,全省共发现矿产 88 种,经评价有工业储量的矿种 70 种,其中列入 2012 年《海南矿产储量表》的 62 种、产地 513 处。海南矿产资源主要包括能源、黑色金属、有色金属、贵金属、稀有金属、稀有稀土分散元素、冶金辅助原料、化工原料、建筑材料、其他非金属矿、地下水、热矿水和饮用天然矿泉水等种类。具有优势和资源潜力的矿产资源主要有海洋石油、海洋天然气和天然气水合物(可燃冰)、富铁矿、锆英石砂矿、钛铁砂矿、玻璃用石英砂、饮用天然矿泉水、医疗热矿水等。具特色和比较优势的矿产资源有高岭土、岩金、钼矿、钴矿、饰面用花岗岩、蓝宝石、油页岩、石墨等。

海南岛周边海域已探明的天然气田主要有崖州 13-1、东方 1-1、乐东 15-1 等。玻璃用砂已探明大型矿床 4 处,主要分布于儋州、东方、文昌等地。钛铁砂矿主要分布于海南岛东海岸,已探明矿床 24 处,其中大型矿床 3 处、中型 1 处。锆英石砂矿已探明大型矿床 3

处、中型 6 处、小型 19 处,主要分布于文昌、琼海、万宁、陵水等市(县)。已探明宝石大型矿床 1 处,位于文昌境内。富铁矿分布于昌江石碌镇一带,保有储量 2.31×10^8 t,是国内少有的富铁矿之一。已探明铝土矿大型矿床 1 处,位于海南岛北部的蓬莱地区。饰面用花岗岩主要分布于屯昌、琼中、三亚、乐东、白沙等市(县),花色品种主要有崖县红、翠玉红、翠白玉、四彩花、玫瑰红、芝麻白等。饮用天然矿泉水各市(县)均有发现。

1.1.6 水资源

1. 地表水

海南岛地势中部高四周低,比较大的河流大都发源于中部山区,组成辐射状水系。各大河流均具有流量丰富、夏涨冬枯等水文特征。全岛独流入海的河流共 154 条,其中集水面积超过 100 km² 的有 41 条。南渡江、昌化江、万泉河为海南岛三大河流,集水面积均超过 3 000 km²,三大河流流域面积占全岛面积的 47%。

南渡江发源于白沙南峰山,斜贯岛中北部,流经白沙、琼中、儋州、澄迈、屯昌、定安等市(县)至海口入海,全长 335 km,流域面积 7 064 km²。昌化江发源于琼中,横贯岛中西部,流经琼中、五指山、乐东、东方等市(县)至昌江昌化港入海,全长 233 km,流域面积 4 985 km²。万泉河上游分南北两支,均发源于琼中,两支流经琼中、万宁等市(县)至琼海龙江合口咀合流,至博鳌港入海,主流全长 170 km,流域面积 3 691 km²。

2. 地下水

海南岛地下径流为 140.5×10^8 m³/a,可开采量为 47×10^8 m³/a,其来源主要为降水入渗补给。根据海南岛地下水循环特征、含水层水力联系特征、含水层介质类型及地貌单元,将海南岛划分为九个地下水系统和五大含水层。九个地下水系统分别是琼北自流盆地地下水系统、东部滨海平原地下水系统、腾桥林旺自流斜地地下水系统、三亚自流斜地地下水系统、崖城自流斜地地下水系统、莺歌海九所自流斜地地下水系统、八所感城自流斜地地下水系统、西北部滨海平原地下水系统和中部丘陵山区地下水系统。五大含水层包括松散岩类含水层、碳酸盐岩类含水层、基岩裂隙含水层、火山岩类含水层及松散-半固结岩类承压含水层。

1.1.7 海洋资源

海南省海域海洋资源丰富,是我国海洋面积最大的省份,海域面积约 200×10^4 km²。海南省海岸线总长约为 1 822.86 km,根据全国人大的授权,海南省人民政府对本省行政区内的海域统一行使管辖权。

南海是我国四大领海中面积最大、物种最丰富的热带海域,蕴藏着巨大的石油和天然气资源,南海丰富的资源赋予了海南省发展海洋经济的独特优势。据国土资源部的数据显示,在南海中南部 16 个新生代含油气盆地共 52×10^4 km² 范围内,有含油气构造 200 多个,油气田 180 多个。石油天然气蕴藏地质资源量,石油 230×10^8 t,天然气 339×10^{11} m³,油当量 569×10^8 t。其中可采资源量石油 33×10^8 t,天然气 109×10^{11} m³,油当量 142×10^8 t。在中国海域油气总资源量中,南海中南部油气当量地质资源量占 53%,可采资源量占 66%,相当于全球石油储量的 12%,约占中国石油总资源量的 1/3,被称为"第二个大庆"。

南海海洋鱼类有 1500 多种,大多数种类分布在南沙、西沙、中沙群岛海域,尤其是盛产我国其他海域区罕见的大洋性鱼类,鱼类资源十分丰富,品质十分优良,具有极高的经济价值。海洋鱼类主要有海龟、海参、海贝、龙虾、马鲛鱼、石斑鱼、红鱼、鲣鱼、带鱼、宝刀鱼、海鳗、沙丁鱼、大黄鱼、燕鳐鱼、乌鲳鱼、银鲳鱼、金枪鱼、鲨鱼等。特别是马鲛鱼、石斑鱼、金枪鱼、乌鲳鱼和银鲳鱼等优质鱼类蕴藏量很高,是远海捕捞的主要品种。

1.1.8　重大自然灾害

2014 年气象灾害较常年严重,气候年景属差年景,热带气旋灾害属于特重影响年份。7 月 18 日第 9 号台风"威马逊"在文昌翁田镇沿海登陆,登陆时中心附近最大风力 17 级(60 m/s),中心最低气压 910 hPa,为 1973 年以来登陆海南省的最强台风。7 月 17 日 8 时至 19 日 14 时,全岛有 51 个乡镇雨量超过 300 mm,21 个乡镇雨量超过 400 mm,9 个乡镇雨量超过 500 mm,昌江有 2 个乡镇雨量在 600 mm 以上。海南岛东北部陆地普遍出现平均风 10~12 级,阵风 13~16 级。"威马逊"造成全省 18 个市(县)的 216 个乡镇受灾,受灾人口 325.83 万人,倒塌房屋 2.32 万间,农作物受灾面积 16.30 万公顷,成灾面积 11.55 万公顷,绝收面积 3.88 万公顷,农林牧渔业直接经济损失 74.24 亿元,全省直接经济损失 119.50 亿元,因灾死亡 25 人,失踪 6 人。9 月 16 日第 15 号台风"海鸥"登陆海南,登陆时最大风力 13 级(40 m/s)。"海鸥"带来的风暴潮导致海口、文昌、澄迈、临高等部分地区海水倒灌,村庄或道路被淹,房屋受损,群众被困。全省有 17 个市(县)219 个乡(镇)受灾,人口 286.50 万人,直接经济损失 57.87 亿元。年内还发生多起暴雨洪涝、雷雨大风、雷击、大雾等气象灾害事件。全年因气象灾害造成 637.0 万人次受灾,死亡 28 人,农作物受灾面积 31.56 万公顷,直接经济损失 180.2 亿元,为中华人民共和国成立以来海南气象灾害最严重、经济损失最惨重的一年。

2015 年海南省出现持续高温天气,多个市(县)发布高温橙色预警信号,2015 年全省年平均气温 25.4 ℃,较常年偏高 0.9 ℃,为历史以来最高值之一(与 1998 年持平)。其中 5 月、6 月、8 月、9 月和 11 月全省月平均气温也均达到或突破历史以来的同期最高值。全省平均年高温(日最高气温≥35 ℃)日数 46 d,较常年偏多约 27 d,为历史以来最多。4~11 月全省大部分市(县)月极端最高气温频频刷新当地历史同期最高记录,其中 8 月有 13 个市(县)极端最高气温达到或突破当地历史同期极值。

2015 年全省气象干旱持续时间长,三亚、昌江等地一度达到特重级别,工农林业生产和群众生活受到不同程度影响。3 月开始全省气象干旱发展;6 月中旬达到最重,并造成 14.68 万人、2.85 万头大牲畜饮水困难,46 条小河沟断流,119 座水库干枯,农作物受旱面积达 35.87 万亩[①],7~11 月各地气象干旱又经历了缓解、解除和重新发展。

---

① 1 亩≈666.67 m²,下同。

1.2 社会经济概况

1.2.1 行政区划及人口分布

海南省的行政区域包括海南岛、西沙群岛、中沙群岛、南沙群岛的岛礁及其海域,是我国面积最大的省。截至目前,全省共有 4 个地级市、5 个县级市、4 个县、6 个民族自治县、1 个经济开发区。据省统计局统计资料,2015 年年末全省常住人口 910.82 万人,比 2011 年增加 3.8%;非农业人口 502.04 万人,占 55.12%,农业人口 408.78 万人,占 44.88%。

1.2.2 主要社会经济指标

海南"十二五"时期走过的历程很不平凡,面对国际金融危机持续影响、两次超强台风正面袭击和经济下行压力,在党中央的正确领导下,坚持以科学发展为主题,以转变发展方式、实现绿色崛起为主线,以全面建设国际旅游岛为总抓手,万众一心,埋头苦干,开拓进取,经济建设、政治建设海南以国际旅游岛建设为总抓手,拼搏实干,发愤图强,在百舸争流的发展大潮中乘风破浪,各项事业取得历史性的重大成就。五年中,全省经济发展实现新跨越。

2015 年全省地区生产总值(GDP)3 702.76 亿元,比上年增长 7.8%,是 2011 年的 1.47 倍。比 2010 年增长 57.1%,2011~2015 年年均递增 9.5%。其中,第一产业增加值 854.72 亿元,增长 5.4%;第二产业增加值 875.82 亿元,增长 6.5%;第三产业增加值 1 972.22 亿元,增长 9.6%。2015 年全省人均地区生产总值 40 818 元,比上年增长 6.9%,是 2011 年 1.41 倍。比 2010 年增长 49.7%,2011~2015 年年均递增 8.4%。2015 年地方一般公共预算收入 627.69 亿元,比 2010 年增加 131.6%,2011~2015 年年均递增 18.3%。2015 年全省固定资产投资总额 3 355.4 亿元,比 2010 年增长 152%,2011~2015 年年均递增 22.9%。

全省常住居民收入大幅度提高,2015 年全省常住居民人均可支配收入 18 979 元,比上年增长 8.6%。其中,城镇常住居民人均可支配收入 26 356 元,比 2011 年增长 43.48%;农村常住居民人均可支配收入 10 858 元,比 2011 年增长 68.45%。产业结构明显优化,以冬季瓜菜为品牌的热带特色现代农业增速位居全国前列,以海南生态软件园为代表的高新技术产业加速兴起,以旅游业为龙头的现代服务业加快发展,成为全省最具特色、最有活力的主导产业,三次产业比重从 2010 年的 26.2∶27.6∶46.1 优化为 2015 年的 23.1∶23.6∶53.3。

1.2.3 能源消费

"十二五"期间海南省年均能源消耗量有所增加。2015 年能源消费总量较 2011 年增加 25.07%,由 2011 年 1 549.29×10⁴ t 标准煤增加至 2015 年 1 937.77×10⁴ t 标准煤。煤炭消费量较 2011 年增加 41.83%,由 2011 年 542.27×10⁴ t 标准煤增加至 2015 年 769.11×10⁴ t 标准煤;石油消费量较 2011 年增加 29.16%,由 2011 年 516.77×10⁴ t 标准煤增加至 2015 年 667.47×10⁴ t 标准煤;天然气消费量较 2011 年下降 5.22%,由 2011

年 388.75×10⁴ t 标准煤下降至 2015 年 368.45×10⁴ t 标准煤;电力消费量较 2011 年增加 46.11%,由 2011 年 1 864 005.13×10⁴ kW·h 增加至 2015 年 2 723 560.88×10⁴ kW·h;电力消费量增速超过其他能源消费量增速。

在保证 GDP 稳定增长的同时,海南省全面加强节能减排工作,特别是针对工业方面。"十二五"期间单位 GDP 能源消耗量持续降低,由 2011 年的 0.670 t 标准煤/万元 GDP 下降至 2015 年的 0.591 t 标准煤/万元 GDP,完成国家下达的"十二五"期间单位 GDP 能耗累计下降 10% 的目标任务。

1.2.4　水资源消费

"十二五"期间全省总用水量在 44.48×10⁸~45.84×10⁸ m³。在工业产值稳定增长的同时,全省工业用水量逐年减少,由 2011 年的 3.86×10⁸ m³ 下降至 2015 年的 3.24×10⁸ m³,降幅达 16.1%,全省万元 GDP 用水量逐年减少,由 2011 年的 177.0 m³ 下降至 2015 年的 123.8 m³,降幅 30.06%;万元工业增加值用水量由 2011 年的 81.0 m³ 下降至 2015 年的 66.7 m³,降幅 17.65%。

1.2.5　交通源

截至 2015 年底,海南省民用汽车拥有量达到了 83.82 万辆,其中载客汽车 700 652 辆(大型 12 794 辆、中型 6 255 辆、小型 675 997 辆、微型 5 606 辆),载货汽车 126 586 辆(重型 11 872 辆、中型 11 829 辆、轻型 102 589 辆、微型 296 辆),其他汽车 10 929 辆。载客汽车中,以小型载客汽车拥有量占比最大,占 96.5%,载货汽车中,以轻型载货汽车拥有量占比最大,占载货汽车比重为 81.04%。

2011~2015 年,海南省民用汽车保有量年均增长率在 11.5%~20.6%,2015 年较 2014 年增长了 11.49%。与 2011 年相比,2015 年海南省民用汽车拥有量增长了 1.71 倍。

机动船"十二五"期间,海南省机动船拥有量逐渐减少,2015 年全省拥有量 462 艘,与 2011 年相比下降 9.77%。2015 年全省机动船净载重吨位为 171×10⁴ t,与 2011 年相比下降 23.51%。

民用飞机"十二五"期间,海南省民用飞机拥有量和客运量急剧攀升。2015 年民用飞机拥有量 140 架,比 2005 年增长 2.98 倍,与 2011 年相比增长 86.67%。2015 年全省民用飞机客运量为 2516 万人,比 2005 年增长 2.82 倍,与 2011 年相比增长 48.26%。

1.3　环境保护工作概况

1.3.1　主要措施及成效

1. 生态环境质量总体优良

"十二五"期间,全省生态环境质量总体保持良好,继续保持全国领先水平。2015 年,城市(镇)空气质量优良天数占比达 97.9%,94.2% 的监测河流和 83.3% 的监测湖库水质符合或优于地表水 III 类标准,城市(镇)集中式饮用水水源地水质达标率 100%。全省陆地森林覆盖率不低于 62%。生态保护地面积占全省陆域面积 12.28%。主要海洋功能区环境状况满足功能要求和环境保护目标,海南岛近岸海域一、二类海水占 92.8%。

2. 主要污染物得到有效控制

实施《大气污染防治行动计划》,完成全省火电、钢铁、水泥、造纸、平板玻璃等重点行业脱硫、脱硝、除尘改造任务。在全省范围内全面供应、销售国 V 标准车用汽柴油。完成全省 474 个加油站、8 座储油库和 83 辆油罐车的油汽改造工程建设和验收,综合完成率达到 100%。淘汰黄标车 75 559 辆,占全省黄标车保有量 65%。实施《水污染防治行动计划》,全省建成 46 座污水处理厂,污水配套管线 1 549 km,集中处理率达 80.2%,削减化学需氧量 $20.7×10^4$ t,削减氨氮 $1.49×10^4$ t。城市生活垃圾无害化处理能力达 4 870 t/d,处理率达到 94%,城镇生活垃圾无害化处理率达到 90% 以上。完成 345 家农业畜禽养殖场减排治理。完成国家下达全省 33 个国家责任书减排项目,完成各类减排工程项目 604 个。环评审查否决或暂缓审批与国家和省产业政策及环境功能区划不相符的项目 95 个。2015 年末,化学需氧量(COD)、氨氮(NH_3-N)、二氧化硫(SO_2)和氮氧化物(NO_x)等四项主要污染物排放总量分别为 $18.79×10^4$ t、$2.1×10^4$ t、$3.23×10^4$ t 和 $8.95×10^4$ t,四项主要污染物总量减排指标全部控制在国家下达的任务以内。

3. 生态保护空间格局基本形成

实施《生物多样性保护与行动战略计划》和"绿化宝岛"大行动,加强重点生态功能区、自然保护区、饮用水水源保护区、湿地、海域等重要生态保护地的保护和管理,开展松涛水库生态环境保护试点。建成各类自然保护区 49 个,风景名胜区和森林公园 31 个,城镇集中式地表水饮用水水源保护区 29 个和村镇集中式饮用水水源保护区 196 个。积极推进省域"多规合一"工作,划定海南岛生态保护红线区,其中陆域生态保护红线区 11 535 km^2,占陆域面积 33.5%;近岸海域海洋生态保护红线区 8 317 km^2,占近岸海域面积 35.07%。在空间上,全省初步形成了基于山形水系框架,以海南中部山区的霸王岭、五指山、鹦哥岭、黎母山、吊罗山、尖峰岭等主要山体为核心,以松涛、大广坝、牛路岭等重要湖库为空间节点,以自然保护区廊道、主要河流和海岸带为生态廊道,"一心多廊、山海相连、河湖相串"的生态保护空间格局。

4. 生态示范创建和人居环境建设取得可喜进展

完成《生态市(县)建设规划》编制工作,17 个市(县)已印发实施《生态市(县)建设规划》。海口、三亚分别开展城市"创建全国文明城市、创建国家卫生城市"与"城市修补、生态修复"工作。万宁、琼海、儋州开展生态文明先行示范区建设。东方、五指山、乐东、陵水、保亭、琼中、昌江、白沙、三亚、儋州、万宁、三沙 12 个市(县)纳入国家重点生态功能区转移支付范围,获得中央转移支付资金约 28.6 亿元。将海口等 7 个未纳入国家重点生态功能区转移支付范围的市(县)全部纳入省级生态保护补偿范围。积极推进生态文明示范区创建,至 2015 年底,全省已累计建成 1 个环保模范城市、3 个国家级生态乡镇、1 个国家级生态村、28 个省级生态文明乡镇、278 个省级小康环保示范村、16 448 个文明生态村,其中文明生态村数量占全省自然村总数(23 310 个)70.56%。

5. 农村环境保护基本公共服务水平得到提升

成立了全省省级农村环保专项资金,每年有 500 万～1 500 万元的资金投入农村环境综合整治工作。统筹城乡环保基础设施建设,位于城市近郊有条件接入城市生活污水处理厂的村庄,通过管网延伸接入城市生活污水处理厂处理。"十二五"期间,全省共有中央农村环境保护专项资金和省级农村环境综合整治资金项目 55 个,建成验收农村环境综合整治项目 14 个,总处理能力达到 25 000 m^3/d,构建了"户分类、村收集、镇转运、县处理"的垃圾收集转运体系,建成了农村生活垃圾转运站 59 个,转运规模 3 410 t/d。同时,以农村环境综合整治"以奖促治"项目为依托,初步构建农村监测体系,将农村生态环境质量状况,包括水环境状况、大气环境状况等纳入常规监测,并定期发布监测信息。

6. 重点领域环境风险得到有效防控

"十二五"末,全省铅、汞、镉、铬等 5 类重金属污染物排放量指标均控制在 2007 年排放水平以下。建立健全重金属企业管理台账。涉重金属企业管理进一步规范,掌握重金属污染物动态变化。实现全过程环境风险防控,初步摸清全省主要工业园区环境风险和安全隐患,建立海南省突发环境应急事件专家库,开展突发环境事件应急演练,初步建立起全省突发环境事件应急技术指挥体系。严格环境准入,强化环境监管,从源头上防范重金属、化学品和危险废物等污染物的环境风险。开展化学品环境情况调查、实施持久性有机污染物统计报表制度,建立固体废物巡查制度,完善医疗废物收集运输网络,全省医疗废物收集处置率达到 90%。

7. 核与辐射安全得到有效保障

海南省成立了省核应急委员会,成员单位 34 家,基本实现了核应急单位全覆盖。完成省核应急指挥中心及配套辐射监测实验室、昌江核电厂辐射环境现场监督性监测系统、儋州核应急指挥中心、昌江固定式去污洗消站等建设,并配备了一批先进的仪器和装备,核与辐射安全监管能力得到显著提升。积极开展日常监督检查,加大违法辐射工作单位处罚力度和闲置废弃放射源的收贮力度,加快解决历史遗留问题。国控网辐射环境质量监测和昌江核电厂监督性监测工作推进顺利,及时提供了核与辐射安全监管所需的监测信息。圆满完成了"海核-2015"核应急联合演习,得到了国家评估团的充分肯定。深入开展核安全文化宣贯,促进核与辐射事业健康发展。

8. 环境保护法律和体制机制进一步完善

全省制定或修订了《海南省环境保护条例》《海南省自然保护区条例》《海南省饮用水水源保护条例》《海南省松涛水库生态环境保护规定》《海南省红树林保护规定》《建立和完善中部山区生态补偿机制的试行办法》等 80 项生态环境保护相关的法规和规章。完成环保领域改革任务 7 项,改革成果已逐步转化为环境保护发展的动力。审批制度改革成效显现,精简和取消行政审批事项 6 个,降幅为 30%;精简行政审批申报材料 57 项,降幅为 27%。完善全省环境经济政策体系,率先在地方法规中建立生态补偿机制,修订《海南省市(县)经济和社会发展考核办法》(琼办发〔2010〕44 号),中部山区市(县)经济社会发展不再考核 GDP 及相关经济指标。实施了脱硫加价政策、污水处理收费制度、垃圾处理收费制度、居民阶梯水电制度等一系列政策制度。

1.3.2 "十二五"目标指标完成情况

1. 海南省环境保护"十二五"规划目标

根据《海南省环境保护"十二五"规划》,到 2015 年,主要污染物排放得到有效控制,环境质量继续保持优良态势,生态安全得到全面保障,综合生态环境质量保持全国领先水平。

污染防治方面,主要污染物排放得到有效控制,环境基础设施进一步完善。主要污染物排放总量控制在国家下达的指标内,其中化学需氧量和氨氮排放总量(含工业、生活、农业)分别控制在 20.4×10^4 t、2.29×10^4 t 以内,二氧化硫和氮氧化物排放总量分别控制在 4.2×10^4 t、9.8×10^4 t 以内;城镇生活污水处理率和生活垃圾无害化处理率分别达到 80% 和 90%,实现国际旅游岛建设发展目标。

环境质量方面,全省环境质量继续保持优良态势。城市(镇)集中式饮用水水源地水质达标率达到 95%;85% 的河流和 95% 的大中型湖库水质达到或优于国家地表水 III 类标准;跨界断面水质达标率达到 85%;90% 的近岸海域水质达到或优于二类海水水质标准;城市(镇)空气质量达到一级标准天数的比例达到 84.4%。

2. 目标指标完成情况

"十二五"期间全省基本完成《海南省环境保护"十二五"规划》要求的环境质量、总量控制和污染防治等方面的 12 项目标指标,完成率为 83.3%。

表 1.1 海南省"十二五"环境保护主要目标指标

序号	指标名称			2010 年值	2015 年目标值	2015 年值
1	总量控制	化学需氧量排放总量/$\times 10^4$ t	总量	20.40	20.40	18.79
			工业和生活	9.20	9.20	8.88
			农业	11.20	11.20	9.91
2		氨氮排放总量/$\times 10^4$ t	总量	2.29	2.29	2.10
			工业和生活	1.36	1.37	1.26
			农业	0.93	0.92	0.84
3		二氧化硫排放总量/$\times 10^4$ t		3.10	4.20	3.23
4		氮氧化物排放总量/$\times 10^4$ t		8.00	9.80	8.95
5	环境质量	城市(镇)集中式饮用水水源地水质达标率/%		92.7	95.0	100.0
6		河流水质达到或优于 III 类标准的比例/%		82.8	85.0	94.2
7		大中型湖库水质达到或优于 III 类标准的比例/%		94.4	95.0	83.3
8		跨界断面水质达标率/%		78.6	85.0	86.7
9		近岸海域水质达到或优于二类标准的比例/%		88.9	90.0	92.8
10		城市(镇)空气质量达到一级标准天数的比例*/%		94.8	95.0	84.4
11	污染防治	城镇生活污水处理率/%		70.0	80.0	80.2
12		城镇生活垃圾无害化处理率/%		86	90	>90

注:* 城市(镇)空气质量达到一级标准天数按照环境空气质量老标准 3 项指标进行统计。

（1）总量控制指标完成情况。"十二五"期间，列入《海南省环境保护"十二五"规划》的总量控制指标有 4 项，完成率为 100%。国家下达海南省化学需氧量（COD）、氨氮（NH_3-N）、二氧化硫（SO_2）、氮氧化物（NO_x）4 项主要污染物总量控制指标分别是：20.4×10^4 t、2.29×10^4 t、4.2×10^4 t、9.8×10^4 t。在全省共同努力下，截至 2015 年末，海南省 4 项指标分别是化学需氧量（COD）18.79×10^4 t，氨氮（NH_3-N）2.1×10^4 t，二氧化硫（SO_2）3.1×10^4 t，氮氧化物（NO_x）8.0×10^4 t，圆满完成国家下达指标。

（2）环境质量指标完成情况。环境质量指标有 6 项，完成率为 67%，完成较好的指标有城市（镇）集中式饮用水水源地水质达标率和河流水质达到或优于 III 类标准的比例，分别比规划目标高出 5 个百分点和 9.2 个百分点。大中型湖库水质达到或优于 III 类标准的比例和城市（镇）空气质量达到一级标准天数的比例 2 个指标未达到规划目标，具体情况如下：

与"十一五"末相比，全省监测的大部分湖库水质总体保持稳定，个别湖库水质略有下降，石门水库和高坡岭水库受农业面源的影响，水质仅符合 IV 类标准，主要污染指标为总磷和高锰酸盐指数，导致 2015 年水质达到或优于 III 类标准的比例下降 11%。

与"十一五"末相比，全省环境空气中主要污染物二氧化硫、二氧化氮和可吸入颗粒物浓度总体保持稳定，但一级天数比例下降了 10.4%，主要原因是监测方法、有效监测天数、监测市（县）数量统计不一致。具体如下：①"十一五"末，全省环境空气质量主要通过手工开展监测，一年有效监测天数大约为 144 天，剩余天数未开展监测和评价；2015 年，全省各市（县）空气质量都通过自动监测设备开展监测，全年 365 天都开展监测和评价（除停电、仪器检修等外）。②"十一五"末，全省只有 14 个市（县）开展环境空气质量监测和统计；2015 年，全省 18 个市（县）（三沙市除外）全部开展监测和统计。虽然 2015 年一级天数比例较"十一五"末出现一定程度下降，但环境空气中主要污染物二氧化硫、二氧化氮和可吸入颗粒物浓度总体变化不大。

（3）污染防治指标完成情况。污染防治指标有 2 项，均达到规划目标，完成率为 100%。

1.4　环境监测工作概况

1.4.1　全省环境监测系统概况

目前全省环境监测系统共有各级环境监测站 20 个，其中一级站 1 个、二级站 3 个和三级站 16 个。2011 年以来，各级环境监测站十分重视环境监测队伍建设工作，不断增加环境监测人员数量，全省环境监测站人员从"十一五"的 376 人增加到 519 人，环境监测队伍得到充实。同时，大力发展高级专业技术人才，省中心站引进了博士 4 名和硕士 26 名，涵盖了环境科学、环境工程、分析化学、人文地理学、海洋生物学、水土保持与荒漠化防治、生态学、地图学与地理信息系统等专业，专业结构日趋合理。海口市、三亚市、东方市和洋浦经济开发区等监测站均引进了专业人才，全省环境监测人员结构和素质逐步提高。通过开展环境监测技术及管理培训班、市(县)站监测人员到省站跟班学习、省站技术骨干进驻市(县)站进行技术指导、参加环保部及环境监测总站组织的培训班等多种形式的培训方式,进一步提升全省监测技术人员的技术水平,为完成环境质量常规监测、污染源监督性监测、突发性环境事件应急监测、建设项目环境影响评价监测、建设项目竣工环境保护验收监测等多项监测任务夯实基础。

1.4.2　全省监测能力建设

环境监测能力建设投入不断加大。"十二五"期间,全省共投入环境监测能力建设经费 39 814 万元,其中省级财政投入环境监测能力建设资金 8 127 万元,市(县)财政投入环境监测能力建设资金 31 687 万元。用于建设全省空气自动站、提高环境监测站标准化建设、预警预报能力建设、环境信息化建设,进一步提升省中心站及市(县)站综合监测能力。

环境监测能力明显提升。全省除琼中、保亭、乐东、陵水 4 个市(县)站外,其余 16 个监测站均通过实验室资质认定。省中心站具备水(含大气降水)和废水、环境空气和废气、土壤和水系沉积物、固体废物、煤质、海水、海洋沉积物、生物、生物体残留、机动车排放污染物、噪声、振动、室内空气、电离辐射、油气回收、油品等十六大类 500 项监测分析能力。海口站具备水(含大气降水)和废水、环境空气和废气、土壤和水系沉积物等十五大类 317 项监测分析能力,三亚站具备八大类 127 项监测分析能力。省中心站、海口站具备开展饮用水水源地水质 109 项全项目监测能力,三亚站具备开展饮用水水源地水质 64 项监测能力,五指山、琼海、儋州、昌江、东方、文昌等监测站已具备常规项目、重金属项目等分析能力,其他市(县)站具备常规简单项目分析能力。

环境监测站标准化建设积极推进。省中心站、海口站、三亚站、五指山站等 4 个环境监测站顺利通过环境监测站标准化建设达标验收,监测站的机构人员、监测经费、仪器设备、业务用房、业务能力、质量管理等上了一个新台阶。

1.4.3　环境质量监测网络

"十二五"期间随着监测能力的不断提升,全省对空气、大气降水、饮用水水源、近岸海域、声环境、辐射监测点位进行逐步优化调整,调整后的点位能更加科学地反映全省环境质量状况。

(1) 环境空气。"十二五"期间,全省环境空气质量监测点位不断优化,自动监测能力不断提高。2011 年,全省只有 15 个市(县)25 个点位开展城市(镇)环境空气质量监测与评价,截至 2015 年,全省(除三沙市外)18 个市(县)31 个点位开展城市(镇)环境空气质量评价监测。2011 年,全省只有海口市、三亚市的 7 个国控点位实现环境空气质量自动监测,截至 2015 年,全省(除三沙市外)18 个市(县)31 个城市(镇)环境空气质量评价点全部实现环境空气质量自动监测。2011 年,全省开展环境空气质量监测的 15 个市(县)只监测二氧化硫、二氧化氮、可吸入颗粒物 3 项指标,截至 2015 年,全省(除三沙市外)18 个市(县)31 个城市(镇)环境空气质量评价点全部按照环境空气质量新标准要求开展二氧化硫、二氧化氮、可吸入颗粒物、细颗粒物、臭氧和一氧化碳 6 项指标监测。

（2）大气降水。"十二五"期间，全省大气降水监测点位逐步完善，截至 2015 年，全省（除三沙市外）18 个市（县）均开展大气降水监测。监测点位由最初的 13 个市（县）23 个监测点位，增加到 18 个市（县）28 个监测点位。2011、2012 年开展大气降水监测的市（县）为海口市、三亚市、东方市、五指山市、琼海市、儋州市、文昌市、万宁市、定安县、屯昌县、澄迈县、白沙县和昌江县；2013 年增加陵水县；2014 年增加乐东县、保亭县和临高县；2015 年增加琼中县。

（3）饮用水水源。"十二五"期间，监测点位由全省 18 个市（县）25 个集中式饮用水水源地增加到 18 个市（县）29 个集中式饮用水水源地。增加三亚大隆水库、三亚半岭水库、五指山七指岭河、五指山河、万宁牛路岭水库、白沙南溪河 6 个集中式饮用水水源地，由于受城区发展、地理位置等原因撤销五指山南圣河、白沙南叉河 2 个集中式饮用水水源地。

（4）近岸海域。"十二五"期间根据监测需要，2013 年对全省近岸海域监测点位进行优化调整，监测点位由 45 个调整为 55 个，调整后的点位能更加科学地反映全省近岸海域环境质量状况。

（5）声环境。"十二五"期间，道路交通、区域噪声监测点位无变化。功能区噪声监测点位由"十一五"仅海口市 4 个点位，增加至海口市、三亚市共 13 个监测点位。

（6）辐射环境。"十二五"期间，海南省辐射环境监测点位由 24 个增加至 42 个。其中，2012 年增加 3 个自动站点位，2013 年增加 4 个大气点位、1 个地下水点位和 1 个地表水点位，2014 年增加 3 个海洋生物点位，2015 年增加 6 个饮用水水源地点位，现已形成覆盖 9 个市（县）和三沙、儋州、文昌近岸海域，涉及 5 大类 32 个辐射监测项目的辐射环境监测网。

地表水、地下水监测点位未发生改变，监测点位详见附录。

1.4.4 环境监测质量管理

强化环境监测质量管理体系建设，保证监测质量。制定《海南省环境监测质量管理办法》《海南省环境监测人员持证上岗考核办法》，建立健全全省环境监测质量管理制度。推进省中心站及海口、三亚、儋州等 14 个市（县）监测站计量认证复审换证工作，以及陵水、琼中、乐东、保亭等 4 个市（县）监测站计量认证首次申请准备工作，促进各级环境监测站质量管理体系建设的不断完善及有效运行，保障环境监测质量。

加强技术培训与持证上岗考核，促进监测人员业务水平提高。"十二五"期间，海南省组织举办了 35 期环境监测培训班，对全省市（县）监测站监测人员共 1840 人次进行技术培训。组织全省监测人员 450 多人次参加国家举办的各类环境监测技术培训班，组织市（县）监测人员 80 多人次到省中心站实验室进行跟班学习。对全省市（县）监测站监测人员 526 人次开展持证上岗考核，共 496 人次考核合格并发放上岗合格证，促进了全省监测人员业务水平提高。

加强环境监测质量监督及实验室能力考核，提升环境监测能力。每年初制定全省环境监测质量管理计划，组织开展地表水、近岸海域、饮用水水源地、噪声及重点污染源监测质量核查，对市（县）监测站现场操作规范性、实验室质控措施进行检查，并进行同步比对抽测,进一步提高市(县)监测站监测质量。五年来,组织市(县)监测站开展了可吸入颗粒物、二氧化硫、一氧化氮等项目废气监测能力考核,水质六价铬、汞、砷、化学需氧量等 20个项次质控考核,并组织省中心站及市(县)监测站参加了总站开展的挥发性有机物、苯并[a]芘、重金属等 14 项能力验证,进一步提高各级环境监测站监测能力。

强化环境监测全程序质量控制,提高监测数据准确性。全省各类环境监测过程实施全程序质量控制,各环境要素监测采样方法、样品保存、运输及实验室分析、质控措施及数据处理等环节严格按照国家相关技术规范和标准要求执行。地表水、近岸海域、饮用水水源地、入海河口、重点污染源等各类环境监测样品采集时,均同时采集空白样、密码样,室内样品分析时进行平行样、带标样或加标回收样分析,监测质控的精密度和准确度指标基本符合国家有关监测技术规范要求,全省环境监测数据总体受控有效,数据质量不断提高。

推进自动监测质量管理,规范自动监测工作。加强对相关市(县)地表水、环境空气自动站质量监督检查,督促有关监测站制定和完善符合实际工作质量需要的标准作业程序,规范地表水、空气自动监测站日常质量管理工作。搭建全省环境质量自动监测数据管理平台,实现基于 VPN(virtual private network,虚拟专用网络)网络的地表水、环境空气自动监测子站和辖区监测站、省中心站的直联,实现省中心站和辖区监测站对自动监测子站监测数据的远程监控和监测数据的"三级"审核。建立环境空气自动监测站的量值溯源、传递与校准体系,重点开展臭氧分析仪量值溯源和传递及颗粒物手工比对工作,通过不断强化外部质量控制和监督手段,确保环境监测各项质量管理规定和监测技术规范的贯彻落实。

第 2 章　污染物排放

2.1　废气

2.1.1　废气排放现状

2015 年,全省工业废气排放总量为 2 338.67×10^8 m^3,比上年减少 11.4%。

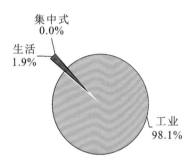

图 2.1　各类源二氧化硫排放情况

(1) 二氧化硫。全省二氧化硫排放量为 32 300.06 t,比上年减少 0.8%。其中,工业二氧化硫排放量为 31 683.28 t,比上年减少 0.5%;城镇生活二氧化硫排放量为 611.59 t,比上年减少 13.1%;集中式处理设施二氧化硫排放量为 5.20 t,比上年增加 0.6%。工业源、生活源二氧化硫排放量分别占全省排放总量的 98.1%、1.9%(图 2.1)。

(2) 氮氧化物。全省氮氧化物排放量为 89 518.24 t,比上年减少 5.8%。其中,工业氮氧化物排放 60 108.18 t,比上年减少 7.3%;生活氮氧化物排放 421.71 t,比上年减少 7.7%;机动车氮氧化物排放 28 980.79 t,比上年减少 2.4%;集中式处理设施氮氧化物排放量为 7.57 t,比上年减少 16.2%。工业、生活及机动车的氮氧化物排放量分别占全省排放总量的 67.1%、0.5% 和 32.4%(图 2.2)。

(3) 烟粉尘。全省烟粉尘排放 20 400.0 t,比上年减少 12.0%。其中,工业烟粉尘排放 16 104.99 t,比上年减少 14.6%;生活烟粉尘排放 740.87 t,比上年减少 3.4%;机动车烟粉尘排放 3 550.68 t,比上年增加 0.1%;集中式处理设施烟粉尘排放量为 3.47 t,比上年增加 2.7%。工业、生活及机动车烟粉尘排放量分别占全省排放总量的 78.9%、3.7% 和 17.4%(图 2.3)。

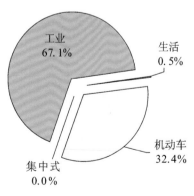

图 2.2　各类源氮氧化物排放情况

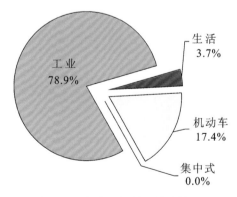

图 2.3　各类源烟粉尘排放情况

1. 各区域废气中主要污染物排放情况

（1）二氧化硫。从全省各区域来看,西部区域二氧化硫排放量最大,排放 20 033.51 t,占全省二氧化硫排放量的 62.0%;其次为北部区域,排放 8 663.62 t,占全省排放总量的 26.8%;排放量最小的为中部区域,排放 295.16 t,占全省排放总量的 0.9%(图 2.4)。

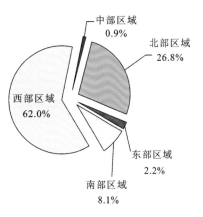

图 2.4　各区域二氧化硫排放情况

（2）氮氧化物。从全省各区域来看,西部区域氮氧化物排放量最大,排放 45 708.92 t,占全省氮氧化物排放量的 51.1%;其次是北部区域,排放 30 227.64 t,占全省排放量的 33.8%;中部区域最少,排放 1 199.4 t,仅占 1.3%(图 2.5)。

（3）烟粉尘。从全省各区域来看,西部区域烟粉尘排放量最大,排放 9 712.11 t,占全省排放量的 47.6%;其次是北部区域,排放 7 001.45 t,占全省 34.3%;东部区域最少,排放 836.32 t,仅占 4.1%(图 2.6)。

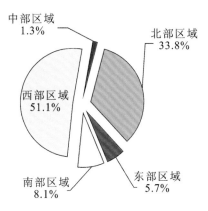

图 2.5　各区域氮氧化物排放情况

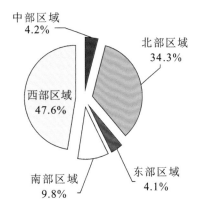

图 2.6　各区域烟粉尘排放情况

表 2.1　各区域工业废气主要污染物排放情况(单位:t)

区域	二氧化硫排放	氮氧化物排放	烟粉尘排放
全省	32 300.06	89 518.24	20 400.00
北部区域	8 663.62	30 227.64	7 001.45
东部区域	704.67	5 128.16	836.32
南部区域	2 603.10	7 254.12	1 995.42
西部区域	20 033.51	45 708.92	9 712.11
中部区域	295.16	1 199.40	854.70

2. 各市(县)废气中主要污染物排放情况

(1) 二氧化硫。2015 年,二氧化硫排放量大于 1 000 t 的市(县)依次为洋浦、澄迈、东方、昌江、海口和乐东(图 2.7),这 6 个市(县)二氧化硫排放 29 842.23 t,占全省的 92.4%。工业二氧化硫排放量前 3 位的地区是洋浦、澄迈和东方,排放 21 610.8 t,占全省工业二氧化硫排放量的 68.2%。

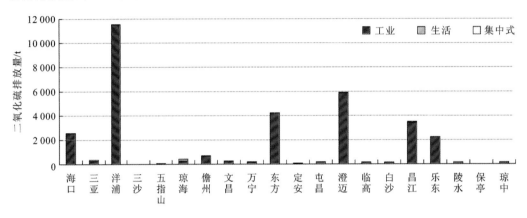

图 2.7　各市(县)二氧化硫排放情况

(2) 氮氧化物。2015 年,氮氧化物排放量大于 5 000 t 的市(县)依次为澄迈、昌江、洋浦、东方和海口(图 2.8),这 5 个市(县)氮氧化物排放 69 278.05 t,占全省的 77.4%。工业源氮氧化物排放量前 3 位的地区是昌江、澄迈和洋浦,排放 46 024.83 t,占全省工业氮氧化物排放量的 76.6%;机动车氮氧化物排放量前 3 位的地区是海口、三亚和儋州,排放 15 252.98 t,占全省机动车氮氧化物排放量的 52.6%。

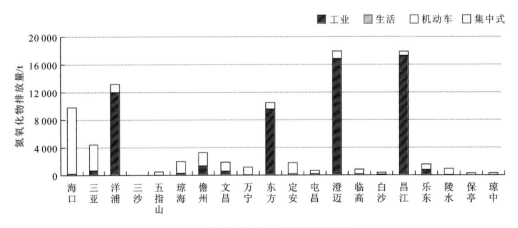

图 2.8　各市(县)氮氧化物排放情况

(3) 烟粉尘。2015 年,烟粉尘排放量大于 1 000 t 的市(县)依次为昌江、澄迈、海口、洋浦、三亚和东方(图 2.9),这 6 个地区烟粉尘排放 15 804.70 t,占全省的 77.5%。

工业烟粉尘排放量前 3 位的是昌江、澄迈和洋浦,排放 10 290.60 t,占全省工业烟粉尘排放量的 63.9%;机动车烟粉尘排放量前 3 位的是海口、三亚和定安,排放 1 902.69 t,占全省机动车烟粉尘排放量的 53.6%。

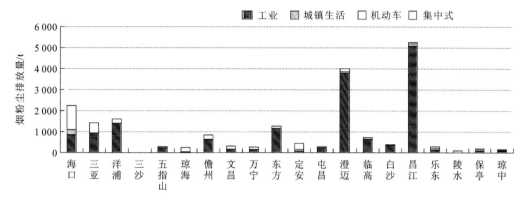

图 2.9　各市(县)烟粉尘排放情况

3. 工业行业废气中主要污染物排放情况

(1) 二氧化硫。2015 年,全省二氧化硫排放量位于前 3 位的行业依次为电力、热力生产和供应业,非金属矿物制品业,造纸和纸制品业。这 3 个行业二氧化硫排放 23 661.61 t,占全省工业二氧化硫排放量的 74.7%(图 2.10)。

(2) 氮氧化物。2015 年,全省氮氧化物排放前 3 位的依次为电力、热力生产和供应业,非金属矿物制品业,造纸和纸制品业。这 3 个行业氮氧化物排放 52 372.49 t,占全省工业氮氧化物排放量的 87.1%(图 2.11)。

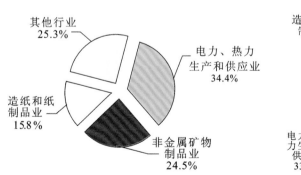
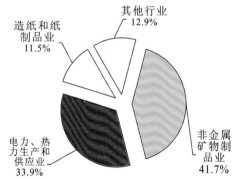

图 2.10　工业行业二氧化硫排放情况　　　　图 2.11　工业行业氮氧化物排放情况

(3) 烟粉尘。2015 年,全省烟粉尘排放前 3 位的依次为非金属矿物制品业,电力、热力生产和供应业,农副食品加工业。这 3 个行业烟粉尘排放 12 534.34 t,占全省工业烟粉尘排放量的 77.8%(图 2.12)。

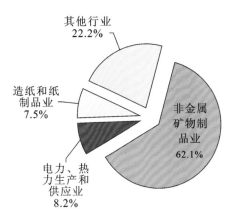

图 2.12　工业行业烟粉尘排放情况

2.1.2　重点污染源监督性监测达标情况

　　按污染源企业数统计,2015 年 7 家国控废气企业污染源排放达标率为 82.9%,比上年度上升了 16 个百分点。其中,华能海南发电股份有限公司东方电厂、华能海南发电股份有限公司海口电厂、华润水泥(昌江)有限公司、昌江华盛天涯水泥有限公司 4 家企业废气均达标排放;海南金海浆纸业有限公司、海南中航特玻材料有限公司和中国石化海南炼油化工有限公司达标率分别为 80%、75% 和 25%(图 2.13)。全年共监测 15 项废气污染因子,主要污染物二氧化硫年达标率为 100%,氮氧化物年达标率为 97.1%。二氧化硫和氮氧化物的达标率分别比上年度上升了 9 个百分点和 19.6 个百分点。

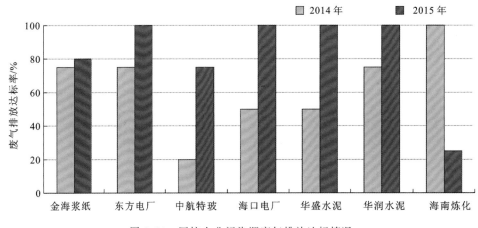

图 2.13　国控企业污染源废气排放达标情况

　　开展监测的 18 家省控废气企业排放达标率为 100%,其中,澄迈华盛天涯水泥有限公司、海南逸盛石化有限公司等 14 家企业废气均达标排放;东方市恒兴石灰厂等 3 家企业废气无组织排均达标排放。全年共监测 23 项废气污染因子,无超标因子。

2.1.3　废气污染物排放变化趋势

1. "十二五"期间废气污染物排放变化趋势

（1）二氧化硫。"十二五"期间，二氧化硫排放总量稳定在 $3.23\times10^4\sim3.25\times10^4$ t，较"十一五"末期增加了 12.1%。其中，工业二氧化硫排放稳定在 $3.10\times10^4\sim3.30\times10^4$ t，较"十一五"末期增加 12.5%；生活二氧化硫排放则逐年减少，从 2011 年的 0.15×10^4 t 减少到 0.06×10^4 t，较"十一五"末期减少了 4.9%（表 2.2，图 2.14）。

表 2.2　全省各污染源二氧化硫排放总量情况（单位：t）

年份	总量	工业	生活	集中式
2010	28 809.78	28 166.78	643.00	—
2011	32 572.39	31 058.02	1 512.05	2.32
2012	34 136.86	33 035.96	1 078.27	22.62
2013	32 414.15	31 652.37	760.85	0.93
2014	32 563.92	31 854.57	704.18	5.17
2015	32 300.06	31 683.28	611.59	5.19
增长率（与上年相比）	−0.8%	−0.5%	−13.1%	0.4%
增长率（与2010年相比）	12.1%	12.5%	−4.9%	—

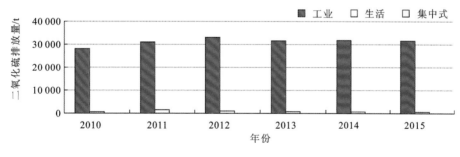

图 2.14　全省二氧化硫排放量年际对比

（2）氮氧化物。"十二五"期间，氮氧化物排放呈现先升后降，从 2011 年的 9.5×10^4 t，在 2011 年升至 10.34×10^4 t，随后回落到 2015 年的 8.95×10^4 t。其中，工业氮氧化物从 2011 年的 6.54×10^4 t，至 2011 年增加至 7.19×10^4 t，随后一直回落至 2015 年的 6.01×10^4 t，较"十一五"末期增加了 91.1%；生活氮氧化物排放则在 $0.02\times10^4\sim0.1\times10^4$ t 剧烈波动，较"十一五"末期减少 64.4%；机动车氮氧化物排放呈现波浪状态，在 2013 年达到最高值后，开始逐年下降，较"十一五"末期增加了 26.6%（表 2.3，图 2.15）。

表 2.3　全省各污染源氮氧化物排放情况（单位：t）

年份	总量	工业	生活	机动车	集中式
2010	55 531.820	31 454.820	1 186.000	22 891.000	—
2011	95 385.189	65 449.170	289.071	29 637.190	9.755
2012	103 396.270	71 850.300	212.270	31 223.680	110.030
2013	100 248.590	66 830.520	1 004.440	32 412.550	1.090
2014	95 001.900	64 851.590	456.690	29 684.590	9.030
2015	89 518.240	60 108.180	421.710	28 980.790	7.570
增长率（与上年相比）	−5.8%	−7.3%	−7.7%	−2.4%	−16.2%
增长率（与2010年相比）	61.2%	91.1%	−64.4%	26.6%	—

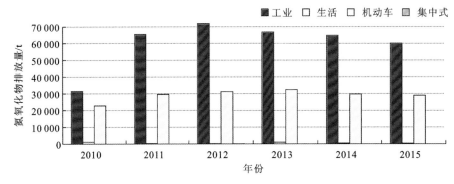

图 2.15　全省氮氧化物排放量年际对比

（3）烟粉尘。"十二五"期间，烟粉尘排放呈现稳步增加，在 2014 年达到最高值（2.32×10^4 t）后，2015 年又有小幅回落到 2.04×10^4 t，较"十一五"末期增加 38.9%。其中，工业烟粉尘则呈现波动上升，从 2011 年的 1.11×10^4 t 降至 2012 年的 1.07×10^4 t，再快速升至 2014 年的 1.89×10^4 t，最后降至 2015 年的 1.61×10^4 t，较"十一五"末期增加了 22.9%；生活烟粉尘排放则在 $0.04 \times 10^4 \sim 0.07 \times 10^4$ t 波动，较"十一五"末期减少了 53.2%；机动车烟粉尘排放呈现阶段性下降状态，$2011 \sim 2012$ 年稳定在 0.42×10^4 t 左右，$2013 \sim 2015$ 年则稳定在 0.36×10^4 t（表 2.4，图 2.16）。

表 2.4　全省各污染源烟粉尘排放情况（单位：t）

年份	总量	工业	生活	机动车	集中式
2010	14 681.76	13 099.76	1 582.00	—	—
2011	15 817.53	11 053.73	564.99	4 194.94	3.87
2012	16 601.05	10 660.11	1 674.57	4 265.39	0.97
2013	18 003.18	14 029.21	407.16	3 565.36	1.44

续表

年份	总量	工业	生活	机动车	集中式
2014	23 171.24	18 853.87	767.23	3 546.76	3.38
2015	20 400.00	16 104.99	740.87	3 550.68	3.47
增长率(与上年相比)	−12.0%	−14.6%	−3.4%	0.1%	2.7%
增长率(与2010年相比)	38.9%	22.9%	−53.2%	—	—

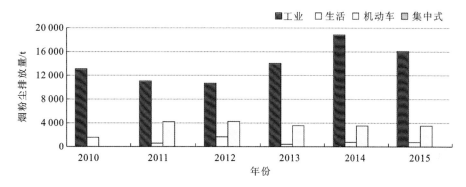

图 2.16　全省烟粉尘排放量年际对比

2.“十二五”与“十一五”期间大气污染物排放总量对比

“十二五”期间,全省工业废气排放 13 333.81×10⁸ m³,较“十一五”期间增加 121.0%。

(1)二氧化硫。“十二五”期间,全省二氧化硫排放 163 987.37 t,较“十一五”期间增加了 34.4%。其中,工业二氧化硫排放 159 284.2 t,较“十一五”期间增加了 33.8%;生活二氧化硫排放 4 666.94 t,较“十一五”期间增加了 56.8%(图 2.17)。

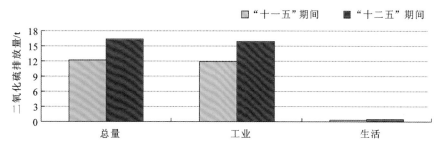

图 2.17　“十二五”与“十一五”期间二氧化硫排放对比

(2)氮氧化物。“十二五”期间,全省氮氧化物排放 483 550.20 t,较“十一五”期间增加了 142.9%。其中,工业氮氧化物排放 329 089.80 t,较“十一五”期间增加了 212.8%;生活氮氧化物排放 2 384.18 t,较“十一五”期间减少了 97.3%;机动车氮氧化物排放 151 938.80 t,较“十一五”期间增加了 70.3%(图 2.18)。

(3)烟粉尘。“十二五”期间,全省烟粉尘排放 93 993.00 t,较“十一五”期间增加了

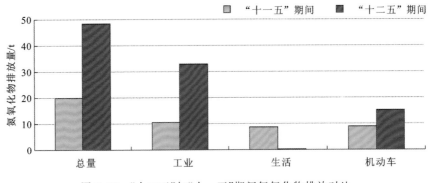

图2.18 "十二五"与"十一五"期间氮氧化物排放对比

0.4%。其中,工业烟粉尘排放70 701.91 t,较"十一五"期间减少了18.9%;生活烟粉尘排放4 154.82 t,较"十一五"期间减少了35.4%(图2.19)。

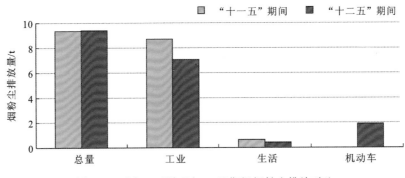

图2.19 "十二五"与"十一五"期间烟粉尘排放对比

2.2 废 水

2.2.1 废水排放现状

2015年,全省废水排放总量39 123.49×10⁴ t,与上年相比减少0.6%。其中,工业废水排放量6 878.98×10⁴ t,比上年减少13.5%;生活污水排放量32 205.94×10⁴ t,比上年增加2.7%;集中式治理设施废水排放量38.57×10⁴ t,比上年增加12.0%。工业源、生活源、集中式治理设施三类源的废水排放量分别占全省废水排放总量的17.6%、82.3%和0.1%(图2.20)。

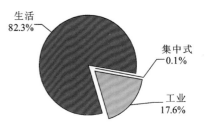

图2.20 各类源废水排放情况

(1)化学需氧量。2015年,全省废水中化学需氧量排放量187 938.46 t,比上年减少4.1%。其中,工业废水中化学需氧量排放8 964.22 t,比上年减少16.9%;农业化学需氧量排放99 192.34 t,比上年减少1.0%;生活污水中化学需氧量排放78 540.67 t,比上年减少6.1%;集中式化学需氧量排放1 241.23 t,比上年减少13.1%。工业、农业、生活和集中式化学需氧量排放分别占全省排放总量的 4.8%、52.8%、41.8% 和 0.6%(图 2.21)。

(2) 氨氮。2015 年,全省废水中氨氮排放量 21 027.59 t,比上年减少 8.3%,其中,工业氨氮排放 509.0 t,比上年减少 48.2%;农业氨氮排放 8 421.07 t,比上年减少 1.3%;生活氨氮排放量 11 987.23 t,比上年减少 9.8%;集中式氨氮排放 110.29 t,比上年减少 15.8%。工业、农业、生活、集中式氨氮排放量分别占全省氨氮排放总量的 2.4%、40.0%、57.0% 和 0.6%(图 2.22)。

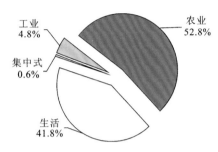
图 2.21　各类源化学需氧量排放情况

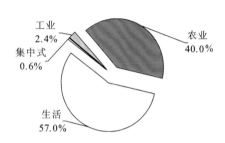
图 2.22　各类源氨氮排放情况

(3) 石油类。2015 年,全省废水中石油类排放 48.14 t,重金属及其他污染物排放量中,挥发酚排放量为 12.17 kg、氰化物排放量为 1.24 kg、砷排放量为 6.31 kg、铅排放量为 3.61 kg、镉排放量为 1.30 kg、汞排放量为 0.26 kg、总铬排放量为 42.38 kg、六价铬排放量为 3.62 kg。

1. 各区域废水及主要污染物排放情况

从全省各区域来看,北部地区废水排放量最大,排放 16 032.44×10⁴ t,占全省排放总量的 41.0%;其次为西部区域,排放 9 827.96×10⁴ t,占全省废水排放总量的 25.1%;废水排放量最小的为中部区域,排放 1 134.32×10⁴ t,仅占全省排放总量的 2.9%(图 2.23,表 2.5)。

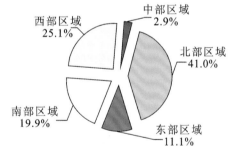
图 2.23　各区域废水排放情况

表 2.5　2015 年海南省各区域废水排放(单位：×10⁴ t)

区域名称	废水排放	工业废水	生活污水	集中式废水
全省	39 123.49	6 878.98	32 205.94	38.57
北部区域	16 032.44	1 215.40	14 806.30	10.73
东部区域	4 338.91	567.26	3 769.90	1.75
南部区域	7 789.86	77.05	7 696.97	15.83
西部区域	9 827.96	4 839.15	4 982.30	6.51
中部区域	1 134.32	180.10	950.48	3.75

化学需氧量从全省各区域看,排放量最大的是西部区域,排放量为 54 889.29 t,占全省化学需氧量排放量的 29.2%;其次是东部区域,排放量为 48 776.79 t,占全省化学需氧量排

放量的 26.0%;中部区域最少,10 118.38 t,仅占全省化学需氧量排放量的 5.4%(图 2.24)。

氨氮从全省各区域看,排放量最大的是北部区域,排放量为 6 729.29 t,占全省氨氮排放量的 32.0%;其次是西部区域,排放量为 5 610.49 t,占全省氨氮排放量的 26.7%;中部区域最少,为 1 013.13 t,仅占全省氨氮排放量的 4.9%(图 2.25)。

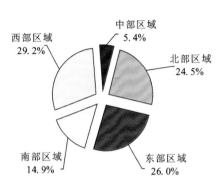
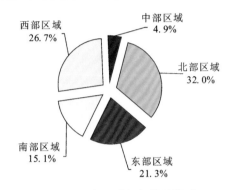

图 2.24　各区域化学需氧量排放情况　　　　图 2.25　各区域氨氮排放情况

表 2.6　2015 年海南省各区域化学需氧量及氨氮排放情况(单位:t)

区域名称	COD总量	工业COD	农业COD	生活COD	集中式COD	氨氮总量	工业氨氮	农业氨氮	生活氨氮	集中式氨氮
全省	187 938.46	8 964.22	99 192.34	78 540.67	1 241.23	21 027.59	509.00	8 421.07	11 987.23	110.29
北部区域	46 074.48	2 397.95	26 779.17	16 893.70	3.66	6 729.29	171.47	2 265.16	4 287.21	5.45
东部区域	48 776.79	1 444.11	29 403.83	17 877.52	51.33	4 489.34	79.29	2 050.24	2 355.81	4.00
南部区域	28 079.53	475.98	13 961.04	13 508.67	133.84	3 185.36	22.09	1 342.52	1 801.96	18.79
西部区域	54 889.29	4 103.90	24 341.30	25 551.37	892.72	5 610.49	224.22	2 313.11	3 008.30	64.86
中部区域	10 118.38	542.29	4 707.00	4 709.41	159.68	1 013.13	11.94	450.04	533.96	17.19

2. 各市(县)废水及主要污染物排放情况

2015 年,废水排放量大于 1 000×10⁴ t 的市(县)共 11 个,依次为海口、三亚、洋浦、儋州、万宁、澄迈、临高、昌江、琼海、文昌和东方(图 2.26)。11 个市(县)废水排放量为 35 111.6×10⁴ t,占全省废水排放量的 89.7%。工业废水排放量前 3 位的是洋浦、昌江和海口,分别占全省工业废水排放量的 44.7%、11.1%和 10.1%;生活污水排放量前 3 位的是海口、三亚和儋州,占全省生活污水排放量的 38.6%、19.4%和 5.5%。

化学需氧量排放量大于 10 000 t 的市(县)共 7 个,依次为儋州、文昌、海口、琼海、澄迈、万宁和定安(图 2.27)。7 个市(县)化学需氧量排放量为 113 785.99 t,占全省化学需氧量排放的 60.5%;工业源化学需氧量排放前 3 位的是洋浦、澄迈和海口,分别占全省工业源化学需氧量排放的 25.9%、10.8%和 10.7%;农业源化学需氧量排放前 3 位的是文昌、儋州和海口,分别占全省农业源化学需氧量排放的 15.1%、14.5%和 11.0%;生活源化学需氧量排放前 3 位的是儋州、文昌和澄迈,分别占全省生活源化学需氧量排放的 12.8%、8.9%和 7.0%。

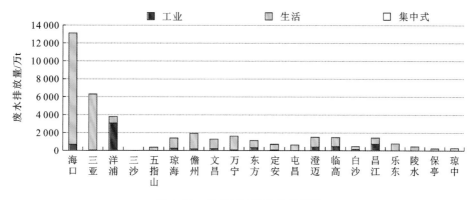

图 2.26　各市(县)废水排放情况

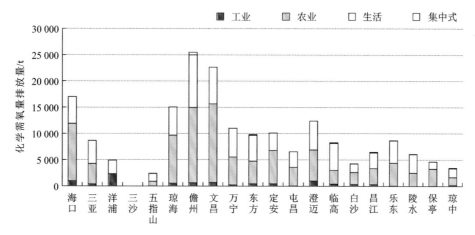

图 2.27　各市(县)化学需氧量排放情况

氨氮排放量大于 1 000 t 的市(县)共有 8 个,依次为海口、儋州、文昌、琼海、万宁、澄迈、临高和三亚(图 2.28)。8 个市(县)氨氮排放量为 14 396.51 t,占全省氨氮排放量的 68.5%;工业氨氮排放量前 3 位的是澄迈、洋浦和儋州,分别占全省工业氨氮排放量的 18.1%、17.2%和 16.4%;农业源氨氮排放量前 3 位的是儋州、海口和文昌,分别占全省农业氨氮排放量的 13.6%、12.4%和 10.0%;生活氨氮排放量前 3 位的是海口、儋州和文昌,分别占全省生活氨氮排放量的 23.8%、10.1%和 7.4%。

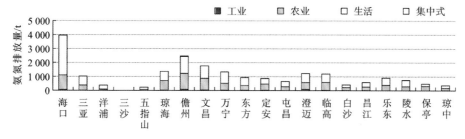

图 2.28　各市(县)氨氮排放情况

3. 工业废水及主要污染物排放情况

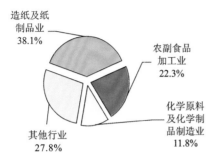

图 2.29 重点行业工业废水排放情况

从重点行业来看,海南省废水排放量位于前3位的行业依次为造纸及纸制品业、农副食品加工业和化学原料及化学制品制造业。3个行业的废水排放量占全省工业废水排放总量的72.2%(图2.29)。

化学需氧量在重点行业中,海南省化学需氧量排放前3位的依次为农副食品加工业、造纸及纸制品业和化学原料及化学制品制造业。3个行业的化学需氧量排放占全省工业化学需氧量排放量的68.8%(图2.30)。

氨氮在重点行业中,海南省氨氮排放量前3位的行业依次为农副食品加工业、造纸及纸制品业和化学原料及化学制品制造业。3个行业氨氮排放量占重点行业氨氮排放量的63.8%(图2.31)。

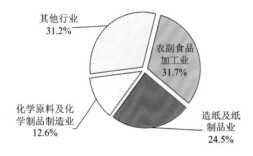

图 2.30 工业化学需氧量排放情况

图 2.31 工业行业氨氮排放情况

2.2.2 重点污染源监督性监测达标情况

按污染源企业数统计,2015年13家国控废水污染源排放达标率为78.9%,比上年度上升了22.5个百分点。其中,海南金海浆纸业有限公司、海南椰威糖业有限公司、海南东方糖业有限公司、白沙合水糖业有限公司、白沙木棉南华糖业有限公司和昌江糖业责任有限公司6家企业废水均达标排放;海南思远食品有限公司废水排放达标率为0;海南英利新能源有限公司、中海石油化学股份有限公司、海南矿业股份有限公司和海南临高龙津糖业有限公司废水排放达标率分别为90.9%、80%、71.4%、33.3%,海南新台胜实业有限公司和临高龙力糖业有限公司废水排放达标率均为75%。

2015年,国控废水污染源共监测30项污染因子,主要污染物是化学需氧量和氨氮。除海南矿业股份有限公司因执行《铁矿采选工业污染物排放标准》(GB 28661—2012)"选矿废水/重选和磁选废水"标准,化学需氧量和氨氮不参与评价外,参与评价的12家国控废水污染源中9家化学需氧量达标排放,3家超标,化学需氧量年达标率为91.7%;10家氨氮达标排放,2 家超标,氨氮年达标率为 93.8%。与上年相比,化学需氧量达标率上升了 11.4 个百分点,氨氮达标率下降了 6.2 个百分点(图 2.32)。

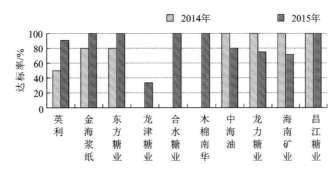

图 2.32　国控废水污染源排放达标情况

开展监测的 36 家省控废水污染源中 30 家参与评价,按污染源企业数统计排放达标率为 81%。废水省控污染源共监测 42 项污染因子,其中超标因子包括总磷、悬浮物、化学需氧量、生化需氧量、总氮、氨氮等 11 项。

2.2.3　主要水系接纳废水及污染物情况

废水排放量据统计,2015 年全省有 6 878.98×10⁴ t 的工业废水直接或间接排入地表水体和海水中。其中,直接排入南海的工业废水为 4 036.81×10⁴ t,占总量的 58.7%。南渡江、万泉河、昌化江为海南省的三大水系,共接纳废水 1 024.72×10⁴ t,占全省工业废水排放量的 14.9%。

(1)化学需氧量。2015 年全省共有 8 964.22 t 工业化学需氧量直接或间接排入地表水体和海水中。其中,直接排入南海的工业化学需氧量为 4 030.92 t,占总量的 45.0%。三大水系接纳工业化学需氧量为 1 410.83 t,占全省工业化学需氧量排放量的 15.7%(图 2.33)。

(2)氨氮。2015 年全省共有 509.00 t 工业氨氮直接或间接排入地表水体和海水中。其中,直接排入南海的工业氨氮 188.13 t,占全省工业氨氮排放量的 39.1%;三大水系接纳工业氨氮 63.05 t,占全省工业氨氮排放量的 12.4%(图 2.34)。

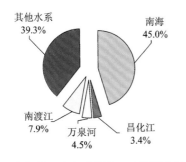

图 2.33　南海及三大水系接纳工业化学需氧量情况

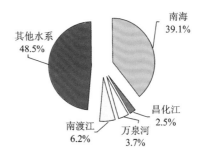

图 2.34　南海及三大水系接纳工业氨氮情况

2.2.4 废水排放变化趋势

1. "十二五"期间废水污染物排放变化趋势

（1）废水排放量。"十二五"期间，废水排放量呈波动上升，比"十一五"末增加6.6%。其中，工业废水排放量在$6\,300\times10^4\sim8\,000\times10^4$ t波动，与"十一五"末期相比增幅较大，增加19.0%；生活污水随着人口的增加，逐步上升，较"十一五"末期增加4.2%；集中式废水排放则逐年减少（表2.7，图2.35）。

表2.7　全省废水排放量年际对比（单位：$\times10^4$ t）

年份	合计	工业	城镇生活	集中式
2010	36 689.20	5 782.20	30 907.00	—
2011	35 725.15	6 820.12	28 858.35	46.68
2012	37 103.31	7 464.85	29 586.94	51.52
2013	36 156.05	6 744.25	29 374.05	37.74
2014	39 351.07	7 955.83	31 360.81	34.43
2015	39 123.49	6 878.98	32 205.94	38.57
增长率（与上年相比）	−0.6%	−13.5%	2.7%	12.0%
增长率（与2010年相比）	6.6%	19.0%	4.2%	—

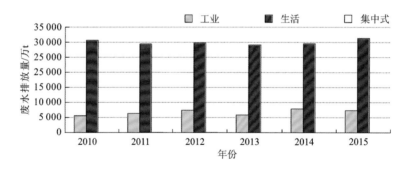

图2.35　全省各类废水排放年度对比

（2）化学需氧量。"十二五"期间，化学需氧量排放逐步减少，从2011年的19.99×10^4 t减少至2015年的18.79×10^4 t。其中，工业化学需氧量下降较大，从2011年的1.25×10^4 t减少至2015年的0.89×10^4 t，较"十一五"末期减少了2.9%；农业化学需氧量也逐年减少，从2011年的10.72×10^4 t减少至2015年的9.92×10^4 t；城镇生活化学需氧量则稳定在$7.8\times10^4\sim8.4\times10^4$ t，相对"十一五"末期减少了5.5%；集中式化学需氧量排放则震荡减少，从2011年的1 357.83 t，减少至2015年的1 241.23 t（表2.8，图2.36）。

表 2.8　全省废水中化学需氧量排放年际对比（单位：t）

年份	合计	工业	农业	城镇生活	集中式
2010	92 341.23	9 233.02	—	83 108.21	
2011	199 918.38	12 499.57	107 203.23	78 857.76	1 357.83
2012	197 355.34	12 542.62	103 069.15	80 233.49	1 510.07
2013	194 379.58	12 526.00	101 488.61	79 315.73	1 049.25
2014	196 000.88	10 783.77	100 187.34	83 602.21	1 427.56
2015	187 938.46	8 964.22	99 192.34	78 540.67	1 241.23
增长率（与上年相比）	−4.1%	−16.9%	−1.0%	−6.1%	−13.1%
增长率（与2010年相比）	103.5%	−2.9%	—	−5.5%	—

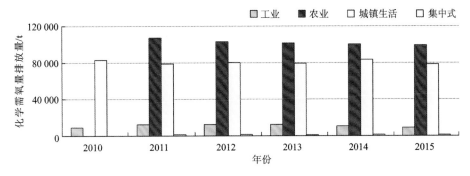

图 2.36　全省化学需氧量排放量年际对比

（3）氨氮。"十二五"期间，氨氮排放量较为稳定，但在 2105 年，氨氮排放量有较明显的降幅。其中，工业氨氮排放量在 2011～2014 年缓慢增加，但在 2015 年，工业氨氮排放量减少一半，较"十一五"末期减少了 0.7%；农业氨氮排放量则逐年减少；生活氨氮排放量稳定在 1.2×10^4～1.3×10^4 t，较"十一五"末期增加了 66.4%；集中式氨氮排放量则在 97～131 t 波动（表 2.9，图 2.37）。

表 2.9　全省废水中氨氮排放年际对比（单位：t）

年份	合计	工业	农业	城镇生活	集中式
2010	7 715.16	512.65	—	7 202.51	—
2011	22 742.85	811.88	9 443.30	12 364.63	123.05
2012	22 482.54	883.24	9 173.53	12 275.80	149.98
2013	22 627.09	913.19	8 656.26	12 960.46	97.18
2014	22 927.08	981.89	8 529.96	13 284.24	130.99
2015	21 027.59	509.00	8 421.07	11 987.23	110.29
增长率（与上年相比）	−8.3%	−48.2%	−1.3%	−9.8%	−15.8%
增长率（与2010年相比）	172.5%	−0.7%	—	66.4%	—

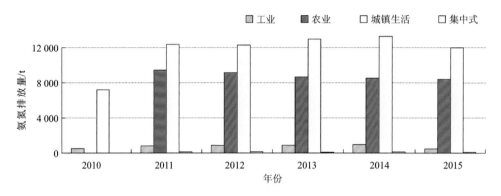

图 2.37　全省废水中氨氮排放量年际对比

2. "十二五"与"十一五"废水污染物排放总量对比

（1）废水排放量。"十二五"期间，全省废水共排放 187 459.07×10⁴ t，较"十一五"期间增加了 3.6%。其中，工业排放 35 307.83×10⁴ t，较"十一五"期间增加了 11.7%；生活排放 151 386.09×10⁴ t，较"十一五"期间增加了 1.7%（图 2.38）。

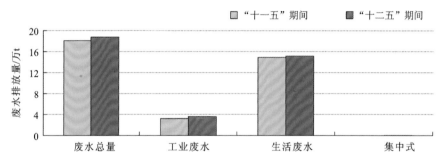

图 2.38　"十二五"与"十一五"期间废水量对比

（2）化学需氧量。全省工业化学需氧量排放 57 316.18 t，较"十一五"期间增加 0.5%；生活 COD 排放 400 549.86 t，较"十一五"期间减少 8.3%（图 2.39）。

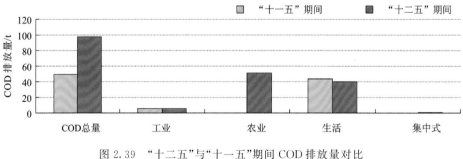

图 2.39　"十二五"与"十一五"期间 COD 排放量对比

（3）氨氮。全省工业氨氮排放 4 099.20 t，较"十一五"期间增加 44.8%。生活氨氮排放 62 872.36 t,较"十一五"期增加 67.5%(图 2.40)。

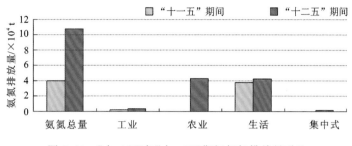

图 2.40 "十二五"与"十一五"期间氨氮排放量对比

2.3 固体废弃物

2.3.1 一般工业固体废物

2015 年全省一般工业固体废物产生量为 422.11×10⁴ t,比上年减少 18.1%,综合利用量为 245.59×10⁴ t,比上年减少了 10.3%,处置量为 64.08×10⁴ t,比上年增加了 82.9%。储量为 117.18×10⁴ t,倾倒丢弃量为 0。从产生的行业来看,电力、热力生产和供应业是最主要来源,产生量为 160.98×10⁴ t,约占总产生量的 38.1%,其次是黑色金属矿采选业,产生量为 108.97×10⁴ t,约占总产生量的 25.8%。产生的一般工业固体废物种类以粉煤灰、生活垃圾焚烧炉渣和尾矿渣为主。

表 2.10 海南省一般工业固体废物产生及处理年度比较(单位:×10⁴ t)

年份	一般工业 固废产生量	一般工业 固废综合利用量	一般工业 固废处置量	一般工业 固废储存量	一般工业 固废倾倒丢弃量
2014	515.42	273.93	34.47	207.03	0
2015	422.11	245.59	64.08	117.10	0
增长率/%	−18.10	−10.30	85.90	—	—

注:增长率指本年度数据与上年度数据相比。

1. 市(县)产生及排放情况

2015 年,全省一般工业固体废物产生量在 10×10⁴ t 的市(县)有 6 个,分别是昌江黎族自治县(112.25×10⁴ t,占 26.6%),澄迈县(69.99×10⁴ t,占 16.6%),东方市(65.99×10⁴ t,占 15.6%),洋浦经济开发区(54.04×10⁴ t,占 12.8%),乐东黎族自治县(40.98×10⁴ t,占 9.7%),儋州市(38.89×10⁴ t,占 9.2%),这 6 个市(县)及地区的产生量约占全省总产生量的 90.5%(表 2.11,图 2.41)。

表 2.11　2015 年各市(县)一般工业固体废物产生情况

市(县)	产生量/×10⁴ t	所占比例/%	市(县)	产生量/×10⁴ t	所占比例/%
海口市	4.60	1.10	文昌市	9.32	2.20
三亚市	8.30	2.00	琼海市	1.23	0.30
洋浦	54.04	12.80	万宁市	1.21	0.30
儋州市	38.89	9.20	陵水县	0.00	0.00
澄迈县	69.99	16.60	定安县	1.28	0.30
临高县	8.16	1.90	屯昌县	0.41	0.10
昌江县	112.25	26.59	保亭县	0.17	0.04
东方市	65.99	15.63	五指山市	0.13	0.03
乐东县	40.98	9.71	琼中县	1.2	0.28
白沙县	3.96	0.94	三沙市	0.00	0.00

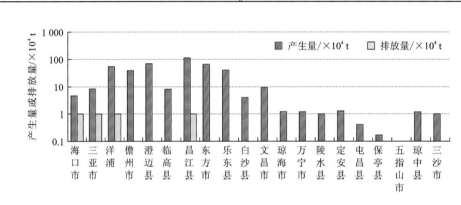

图 2.41　2015 年全省各市(县)一般工业固体废物产生及排放情况

2. 处置及综合利用情况

　　2015 年全省一般工业固体废物综合利用量为 245.59×10⁴ t,比上年减少了 10.3%,综合利用率为 58.2%,比上年增加了 5 个百分点;处置量为 64.08×10⁴ t,处置率为 15.2%,比上年增加了 8 个百分点。

　　全省综合利用量在 10×10⁴ t 以上的市(县)共有 6 个,分别是澄迈县(63.46×10⁴ t,占 25.84%)、东方市(61.45×10⁴ t,占 25.02%)、儋州市(38.89×10⁴ t,占 15.85%)、洋浦经济开发区(28.7×10⁴ t,占 11.69%)、乐东黎族自治县(13.4×10⁴ t,占 5.47%)和昌江黎族自治县(10.4×10⁴ t,占 4.23%),这 6 个地区占全省总综合利用量的 88.1%。

　　全省处置量在 5×10⁴ t 以上的市(县)共有 4 个,分别是洋浦经济开发区(29.38×10⁴ t,占 45.85%)、乐东黎族自治县(16.49×10⁴ t,占 25.73%)、三亚市(8.3×10⁴ t,占 12.95%)、澄迈县(6.54×10⁴ t,占 10.21%),这 4 个地区占全省处置量的 94.74%。

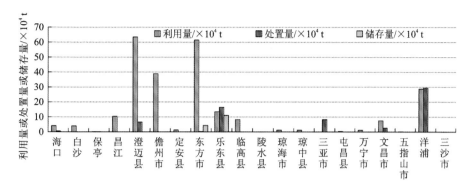

图 2.42 2015 年全省各市(县)一般工业固体废物利用、处置及储存情况

3. 变化趋势及原因分析

2015 年,全省一般工业固体废物产生量 422.11×10^4 t,比 2010 年增长了 98.9%,综合利用量为 245.59×10^4 t,比 2010 年增长了 37.7%,综合利用率为 58.2%,比 2010 年(84.1%)减少了 26 个百分点;处置量为 64.08×10^4 t,比 2010 年(0.36×10^4 t)有了大幅增加,处置率为 15.2%,比 2010 年(1.7%)增长了 13 个百分点。2010 年和 2015 年,全省一般工业固体废物均实现零排放(表 2.12)。

表 2.12 海南省一般工业固体废物产生及处理年度比较(单位:$\times 10^4$ t)

年份	一般工业固废产生量	一般工业固废综合利用量	一般工业固废处置量	一般工业固废储存量	一般工业固废倾倒丢弃量
2010	212.14	178.39	0.36	33.41	0.00
2011	420.76	201.30	181.67	42.38	0.05
2012	385.72	238.15	58.98	116.04	0.05
2013	414.89	271.24	46.10	97.55	0.00
2014	515.42	273.93	34.47	207.03	0.00
2015	422.11	245.59	64.08	117.10	0.00

"十二五"期间全省工业固体废物产生量总体呈上升态势,综合利用率总体偏低(图 2.43),处置量总体呈下降态势(图 2.44),五年来工业固体废物排放量总体保持平稳,2013 年、2014 年、2015 年实现工业固体废物零排放。

全省一般工业固体废物主要以粉煤灰、炉渣和尾矿为主,"十二五"期间,华南东方电厂扩建工程(3♯机组、4♯机组)、海南国电西南部电厂、海口市生活垃圾焚烧厂、三亚市生活垃圾焚烧厂、文昌市生活垃圾焚烧厂、琼海市生活垃圾焚烧厂等项目和企业陆续投入生产,全省一般工业固体废物产生量相比"十一五"期间有了大幅增长。但目前海南省尚未建立一般工业固体废物集中处置设施,"十二五"期间全省一般工业固废处置率偏低。

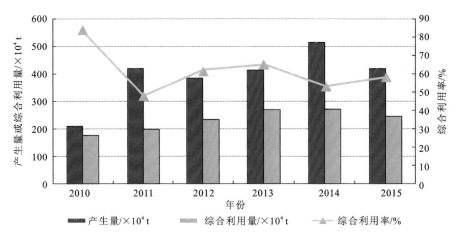

图 2.43　"十二五"期间全省一般工业固体废物产生及综合利用量变化趋势

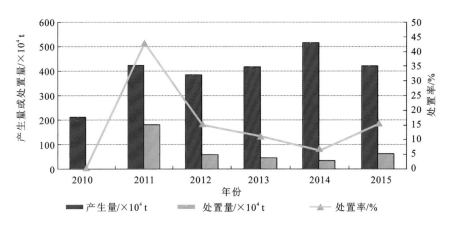

图 2.44　"十二五"期间全省一般工业固体废物产生及处置量变化趋势

2.3.2　危险废物

2015 年,全省危险废物产生量为 4.01×10^4 t,与上年相比增长了 80.6%,综合利用量 0.12×10^4 t,比上年相比减少了 29.4%,处置量为 3.96×10^4 t,与上年相比增长了 90.4%,倾倒丢弃量为 0(表 2.13)。

表 2.13　海南省危险废物产生及处理年度比较(单位:$\times 10^4$ t)

年份	危险废物产生量	危险废物综合利用量	危险废物处置量	危险废物储存量	危险废物倾倒丢弃量
2014	2.22	0.17	2.08	0.19	0
2015	4.01	0.12	3.96	0.12	0
增长率	80.6%	−29.4%	90.4%	−36.8%	0

注:增长率指本年度数据与上年度数据相比。

从各市(县)危险废物产生情况看,海口市、三亚市、澄迈县、昌江黎族自治县、东方市、乐东黎族自治县、文昌市、琼海市、保亭黎族苗族自治县、五指山市等 10 市(县)有危险废物产生,其余市(县)危险废物产生量为 0(表 2.14)。10 个市(县)当中产生量排在前 3 位是澄迈县、海口市和三亚市,3 个市(县)产生量占全省总量 85%(图 2.45)。

表 2.14　2015 年全省各市(县)危险废物产生情况

市(县)	产生量/×10⁴ t	所占比例/%	市(县)	产生量/×10⁴ t	所占比例
海口市	1.190 00	29.68	文昌市	0.02	0.50
三亚市	0.810 00	20.20	琼海市	0.08	2.00
洋浦	0.370 00	9.23	万宁市	0	0
儋州市	0	0	陵水县	0	0
澄迈县	1.420 00	35.41	定安县	0	0
临高县	0	0	屯昌县	0	0
昌江县	0.000 85	0.02	保亭县	0.0001	0
东方市	0.120 00	2.99	五指山市	0.0001	0
乐东县	0.000 62	0.02	琼中县	0	0
白沙县	0	0			

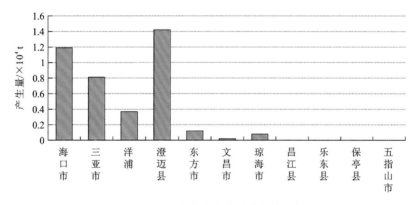

图 2.45　2015 年海南省危险废物产生情况

全省危险废物主要来源于氮肥制造、光伏设备及元器件制造、金属表面处理及热处理加工、原油加工及石油制品制造、火力发电等 36 个行业,其中排在前 3 位的分别是火力发电、光伏设备及元器件制造、原油加工及石油制品制造,占全省总产生量的 86%(图 2.46)。

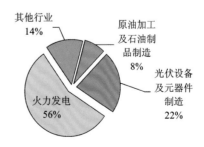

图 2.46　2015 年海南省危险废物行业产生情况

1. 处置及综合利用情况

2015 年,全省危险废物综合利用量 $0.12×10^4$ t,比上年减少了 29.4%,综合利用率为 3.0%,比上年减少了 4 个百分点;处置量为 $3.96×10^4$ t,与上年相比增长了 90.4%,处置率为 96.6%,比上年增加了 3 个百分点。

危险废物综合利用方面,昌江县、澄迈县、海口市、保亭县、五指山市、东方市、文昌市、洋浦经济开发区等 8 个市(县)有危险废物综合利用,其中海口市、东方市和文昌市 3 个市(县)的利用量占全省总利用量的 97%(图 2.47)。综合利用量最大的行业是金属废料和碎屑加工处理,占全省危险废物综合利用量的 65%,其次是火力发电行业,占 15%(图 2.48)。

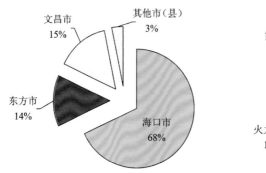 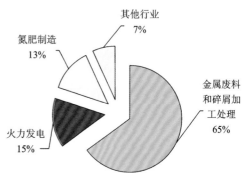

图 2.47　2015 年海南省危险废物各市(县)利用情况　　图 2.48　2015 年海南省危险废物行业利用情况

危险废物转移处置方面,昌江县、澄迈县、海口市、东方市、乐东县、琼海市、三亚市、洋浦经济开发区等 8 个市(县)有危险废物转移进行处置,其中海口市、澄迈县、三亚市和洋浦经济开发区 4 个市(县)的转移处置的量占全省处置量的 98%(图 2.49)。处置量最大的行业是火力发电,占全省总处置量的 56%,其次是光伏设备及元器件制造行业,占 23%(图 2.50)。

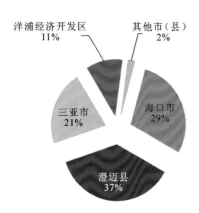 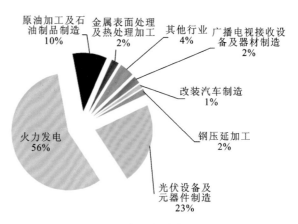

图 2.49　2015 年海南省危险废物　　　　图 2.50　2015 年海南省危险废物行业处置情况
　　　各市(县)转移处置情况

2. 变化趋势原因分析

2015 年,全省危险废物产生量 4.01×10^4 t,比 2010 年(0.31×10^4 t)有了大幅增长; 全省危险废物综合利用量为 0.12×10^4 t,比 2010 年增长了 50%,综合利用率为 3.0%,比 2010 年(25.8%)减少了 23 个百分点;处置量为 3.96×10^4 t,比 2010 年增长了 1550%,处置率为 98.8%,比 2010 年(77.4%)增长了 21 个百分点。

"十二五"期间全省危险废物产生量总体呈上升趋势,综合利用率总体偏低,处置量总体呈上升趋势,五年来危险废物零排放。全省大部分工业企业将其产生的危险废物转移处置,内部利用较少。

表 2.15　海南省危险废物产生及处理年度比较(单位:$\times 10^4$ t)

年份	危险废物产生量	危险废物综合利用量	危险废物处置量	危险废物储存量	危险废物倾倒丢弃量
2010	0.31	0.08	0.24	0.00	0.00
2011	0.71	0.12	0.52	0.07	0.00
2012	1.53	0.10	1.56	0.03	0.00
2013	2.38	0.00	2.24	0.24	0.00
2014	2.22	0.17	2.08	0.19	0.00
2015	4.01	0.12	3.96	0.12	0.00

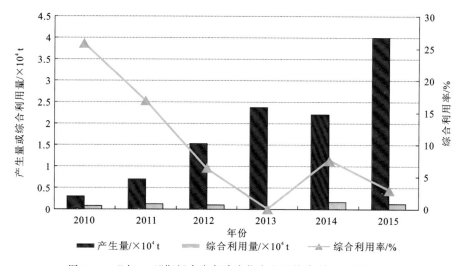

图 2.51　"十二五"期间全省危险废物产生及综合利用量变化趋势

全省危险废物主要来源于生活垃圾焚烧厂产生的飞灰,"十二五"期间全省陆续建成并投入运行了海口市生活垃圾焚烧厂、三亚市生活垃圾焚烧厂、文昌市生活垃圾焚烧厂和琼海市生活垃圾焚烧厂等 4 座生活垃圾焚烧厂,年产生的飞灰量在 1.8×10^4 t 左右。此外,海南英利新能源有限公司、中海油东方石化有限公司、海南逸盛石化有限公司等一批大型石化类项目陆续进驻海南岛,导致全省危险废物产生量较"十一五"有了大幅增长。

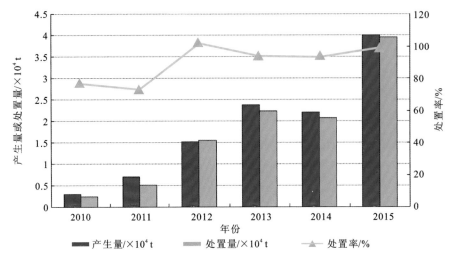

图 2.52 "十二五"期间全省危险废物产生及处置量变化趋势

　　全省大部分企业不具备危险废物综合利用能力,产生的危险废物基本都委托有危险废物经营资质的单位进行处置,所以"十二五"期间,全省危险废物综合利用率普遍偏低。

2.3.3 生活垃圾

　　2015 年,全省城乡生活垃圾产生量约为 273.58×10^4 t,清运量约为 225.7×10^4 t,无害化处理率达 82.5%。与上年度相比,无害化处理率下降了约 4 个百分点。"十二五"期间全省大力加强生活垃圾无害化处理设施建设,全省累计建成 21 座垃圾处理设施,垃圾无害化处理设施能力达到 6 620 t/d。2011~2013 年,全省生活垃圾无害化处理率呈上升趋势,2014 年和 2015 年,处理率逐年下降(图 2.53)。"十二五"期间累计无害化处理生活垃圾 822.6×10^4 t。

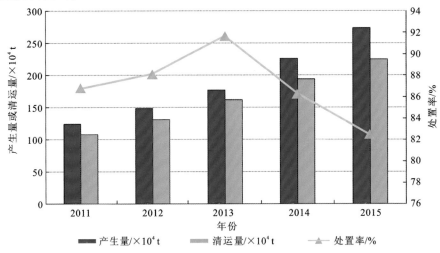

图 2.53 "十二五"期间全省生活垃圾产生及无害化处理变化趋势

2.3.4　固体废物变化原因分析

（1）社会经济快速发展，工业固体废物产量增加。

"十二五"期间，全省先后有 4 座生活垃圾焚烧厂建成投产，生活垃圾炉渣和飞灰产生量迅速增加，全省一般工业固体废物产生量随之快速增长。此外，海南逸盛石化有限公司、中海油东方石化有限公司、海南英利新能源有限公司等一批大型工业企业陆续进驻海南岛，全省危险废物产生量相比"十一五"期间有了大幅增长。

（2）严格落实危险废物规范化管理制度，加强监督管理。

根据环保部《关于印发〈"十二五"全国危险废物规范化管理督查考核工作方案〉和〈危险废物规范化管理指标体系〉的通知》（环办〔2011〕48 号），"十二五"期间全省建立了危险废物规范化管理季度联合检查机制，五年来共检查企业 383 家次，严格监督危险废物的转移和处置，确保危险废物得到安全处置。

（3）危险废物集中处置设施投入运行，提升全省危险废物处置能力。

"十二五"期间，全省新增危险废物经营单位 3 家。截至 2015 年底，全省持有危险废物经营许可证的企业共 9 家。批准经营总规模为 38 802.5 t/a，其中医疗废物经营规模为 3 102.5 t/a，其他危险废物经营规模为 35 700 t。2012 年，海南省危险废物处置中心投入试运行，设计处置规模 2×10^4 t/a。全省危险废物处置能力得到大幅提升。

（4）落实专项规划，大力推进生活垃圾无害化处理工作。

"十二五"期间全省大力加强生活垃圾无害化处理设施建设，累计建成 21 座垃圾处理设施，垃圾无害化处理设施的处理能力达到 6 620 t/d。同时，全省不断加强生活垃圾收集转移力度，全省累计 125 座转运站，转运规模 6 675 t/d。2013 年和 2014 年，全省制定下发了《海南省农村生活垃圾清扫保洁收运处理规划》《海南省存量生活垃圾治理规划（2014～2018）》等专项规划，将农村生活垃圾及历史遗留存量垃圾纳入收集清运范围，清运量逐年增加，已超过现有生活垃圾无害化处理设施的处理能力。全省生活垃圾无害化处理面临压力。

第3章 环境质量状况

3.1 环境空气质量

2015 年,全省除三沙市外的 18 个市(县)均开展环境空气质量监测,监测 SO$_2$、NO$_2$、PM$_{10}$、PM$_{2.5}$、CO、O$_3$ 六项指标,按照《环境空气质量标准》(GB 3095—2012)评级,全省环境空气质量总体优良,各市(县)环境空气质量均符合国家二级标准。

3.1.1 环境空气质量状况

1. 状况评价

1) 空气质量级别

按《环境空气质量标准》(GB 3095—2012)评价,2015 年全省各市(县)环境空气质量均符合国家二级标准。与 2014 年比较,全省环境空气质量基本保持稳定,但空气质量级别有所下降,主要原因是 2014 年海口市、三亚市、五指山市、琼海市、儋州市、东方市、乐东县开展 SO$_2$、NO$_2$、PM$_{10}$、PM$_{2.5}$、CO、O$_3$ 六项指标监测,执行《环境空气质量标准》(GB 3095—2012);其余 11 个市(县)开展 SO$_2$、NO$_2$、PM$_{10}$ 三项指标监测,执行《环境空气质量标准》(GB 3095—1996)及 2000 年修改单。而 2015 年 18 个市(县)全部按《环境空气质量标准》(GB 3095—2012)评价,全省 18 个市(县)环境空气质量级别全部为二级,较 2014 年有所下降。

其中,18 个市(县)的 SO$_2$、NO$_2$、CO 三项指标均为国家一级标准;澄迈县和琼中县的 O$_3$ 为国家一级标准,其余 16 个市(县)符合国家二级标准;五指山市、文昌市、乐东县的 PM$_{2.5}$ 为国家一级标准,其他 15 个市(县)符合国家二级标准;琼海市、临高县的 PM$_{10}$ 为国家二级标准,其余 16 个市(县)符合国家一级标准(表 3.1)。

表 3.1 海南省各市(县)空气质量级别比较

市(县)	2015 年							2014 年						
	空气质量级别	年均值				百分位数值		空气质量级别	年均值				百分位数值	
		SO$_2$	NO$_2$	PM$_{10}$	PM$_{2.5}$	CO	O$_3$		SO$_2$	NO$_2$	PM$_{10}$	PM$_{2.5}$	CO	O$_3$
全省均值	二级	5	9	35	20	1.1	118	(一级)	5	10	38	/	/	/
海口市	二级	5	14	40	22	0.9	103	二级(二级)	6	16	42	24	1.0	102
三亚市	二级	3	13	32	17	0.8	113	二级(一级)	2	14	35	19	0.9	114
五指山市	二级	3	4	30	15	1.0	109	二级(一级)	4	5	32	16	1.3	98
琼海市	二级	4	11	45	21	1.4	117	二级(二级)	5	11	41	19	1.4	116

续表

市(县)	2015 年							2014 年						
	空气质量级别	年均值				百分位数值		空气质量级别	年均值				百分位数值	
		SO₂	NO₂	PM₁₀	PM₂.₅	CO	O₃		SO₂	NO₂	PM₁₀	PM₂.₅	CO	O₃
儋州市	二级	6	12	34	23	0.9	123	二级(一级)	5	14	40	25	1.6	130
乐东县	二级	5	5	27	11	1.5	127	二级(一级)	3	5	31	12	1.3	121
东方市	二级	9	13	40	22	0.8	131	二级(二级)	10	13	48	25	0.8	140
文昌市	二级	3	9	29	15	1.5	114	(一级)	3	11	31	/	/	/
万宁市	二级	5	5	36	19	1.5	132	(二级)	7	7	53	/	/	/
定安县	二级	5	13	37	22	1.3	112	(二级)	4	10	41	/	/	/
屯昌县	二级	6	12	39	/	/	/	(二级)	8	10	43	/	/	/
澄迈县	二级	8	11	40	24	1.4	82	(二级)	5	9	46	/	/	/
临高县	二级	5	8	42	24	1.2	138	(二级)	3	8	47	/	/	/
白沙县	二级	5	6	32	19	1.3	124	(一级)	3	6	33	/	/	/
昌江县	二级	8	9	38	24	1.0	125	(一级)	8	14	31	/	/	/
陵水县	二级	4	7	31	19	1.1	113	(一级)	3	8	20	/	/	/
保亭县	二级	2	7	30	17	0.8	120	(一级)	2	10	34	/	/	/
琼中县	二级	4	8	34	18	1.2	100	(一级)	3	8	33	/	/	/
一级标准限值		20	40	40	15	4	100		20	40	40	15	4	100
二级标准限值		60	40	70	35	4	160		60	40	70	35	4	160

注:表中 CO 的浓度单位为 mg/m³,其他项目的浓度单位均为 μg/m³;空气质量级别依据六项指标年均浓度进行评价, 括号内的空气质量级别是依据三项指标进行评价;"/"表示未开展监测。

2)优良天数

2015 年全省环境空气质量优良天数比例为 97.9%,其中优级天数 73.5%,良级天数 24.4%,轻度污染天数 2.0%,中度污染天数 0.1%。

按《环境空气质量标准》(GB 3095—2012)评价,全省 18 个市(县)优良天数比例在 95.5%～99.7%。三亚市、五指山市、文昌市、陵水县、保亭县、琼中县 6 个市(县)优级天数 比例超过 80%;海口市、琼海市、定安县、屯昌县、澄迈县、白沙县优级天数比例在 70%～ 80%;儋州市、万宁市、昌江县、乐东县优级天数比例在 60%～70%;东方市和临高县优级 天数比例在 60%以下。受臭氧和细颗粒物影响,全省 18 个市(县)均出现轻度污染天气, 受细颗粒物影响海口市、东方市、万宁市、临高县、昌江县、保亭县 6 个市(县)均出现 1～2 天 中度污染。

与 2014 年比较,各市(县)环境空气质量优良天数比例基本持平。儋州市优级天数比 例有所上升,上升了 6.1 个百分点,主要是可吸入颗粒物和细颗粒物浓度总体有所下降。

表 3.2 2014 年、2015 年海南省各市(县)空气质量各级别天数年际比较

市(县)	2015 年					2014 年				
	监测有效天数	各级天数比例%				监测有效天数	各级天数比例%			
		一级(优)	二级(良)	三级(轻度污染)	四级(中度污染)		一级(优)	二级(良)	三级(轻度污染)	四级(中度污染)
全省	6124	73.5	24.4	2.0	0.1	6153	76.77	22.15	1.06	0.02
海口市	355	76.6	21.7	1.4	0.3	360	73.90	24.20	1.70	0.30
三亚市	361	81.5	16.6	1.9	0.0	365	82.70	14.80	2.50	0.00
五指山市	357	80.7	19.0	0.3	0.0	356	84.00	15.40	0.60	0.00
琼海市	364	71.2	26.6	2.2	0.0	362	72.90	24.90	2.20	0.00
儋州市	356	66.5	32.9	0.6	0.0	343	60.40	33.50	6.10	0.00
乐东县	349	69.6	27.0	3.4	0.0	319	73.40	24.10	2.50	0.00
东方市	363	51.2	44.9	3.6	0.3	310	53.90	44.80	1.30	0.00
文昌市	344	81.6	17.2	1.2	0.0	358	92.20	7.80	0.00	0.00
万宁市	360	69.9	25.6	4.2	0.0	360	55.30	44.40	0.30	0.00
定安县	338	76.9	21.3	1.8	0.0	314	84.10	15.90	0.00	0.00
屯昌县	157	78.4	19.1	2.5	0.0	303	76.60	23.10	0.00	0.00
澄迈县	350	76.6	22.0	1.4	0.0	318	73.30	26.40	0.30	0.00
临高县	336	53.5	42.6	3.3	0.6	314	72.30	27.70	0.00	0.00
白沙县	332	76.5	22.3	1.2	0.0	207	84.10	15.90	0.00	0.00
昌江县	359	69.1	28.1	2.5	0.3	318	82.10	17.90	0.00	0.00
陵水县	341	82.7	15.0	2.3	0.0	323	95.60	4.40	0.00	0.00
保亭县	346	80.9	17.1	1.7	0.3	165	91.50	8.50	0.00	0.00
琼中县	356	83.5	15.7	0.8	0.0	345	83.80	16.20	0.00	0.00

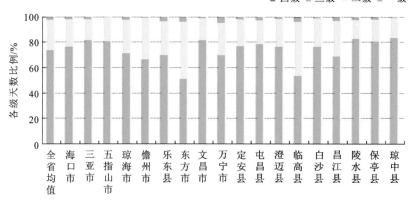

图 3.1 2015 年全省各市(县)环境空气质量各级别天数比例

2. 主要污染物浓度

2015 年全省各市(县)环境空气中二氧化硫、二氧化氮日均浓度、年均浓度值,一氧化碳日均浓度、年度日均值百分位浓度均符合国家一级标准;绝大部分市(县)可吸入颗粒物、细颗粒物日均浓度和臭氧日最大 8 小时浓度符合国家一级标准。16 个市(县)可吸入颗粒物年均浓度值符合国家一级标准,2 个市(县)符合二级标准;3 个市(县)细颗粒物年均浓度值符合国家一级标准,15 个市(县)符合二级标准;2 个市(县)臭氧日最大 8 小时浓度符合国家一级标准,16 个市(县)符合二级标准;与 2014 年比较,全省二氧化硫年均浓度无明显变化,二氧化氮年均浓度下降 1 μg/m³,可吸入颗粒物年均浓度下降 3 μg/m³,因一氧化碳、细颗粒物、臭氧三项指标 2014 年仅 7 个市(县)开展监测评价,故无全省均值比较。

表 3.3　2015 年海南省各市(县)主要污染物浓度统计表

市(县)	二氧化硫		二氧化氮		可吸入颗粒物		细颗粒物		一氧化碳		臭氧	
	范围	超标率	范围	超标率	范围	超标率	范围	超标率	范围	超标率	范围	超标率
全省	1~45	0	1~50	0	4~159	3.5	2~125	4.5	0.03~2.0	0	6~235	18.5
海口市	2~14	0	4~37	0	13~136	5.9	4~118	8.2	0.4~1.4	0	22~204	9.6
三亚市	1~6	0	5~39	0	9~93	1.4	4~69	0.8	0.4~1.0	0	28~197	16.6
五指山市	1~8	0	2~10	0	4~94	2.0	2~62	1.4	0.4~1.2	0	24~186	16.0
琼海市	2~9	0	2~29	0	18~150	12.9	9~82	3.3	0.3~1.7	0	34~194	12.6
儋州市	1~22	0	4~26	0	8~104	0.6	4~73	6.7	0.3~1.4	0	15~186	26.1
乐东县	1~14	0	1~15	0	8~79	0.0	4~53	0.0	0.1~1.8	0	29~213	30.4
东方市	2~30	0	2~32	0	8~137	3.6	2~120	5.8	0.2~1.2	0	48~177	39.4
文昌市	1~14	0	4~24	0	11~94	2.6	2~78	3.5	0.3~2.0	0	27~197	12.2
万宁市	2~14	0	2~14	0	13~87	2.2	6~55	1.1	0.1~1.9	0	30~235	26.7
定安县	1~25	0	3~38	0	11~115	2.7	2~94	11.5	0.2~1.5	0	20~169	8.9
屯昌县	1~21	0	1~33	0	10~102	3.8	2~63	1.3	0.03~1.0	0	27~176	16.6
澄迈县	2~18	0	2~50	0	12~126	8.9	5~94	9.7	0.1~1.8	0	6~175	4.9
临高县	1~20	0	2~24	0	9~159	6.0	4~125	8.6	0.1~1.8	0	18~230	32.1
白沙县	1~16	0	2~16	0	4~91	0.3	2~71	3.0	0.1~1.8	0	12~179	20.2
昌江县	1~45	0	4~24	0	7~135	2.8	2~119	6.4	0.2~1.5	0	26~184	21.7
陵水县	1~12	0	2~20	0	7~83	2.3	2~74	2.6	0.1~1.5	0	30~208	12.3
保亭县	1~6	0	2~18	0	6~86	0.6	2~63	0.3	0.1~1.0	0	30~216	18.2
琼中县	1~21	0	2~23	0	7~92	4.2	3~61	5.1	0.4~1.7	0	10~181	7.3

注:表中 CO 的浓度单位为 mg/m³,其他项目的浓度单位均为 μg/m³。超标率表示超一级标准比例,单位为%。

(1)二氧化硫。2015 年全省各市(县)二氧化硫日平均浓度值为 1~45 μg/m³,均低于国家日评价一级标准限值;年平均浓度值为 $2\sim9\ \mu g/m^3$,均低于国家年评价一级标准限值。全省二氧化硫年平均浓度值为 $5\ \mu g/m^3$,仅为国家环境空气质量一级标准限值的 25.0% 。

与 2014 年比较,全省二氧化硫年平均浓度总体持平。万宁市和屯昌县二氧化硫年平均浓度值下降幅度较大,澄迈县二氧化硫年平均浓度值上升幅度较大,其余市(县)无明显变化。各市(县)年平均浓度值均在较低水平线下波动,均低于国家年评价一级标准(图 3.2)。

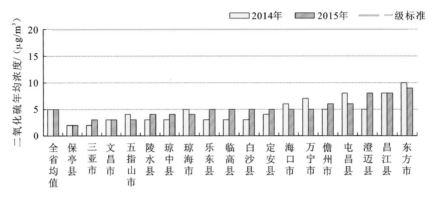

图 3.2　海南省各市(县)二氧化硫年平均浓度值比较

(2)二氧化氮。2015 年全省各市(县)各点位二氧化氮日平均浓度值为 $1\sim50\ \mu g/m^3$,均低于国家日评价一级标准限值;年平均浓度值为 $4\sim14\ \mu g/m^3$,均低于国家年评价一级标准限值。全省二氧化氮年平均浓度值为 $9\ \mu g/m^3$,仅为国家环境空气质量一级标准限值的 22.5% 。

与 2014 年比较,全省二氧化硫年平均浓度总体略有降低,降低 $1\ \mu g/m^3$ 。昌江县二氧化氮年平均浓度值下降幅度较大,其余市(县)无明显变化。各市(县)二氧化氮年平均浓度值均在较低水平线下波动,均低于国家一级标准限值(图 3.3)。

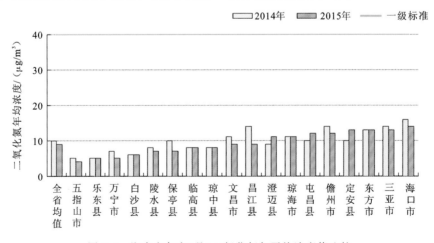

图 3.3　海南省各市(县)二氧化氮年平均浓度值比较

　　(3) 可吸入颗粒物。2015 年全省各市(县)可吸入颗粒物日平均浓度值为 4~159 μg/m³,超过国家日评价一级标准限值 50 μg/m³ 的天数为 3.5%,仅临高县有 1 天监测日均浓度值超过国家日评价二级标准限值 150 μg/m³,其余市(县)全部监测日均浓度值优于或符合国家日评价二级标准限值 150 μg/m³。全省可吸入颗粒物年均浓度值为 35 μg/m³,低于国家年评价一级标准限值(40 μg/m³)。各市(县)可吸入颗粒物年平均浓度值为 27~45 μg/m³,琼海市、临高县 2 个市(县)可吸入颗粒物年平均浓度值符合国家年评价二级标准(70 μg/m³),其余 16 个市(县)符合国家年评价一级标准。

　　与 2014 年比较,全省可吸入颗粒物年平均浓度下降 3 μg/m³。乐东县、文昌市、保亭县等 13 个市(县)可吸入颗粒物年平均浓度出现不同程度的下降,其中万宁市、定安县、屯昌县、海口市、澄迈县、东方市可吸入颗粒浓度下降,环境空气质量由二级上升为一级;陵水县、琼中县、昌江县、琼海市 4 个市(县)可吸入颗粒物年平均浓度有不同程度的上升,上升幅度为 3.0%~55%(图 3.4)。

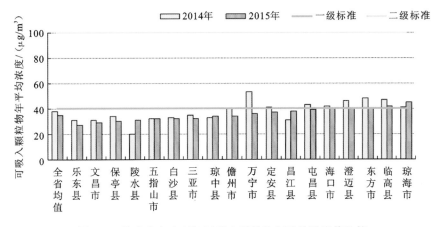

图 3.4　海南省各市(县)可吸入颗粒物年平均浓度值比较

　　(4) 细颗粒物。2015 年全省各市(县)细颗粒物日均浓度为 2~125 μg/m³,超过国家日评价一级标准限值 35 μg/m³ 的天数为 4.5%,超过国家日评价二级标准限值 75 μg/m³ 的天数为 0.3%。除海口市、琼海市、东方市、文昌市、定安县、澄迈县、临高县、昌江县各有 1~4 天的日均浓度值超过国家日评价二级标准限值,其余 10 个市(县)所有监测日均浓度值均优于或符合国家日评价二级标准。乐东、文昌、五指山 3 个市(县)细颗粒物年平均浓度值符合国家年评价一级标准(15 μg/m³),其余 15 个市(县)符合国家年评价二级标准。

　　2014 年,仅海口、三亚、五指山、琼海、儋州、乐东、东方 7 个市(县)开展了细颗粒物监测。与 2014 年相比,海口、三亚、五指山、儋州、乐东、东方 6 个市(县)细颗粒物年均浓度值均略有下降,仅琼海市略有上升。其中,五指山市细颗粒物年均浓度值下降 1 μg/m³,由去年二级水平上升为一级水平(图 3.5)。

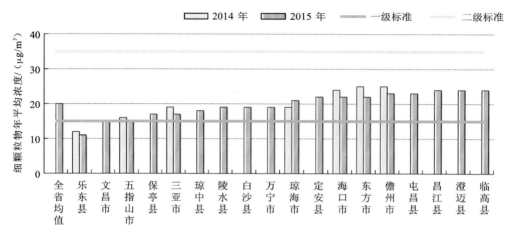

图 3.5　海南省各市(县)细颗粒物年平均浓度值比较

（5）一氧化碳。2015 年全省各市（县）一氧化碳日均浓度值为 0.03～2.0 mg/m³，均符合国家一级标准（4 mg/m³）；日均浓度值第 95 百分位数为 0.6～1.5 mg/m³，均在较低水平线下波动，符合国家一级标准。

2014 年，仅海口、三亚、五指山、琼海、儋州、乐东、东方 7 个市（县）开展了一氧化碳监测。与 2014 年相比，海口、三亚、五指山、儋州、东方 5 个市（县）一氧化碳日均浓度值第 95 百分位数均有所下降，其中儋州市下降了 41.9%，琼海市无明显变化，乐东县略有上升（图 3.6）。

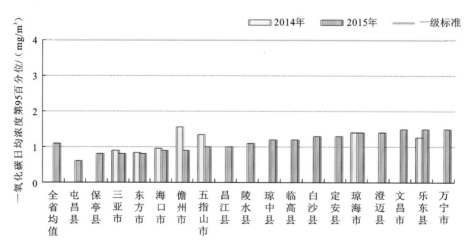

图 3.6　海南省各市(县)一氧化碳日均浓度值第 95 百分位值比较

（6）臭氧。2015 年全省各市（县）臭氧日最大 8 小时滑动平均浓度值为 6～235 μg/m³，18.5% 超过国家一级标准限值 100 μg/m³，1.8% 超过国家二级标准限值 160 μg/m³。全省各市（县）均有 1～16 天的日最大 8 小时滑动平均浓度值超过国家二级标准限值。18 个市（县）臭氧的日最大 8 小时滑动平均值第 90 百分位数为 82 ～138 μg/m³，除澄迈县、琼中县日最大 8 小时滑动平均值第 90 百分位数符合国家一级标准,其余 16 个市(县)均符合国家二级标准。

2014 年,仅海口、三亚、五指山、琼海、儋州、乐东、东方 7 个市(县)开展了臭氧监测。与2014 年相比,海口、五指山、琼海、乐东 4 个市(县)臭氧日最大 8 小时滑动平均值第 90 百分位数值略有上升,三亚、儋州、东方 3 个市(县)略有下降,均保持在二级水平(图 3.7)。

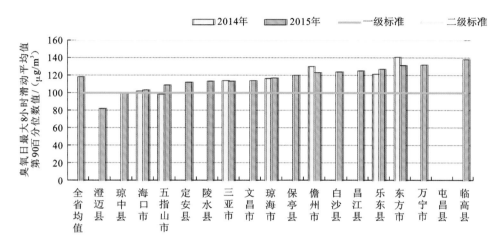

图 3.7　海南省各市(县)臭氧日最大 8 小时滑动平均值第 90 百分位数值比较

(7) 自然降尘。12 个监测市(县)各测点月监测值为 0.73~8.66 t/(km² · 月),超标率为 0.3%,昌江县叉河监测点有 1 个月份自然降尘值超标。各市(县)月均值为 1.03~4.92 t/(km² · 月),均未超过参照标准(8 t/(km² · 月))。

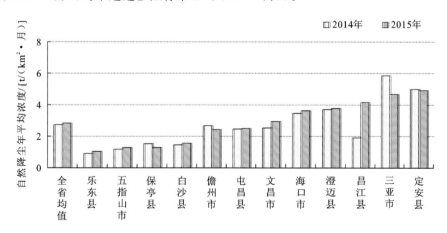

图 3.8　2014 年、2015 年海南省各市(县)自然降尘年平均浓度值比较

与 2014 年比较,全省自然降尘年均浓度略有上升,保亭县、儋州市、三亚市、定安县自然降尘年均浓度有所下降,其中三亚市下降 20.5%,其他市(县)有不同程度上升,其中昌江县上升 117.8%。全省降尘测点超标率由 0.7%下降至 0.3%(表 3.4)。

表 3.4　2014 年、2015 年海南省各市(县)自然降尘浓度值比较(单位:t/(km²·月))

序号	市(县)	2014 年				2015 年			
		最小值	最大值	年均值	超标率/%	最小值	最大值	年均值	超标率/%
1	海口市	2.00	8.10	3.46	1.7	1.60	6.50	3.61	0
2	三亚市	3.90	8.90	5.86	2.1	2.90	7.20	4.66	0
3	五指山市	0.50	1.76	1.18	0	0.73	1.74	1.27	0
4	儋州市	1.84	3.57	2.67	0	1.81	3.14	2.40	0
5	文昌市	1.65	3.22	2.51	0	2.61	3.24	2.94	0
6	定安县	4.16	5.90	4.98	0	4.12	5.94	4.92	0
7	屯昌县	2.33	2.67	2.45	0	2.27	2.67	2.47	0
8	澄迈县	3.34	4.82	3.69	0	3.29	4.85	3.78	0
9	白沙县	1.15	1.58	1.43	0	1.41	1.69	1.54	0
10	昌江县	0.51	6.38	1.91	0	0.83	8.66	4.16	4.2
11	乐东县	0.61	1.10	0.89	0	0.91	1.16	1.03	0
12	保亭县	1.37	1.65	1.51	0	0.82	1.73	1.27	0
	全省总体情况	0.50	8.90	2.71	0.7	0.73	8.66	2.84	0.3

注:最小值、最大值是依据各市(县)各测点每月自然降尘浓度值进行统计,年均值是依据各市(县)每月自然降尘浓度
　　月均值进行统计。

3. 综合污染评价

以二氧化硫、二氧化氮、可吸入颗粒物计算综合污染指数(按《环境空气质量》(GB 3095—1996)一类标准计算)对各市(县)环境空气质量进行综合污染评价。

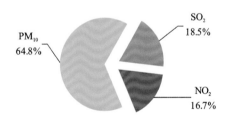

图 3.9　2015 年全省 SO₂、NO₂ 和 PM₁₀污染负荷

全省可吸入颗粒物污染负荷最高,达 64.8%,可见全省环境空气质量的主要影响指标为可吸入颗粒物。其次为二氧化硫,污染负荷为 18.5%,再次为二氧化氮,污染负荷为 16.7%(图 3.9)。与 2014 年比较,可吸入颗粒物、二氧化氮污染负荷略有下降,二氧化硫污染负荷有所增加。

各市(县)污染负荷有所差异,二氧化硫污染负荷在 9.8%(保亭)~25.4%(东方、昌江),儋州市、乐东县、东方市、澄迈县、白沙县、昌江县 6 个市(县)均大于 20%;二氧化氮污染负荷在 9.8%(万宁)~25.5%(三亚),海口市、三亚市、儋州市、文昌市、定安县 5 个市(县)均大于 20%;可吸入颗粒物污染负荷在 56.3%(东方)~75.0%(五指山),五指山市、琼海市、万宁市、临高县、保亭县 5 个市(县)均在 70%以上。

2015 年全省环境空气综合污染指数为 1.35,各市(县)综合污染指数范围为 1.00(五指山)~1.78(东方),儋州市、定安县、临高县、屯昌县、昌江县、海口市、琼海市、澄迈县、东方市 9 个市(县)综合污染指数高于全省平均水平(表 3.5)。

表 3.5　2015 年海南省各市（县）综合污染指数评价

市（县）	单项污染指数			综合污染指数	排序
	二氧化硫	二氧化氮	可吸入颗粒物		
全省均值	0.25	0.23	0.87	1.35	/
五指山市	0.15	0.10	0.75	1.00	1
保亭县	0.10	0.18	0.75	1.03	2
乐东县	0.25	0.13	0.68	1.05	3
文昌市	0.15	0.23	0.73	1.10	4
陵水县	0.20	0.18	0.78	1.15	5
白沙县	0.25	0.15	0.80	1.20	6
琼中县	0.20	0.20	0.85	1.25	7
三亚市	0.15	0.33	0.80	1.28	8
万宁市	0.25	0.13	0.90	1.28	9
儋州市	0.30	0.30	0.85	1.45	10
定安县	0.25	0.33	0.93	1.50	11
临高县	0.25	0.20	1.05	1.50	12
屯昌县	0.30	0.30	0.98	1.58	13
昌江县	0.40	0.23	0.95	1.58	14
海口市	0.25	0.35	1.00	1.60	15
琼海市	0.20	0.28	1.13	1.60	16
澄迈县	0.40	0.28	1.00	1.68	17
东方市	0.45	0.33	1.00	1.78	18
负荷比例/%	18.5	16.7	64.8	/	/

　　与 2014 年比较,全省环境空气综合污染程度略有下降,五指山市、保亭县、文昌市、三亚市、万宁市、儋州市、临高县、屯昌县、海口市、东方市 10 个市(县)综合污染程度有所减轻,乐东县无明显变化,其余 7 个市(县)有所增加(图 3.10)。

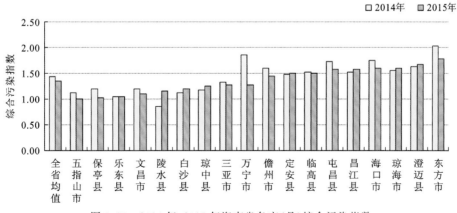

图 3.10　2014 年、2015 年海南省各市(县)综合污染指数

4. 首要污染物分析

全省各市(县)环境空气质量超过一级标准的天数比例在 16.5%～48.8%,主要污染物为臭氧、细颗粒物、可吸入颗粒物。全省空气质量优级以下天数中,以臭氧作为首要污染物的天数最多,占 69.8%,其次为细颗粒物,占 17.0%,可吸入颗粒物最少,占 13.2%。各市(县)的首要污染物有所差异,大部分市(县)以臭氧为首要污染物天数最多,定安县和澄迈县以细颗粒物为首要污染物天数最多。全省 18 个市(县)共出现 130 天超标,超标污染物主要为臭氧、细颗粒物和可吸入颗粒物,其中臭氧出现 109 天超标,细颗粒物出现 20 天超标,可吸入颗粒物仅 1 天超标(表 3.6)。综合分析,影响全省空气质量的首要污染物为臭氧,其次为细颗粒物,再次为可吸入颗粒物。

表 3.6 2015 年海南省各市(县)首要污染物和超标污染物统计(单位:天)

市(县)	有效监测天数	良级天数	超标天数	首要污染物			超标污染物		
				臭氧	细颗粒物	可吸入颗粒物	臭氧	细颗粒物	可吸入颗粒物
全省	6142	1490	130	1131	275	214	109	20	1
海口市	355	77	6	33	29	21	4	2	0
三亚市	361	60	7	59	3	5	7	0	0
五指山市	357	68	1	57	5	7	1	0	0
琼海市	364	97	8	46	12	47	4	4	0
儋州市	356	117	2	93	24	2	2	0	0
乐东县	349	94	12	106	0	0	12	0	0
东方市	363	163	14	143	21	13	10	4	0
文昌市	344	59	4	42	12	9	3	1	0
万宁市	360	92	16	96	4	8	16	0	0
定安县	358	72	6	30	39	9	3	3	0
屯昌县	157	30	4	26	2	6	4	0	0
澄迈县	350	77	5	17	34	31	2	3	0
临高县	336	143	13	107	29	20	11	1	1
白沙县	332	74	4	67	10	1	4	0	0
昌江县	359	101	10	78	23	10	8	2	0
陵水县	341	51	8	42	9	8	8	0	0
保亭县	346	59	7	63	1	2	7	0	0
琼中县	356	56	3	26	18	15	3	0	0

5. 时空变化分析

1) 空气质量级别

2015 年,全省环境空气质量优良整体上呈夏、秋季优于春、冬季。5～9 月优良天数比例为 100%,优级天数在 80% 以上;春、冬季空气质量以良为主,1月、2月、4月、10月优级天数比例明显下降,部分监测日出现轻度污染(图 3.11)。

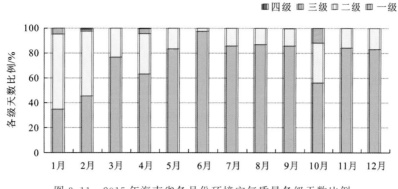

图 3.11　2015 年海南省各月份环境空气质量各级天数比例

从空间上看,全省 18 个市(县)优良天数比例在 95.5%~99.7%;其中优级天数比例在 80% 以上的有三亚市、五指山市、文昌市、陵水县、保亭县、琼中县,主要集中在中、东部地区;优级天数比例低于 60% 的有东方市和临高县,主要集中在西、北部地区。

2)主要污染物

2015 年,全省各市(县)二氧化硫、一氧化碳季度浓度无明显季节性特征,二氧化碳、可吸入颗粒物、细颗粒物、臭氧季度浓度基本表现为春、冬季高于夏、秋季。

(1)二氧化硫。全省二氧化硫浓度无明显季节性变化,四个季度浓度基本持平。澄迈县、临高县等市(县)春、冬季浓度较高,三亚市、昌江县等市(县)夏、秋季浓度略高于春、冬季,海口市、东方市等市(县)夏季浓度略低于其他三季(图 3.12)。

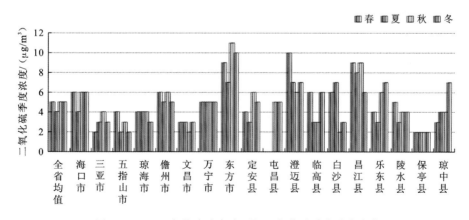

图 3.12　2015 年海南省各市(县)二氧化硫季度浓度变化

(2)二氧化氮。全省二氧化氮浓度总体春、冬季略高于夏、秋季。三亚市、乐东县四季二氧化氮浓度基本持平,其他大部分市(县)春、冬季略高于夏、秋季。海口市、三亚市、东方市、定安县 4 个市(县)浓度偏高于其他市(县)(图 3.13)。

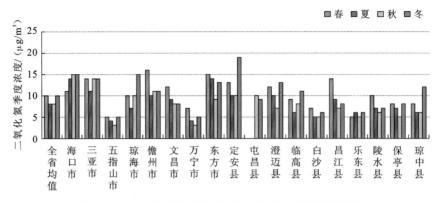

图 3.13　2015 年海南省各市(县)二氧化氮季度浓度变化

(3) 可吸入颗粒物。从季节上看,全省可吸入颗粒物浓度季度变化明显,春、冬季明显大于夏、秋季,主要由于全省春、冬季盛行东北风,远距离输送污染物浓度增加,以及本地静稳无风等不利气象条件增多共同影响。从空间上看,海口市、东方市、临高县、万宁市、澄迈县、儋州市、定安县等北部市(县)浓度偏高于其他市(县),主要是受到大陆污染远距离输送影响;夏、秋季万宁市、东方市、临高县、澄迈县等市(县)浓度偏高于其他市(县),主要是受土法烤槟榔、秸秆焚烧等本地污染源排放影响(图 3.14)。

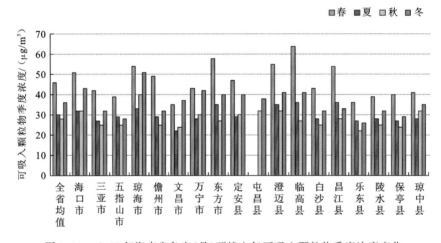

图 3.14　2015 年海南省各市(县)环境空气可吸入颗粒物季度浓度变化

(4) 细颗粒物。从季节上看,全省细颗粒物浓度季度变化明显,春季最大,其次为冬季,夏、秋季浓度相对较低,春、冬季受到大陆远距离输送污染物及本地静稳无风等不利气象条件共同影响,浓度相对偏高。从空间上看,海口市、儋州市、东方市、临高县、万宁市、澄迈县、定安县等西、北部市(县)浓度偏高于其他市(县),主要是受到大陆污染远距离输送影响(图 3.15)。

(5) 一氧化碳。从季节上看,全省一氧化碳季度日均值第 95 百分位数无明显季节性变化。文昌市、万宁市、琼海市等市(县)一氧化碳季度浓度略偏高于其他市(县)(图 3.16)。

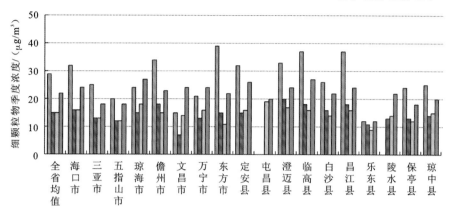

图 3.15　2015 年海南省各市(县)细颗粒物季度浓度变化

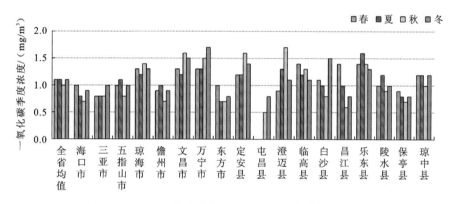

图 3.16　2015 年海南省各市(县)一氧化碳季度浓度变化

　　(6) 臭氧。从季节上看,全省臭氧日最大 8 小时第 90 百分位数的季节性变化明显,春、冬季高于夏、秋季。从空间上看,临高县、昌江县、白沙县、儋州市、乐东县等市(县)浓度偏高于其他市(县)(图 3.17)。

　　(7) 自然降尘。从季节上看,全省各市(县)自然降尘浓度季度变化总体不明显;三亚市、昌江县春、夏季自然降尘浓度偏高于秋、冬季,海口市夏季偏高于其他三季,其他市(县)自然降尘浓度无明显季节变化。从空间上看,三亚市、定安县、昌江县降尘浓度偏高于其他市(县),五指山市、乐东县、保亭县明显偏低。全省自然降尘浓度值与全省颗粒物浓度变化特征相关(图 3.18)。

　　3) 环境空气质量综合指数

　　全省环境空气质量综合指数总体呈春、冬季偏高于夏、秋季,主要受可吸入颗粒物影响。从空间上看,海口市、琼海市、儋州市、东方市、定安县、澄迈县、临高县、昌江县 8 个市(县)环境空气质量综合指数高于全省平均水平,其他市(县)低于或等于全省平均水平,呈现西、北部市(县)高于东、南部市(县)(图 3.19)。

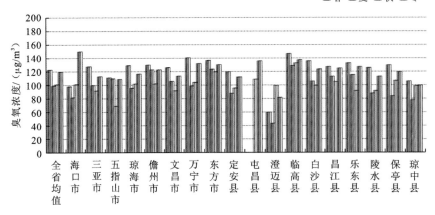

图 3.17　2015 年海南省各市(县)臭氧季度浓度变化

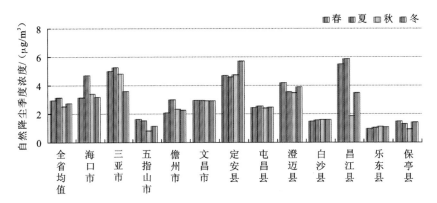

图 3.18　2015 年各市(县)自然降尘季度浓度变化

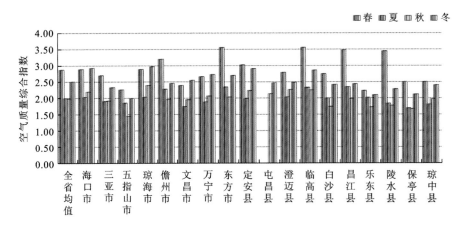

图 3.19　2015 年海南省各市(县)环境空气质量综合指数季度变化

3.1.2　环境空气质量变化

2013～2015 年,全省部分市(县)陆续执行《环境空气质量标准》(GB 3095—2012),在原有 SO_2、NO_2、PM_{10} 三项指标的基础上,增加 $PM_{2.5}$、CO、O_3 三项指标监测。为了分析变化,本节采用《环境空气质量标准》(GB 3095—1996)及 2000 年修改单,以 SO_2、NO_2、PM_{10} 三项指标评价 2011～2015 年全省空气质量变化。

1. 空气质量级别变化

2011～2015 年,全省环境空气质量保持优良态势,空气质量均达国家一级水平。各市(县)各年度环境空气质量均达到或优于国家环境空气二级标准,其中达到一级标准的市(县)比例分别为 86.7%、88.9%、44.4%、55.6%、88.9%,2013 年和 2014 年出现明显下降,主要是冬季部分时段受可吸入颗粒物影响加大,2015 年明显上升。三亚市、五指山市、文昌市、白沙县、乐东县、陵水县、保亭县、琼中县 8 个市(县)环境空气质量均保持在国家一级水平;其他市(县)在一级、二级波动(表 3.7)。

表 3.7　2011～2015 年全省各市(县)环境空气质量级别

市(县)	2011 年	2012 年	2013 年	2014 年	2015 年
全省均值	一级	一级	一级	一级	一级
海口市	二级	一级	二级	二级	一级
三亚市	一级	一级	一级	一级	一级
五指山市	一级	一级	一级	一级	一级
琼海市	一级	一级	二级	二级	二级
儋州市	一级	一级	二级	一级	一级
文昌市	一级	一级	一级	一级	一级
万宁市	一级	一级	二级	二级	一级
东方市	二级	二级	二级	二级	一级
定安县	一级	一级	二级	二级	一级
屯昌县	一级	一级	二级	二级	一级
澄迈县	一级	一级	二级	二级	一级
临高县	一级	一级	二级	二级	二级
白沙县	一级	一级	一级	一级	一级
昌江县	一级	二级	二级	一级	一级
乐东县	/	一级	一级	一级	一级
陵水县	/	一级	一级	一级	一级
保亭县	一级	一级	一级	一级	一级
琼中县	/	一级	一级	一级	一级

注:各市(县)环境空气质量级别依据 SO_2、NO_2、PM_{10} 三项指标年均浓度,按《环境空气质量标准(GB 3095—1996)》及 2000 年修改单进行评价。

2. 主要污染物浓度变化

2011～2015 年,全省各市(县)二氧化硫、二氧化氮、自然降尘浓度无明显变化,可吸入颗粒物浓度 2013、2014、2015 年略高于 2011、2012 年,呈先上升后下降的态势。

(1) 二氧化硫。2011～2015 年,全省二氧化硫浓度年均值范围为 3～5 μg/m³。各市(县)二氧化硫浓度在较低水平线下波动,日均值和年均值均达国家一级标准。总体上分析,全省 2013 年、2014 年和 2015 年二氧化硫浓度略高于 2011 年和 2012 年。

二氧化硫较高值区域主要集中在海口市、三亚市、澄迈县、万宁市、屯昌县、昌江县、东方市。琼海市、儋州市、定安县、澄迈县等部分市(县)二氧化硫浓度逐年升高,东方市、昌江县二氧化硫浓度先升后降,海口市、三亚市等个别市(县)二氧化硫浓度逐年降低,其余市(县)基本保持不变(图 3.20)。

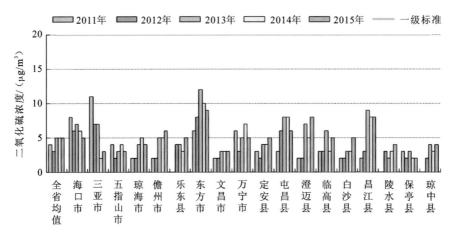

图 3.20　2011～2015 年全省各市(县)二氧化硫浓度年际变化

(2) 二氧化氮。2011～2015 年,全省二氧化氮浓度年均值为 9～12 μg/m³。各市(县)二氧化氮浓度在较低水平线下波动,日均值和年均值均达国家一级标准。总体上,全省 2011 年二氧化氮浓度略高于其他四年。

二氧化氮较高值区域未发生明显变化,主要在海口市、昌江县、儋州市、三亚市、琼海市、文昌市 6 个市(县)。琼海市、文昌市、万宁市、五指山市、昌江县等部分市(县)二氧化氮浓度有所下降,东方市、定安县、澄迈县、白沙县等部分市(县)二氧化氮浓度有所上升(图 3.21)。

(3) 可吸入颗粒物。2011～2015 年,全省可吸入颗粒物浓度年均值分别为 35、34、39、38、35 μg/m³,均符合国家一级标准。各年度可吸入颗粒物日均值超标率(超一级标准)分别为 8.7%、6.4%、22.7%、20.7%、3.5%,2013 年和 2014 年出现部分监测日超过二级标准,2015 年有 1 天超过二级标准。总体上分析,全省 2013 年可吸入颗粒物浓度略高于其他四年。琼海市可吸入颗粒物浓度呈上升态势;保亭县、琼中县可吸入颗粒物基本保持不变;其余大部分市(县)2011～2014 年呈上升态势,2015 年明显下降。

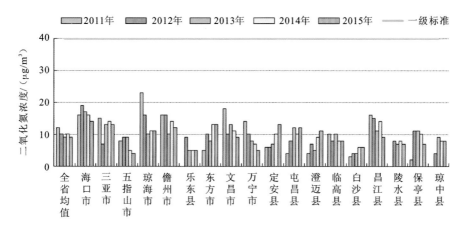

图 3.21　2011～2015 年全省各市(县)二氧化氮浓度年际变化

　　2011～2014 年,可吸入颗粒物浓度较高值区域范围逐渐扩大。2011 年,仅海口市可吸入颗粒物浓度高于一级标准限值,至 2014 年,万宁市、东方市、临高县、澄迈县、屯昌县、海口市、琼海市、定安县 8 个市(县)的可吸入颗粒物浓度高于一级标准限值;2015 年范围缩小,仅琼海市和临高县高于一级标准限值;总体北部市(县)的可吸入颗粒物浓度相对较高(图 3.22)。

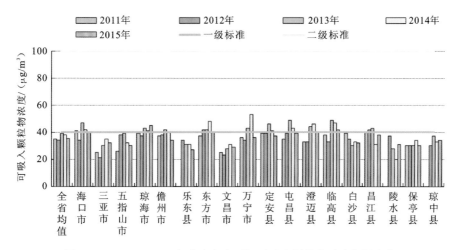

图 3.22　2011～2015 年全省各市(县)可吸入颗粒物浓度年际变化

　　(4)自然降尘。2011～2015 年,全省自然降尘浓度年均值范围为 2.71～3.64 t/(km² ·月),自然降尘浓度逐年降低。各市(县)各月自然降尘浓度月均值均未超过参照标准(8 t/(km² ·月))。儋州市自然降尘浓度呈下降趋势;文昌市、昌江县呈上升趋势;其他市(县)总体无明显变化。三亚市、儋州市、定安县自然降尘浓度偏高于其他市(县),五指山市、白沙县、乐东县、保亭县浓度偏低(图 3.23)。

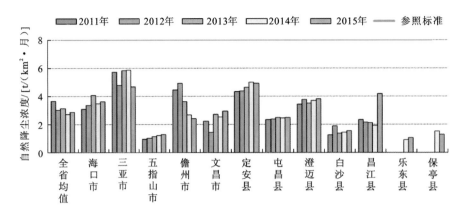

图 3.23　2011～2015 年全省各市(县)自然降尘浓度年际变化

3. 综合污染程度变化

2011～2015 年,全省环境空气综合污染指数为 1.26～1.49,无明显年际变化;主要影响指标仍为可吸入颗粒物,负荷系数为 63.8%～66.7%。总体上,全省 2013 年综合污染指数略高于其他 4 年。

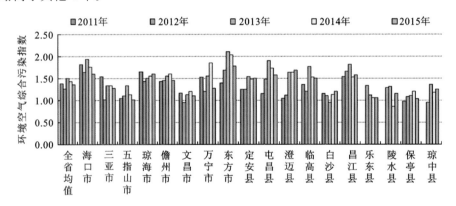

图 3.24　2011～2015 年海南省各市(县)环境空气综合污染指数变化

2011～2015 年,定安县、澄迈县综合污染指数呈上升趋势,三亚市、乐东县呈下降趋势,其他市(县)综合污染指数在小范围内波动,大部分市(县)呈 2011～2013 年上升,2014～2015 年下降的趋势。2011 年,仅海口市、琼海市综合污染指数大于 1.5,至 2015 年屯昌县、昌江县、海口市、琼海市、澄迈县、东方市 6 个市(县)综合污染指数大于 1.5,北部市(县)综合污染指数相对偏高。

4. 季节变化

2011～2015 年,全省二氧化硫、二氧化氮、自然降尘季节变化不明显,可吸入颗粒物基本表现为春、冬季偏高于夏、秋季的特征,尤其是 2013 年和 2014 年的季节性特征表现明显,2013 年冬季浓度明显偏高于其他三季,也明显偏高于其他 4 年冬季(图 3.25)。

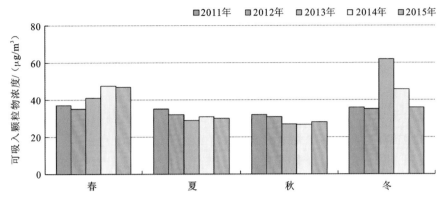

图 3.25　2011～2015 年海南省可吸入颗粒物季节变化

5. "十二五"末与"十一五"末对比

按《环境空气质量标准》(GB 3095—1996)评价,2015 年与"十一五"末对比,全省环境空气质量保持稳定,主要污染物浓度无明显变化。

1) 优良天数

按《环境空气质量标准》(GB 3095—1996)评价,2015 年全省环境空气质量优良天数比例为 99.98%,其中优级天数 84.4%,良级天数 15.58%,轻度污染天数 0.02%;2010 年全省环境空气质量优良天数达到 100%,其中优级天数 94.8%,良级天数 5.2%。2015 年与"十一五"末对比,优级天数比例下降了 10.4%,并出现 1 d 轻度污染。

2) 主要污染浓度

(1) 二氧化硫。2010 年,全省各市(县)二氧化硫日平均浓度值为 1～35 $\mu g/m^3$,年平均浓度值为 3～6 $\mu g/m^3$,全省年平均浓度值为 4 $\mu g/m^3$,仅为国家环境空气质量一级标准限值的 20%;2015 年,全省各市(县)二氧化硫日平均浓度值为 1～45 $\mu g/m^3$,年平均浓度值为 2～9 $\mu g/m^3$,全省二氧化硫年平均浓度值为 5 $\mu g/m^3$,仅为国家环境空气质量一级标准限值的 25%。

2015 年与"十一五"末比较,全省二氧化硫年平均浓度略有上升,上升 1 $\mu g/m^3$。各市(县)年平均浓度值均在较低水平线下波动,均低于国家年评价一级标准。

(2) 二氧化氮。2010 年,全省各市(县)二氧化氮日平均浓度值为 1～61 $\mu g/m^3$,年平均浓度值为 5～14 $\mu g/m^3$,年平均浓度值为 10 $\mu g/m^3$,仅为国家环境空气质量一级标准限值的 25%;2015 年,全省各市(县)二氧化氮日平均浓度值为 1～50 $\mu g/m^3$,年平均浓度值为 4～14 $\mu g/m^3$,年平均浓度值为 9 $\mu g/m^3$,仅为国家环境空气质量一级标准限值的 22.5%。

2015 年与"十一五"末比较,全省二氧化氮年平均浓度总体略有降低,降低 1 $\mu g/m^3$。各市(县)二氧化氮年平均浓度值均在较低水平线下波动,均低于国家一级标准限值。

(3) 可吸入颗粒物。2010 年,全省各市(县)可吸入颗粒物年均值为 29～40 $\mu g/m^3$,全省年均浓度值为 34 $\mu g/m^3$,均符合国家一级标准;2015 年,全省各市(县)可吸入颗粒物年平均浓度值为 27～45 $\mu g/m^3$,琼海市、临高县 2 个市(县)可吸入颗粒物年平均浓度值符合国家年评价二级标准(70 $\mu g/m^3$),其余 16 个市(县)符合国家年评价一级标准,全省可吸入颗粒物年均浓度值为 35 $\mu g/m^3$。

2015 年与"十一五"末比较,全省可吸入颗粒物年平均浓度略有上升,上升 1 $\mu g/m^3$。

3.1.3　环境空气质量特征及变化原因分析

1. 质量特征

(1) 环境空气质量长期保持优良,臭氧和颗粒物对空气质量有轻微影响。"十二五"期间,全省环境空气总体优良,优良天数比例大于 97.9%,各市(县)环境空气质量均优于或符合国家二级标准。2011～2012 年,全省 18 个市(县)按照环境空气质量老标准开展二氧化硫、二氧化氮、可吸入颗粒物 3 项指标监测,空气质量优良天数比例为 100%。2013～2015 年,随着 18 个市(县)陆续按照环境空气质量新标准增加了一氧化碳、细颗粒物、臭氧指标监测后,受臭氧和细颗粒物影响,全省空气质量优良天数比例开始出现下降,从 2013 年的 99.1%下降至 2015 年的 97.9%,但主要污染物二氧化硫、二氧化氮、可吸入颗粒物 5 年来无明显变化,其中二氧化硫、二氧化氮在较低水平波动。

(2) 颗粒物污染物季节变化较为明显。五年来全省可吸入颗粒物、细颗粒物浓度季节变化基本表现为冬、春季大于夏、秋季,二氧化硫、二氧化氮浓度无明显季节变化。全省自然降尘浓度季节变化总体状况表现为春季高于其他三季。

(3) 空气质量有一定的区域性差异。区域环境空气综合污染指数比较,西部、北部区域综合污染指数相对较高,东部、南部、中部区域总体保持最低。

2. 变化原因分析

1) 环境空气质量长期保持优良

(1) 自然条件优越,大气环境容量大。海南陆域主体海南岛,地处信风带和季风区,四面环海,属热带季风气候,雨量充沛,有利于污染物冲洗稀释;长年风速较大,空气对流、乱流运动较强,有利于污染物质的扩散等特点。得天独厚的热带岛屿季风气候,加之相对较小的大气污染物排放总量,使得全省环境空气质量长期保持国家领先水平。

(2) 加强环境管理,从源头遏制污染。"十二五"期间,全省进一步加强了新建工业项目环境管理,坚持不污染环境、不破坏资源、不搞低水平重复建设的"三不"原则,合理布局,严格将工业集中布局在现有几大工业园区中,严格执行有关环保法律法规和产业政策,严把项目环保准入关,进一步优化产业结构,全面推行清洁生产,深挖减排潜力。将143 家重点排污企业纳入清洁生产审核名录,强制要求开展清洁生产审核,促进企业节能、降耗、减污、增效。"十二五"以来,全省共否决或暂缓审批 13 个高耗能高污染的固定资产投资项目;累计完成 84 家企业清洁生产审核评估,完成 28 家企业清洁生产审核验收。通过严格管理,从源头上遏制污染。

(3) 积极推进污染减排,大气污染物排放总量得到有效控制。加强工业废气污染治理,推动燃煤电厂脱硫脱硝系统建设和水泥厂脱硝系统建设。"十二五"期间,全省共完成了 12 台燃煤机组、10 条水泥熟料生产线、2 座玻璃窑炉和 1 座石油炼化催化裂化装置脱硫、脱硝、除尘设施改造;完成了 7 台燃气机组低氮燃烧技术改造,超额完成国家下达的污染治理任务。强化机动车环保管理,加强尾气路检和报废车上路的执法检查。严格落实老旧车和黄标车报废、淘汰、注销登记及拆解制度。"十二五"期间,全省办理机动车报废注销登记 53.17 万辆,淘汰黄标车 75 559 辆。同时,加强车用汽柴油品升级工作。自 2013 年 11 月 20 日起,全省全面供应国 IV 汽柴油,提前 1 年完成了国家下达的油品升级任务;2015 年 10 月 20 日起,全面供应国 V 汽柴油。从车用燃油品质上,减少了交通源的污染排放。2015 年,全省二氧化硫排放总量为 3.23×10^4 t,氮氧化物排放总量为 8.95×10^4 t,烟(粉)尘排放总量为 2.04×10^4 t,与"十一五"污染物排放总量基本相当。

（4）积极推进节能减排。"十二五"期间,全省不断加快发展低能耗产业,调整优化能源消费结构,大力推进节能技术改造工程,实施节能预警调控。2015 年全省单位工业增加值能耗 2.4 t 标准煤/万元,比上年下降 0.56%,顺利完成国家下达的"十二五"期间单位 GDP 能耗累计下降 10% 的目标任务。

（5）不断改善城市能源结构。全省大力推行清洁能源和清洁生产,从源头控制城镇污染。大力推动以天然气和液化煤气为主的清洁能源的应用,促进地级市煤气管道和各城镇天然气供应站的建设,煤气管道建设速度加快,现已形成了较为完善的液化气管理和供应系统,清洁能源利用率得到很大提高,"十二五"末,全省城市燃气普及率已超过 95%,海口和三亚大力推广使用 CNG(compressed natural gas,即压缩天然气)汽车和 LNG(liquefied natural gas,液化天然气)运营公交车,全省城市能源结构不断向清洁能源调整。

2) 新增 3 项污染评价指标,优良天数比例出现下降

2012 年 2 月,国家出台了环境空气质量新标准,在原有 3 项空气污染物监测指标的基础上,增加了臭氧、一氧化碳和 $PM_{2.5}$ 3 项指标,空气质量的评价显得更为客观。2013～2015 年全省逐步按照环境空气质量新标准要求开展监测与评价,由于全省空气质量受臭氧和 $PM_{2.5}$ 影响比较突出,使得近 2 年全省空气质量优良天数比例出现下降。

3) 个别城市(镇)受颗粒物影响加大,环境空气质量有所下降

颗粒物仍为影响全省环境空气质量的主要指标,琼海、万宁土法烤槟榔,以及城镇化基础设施建设过程中,大规模的道路建设、旧城改造、房地产施工等带来大量扬尘,以及机动车保有量的激增,在行驶过程中带来的扬尘等导致颗粒物污染加大,空气质量出现下降。

4) 外来大气污染输送对全省空气质量造成一定的影响

全省空气质量季节性变化明显,夏秋季度基本保持优级,春冬季度以优良为主,偶有轻度污染。夏秋季度主导风向为南风和东南风,受南海海洋性气候影响。春冬季度主导风向为北风和东北风,当大陆空气南下并带来远距离迁移的污染团时,对全省空气质量造成明显影响。近几年的 10 月份至次年的 3 月份,当全省空气质量出现大范围下降时,主要还是受大陆大气污染物远距离输送的影响。

3.1.4　小结

（1）环境空气质量总体优良。

"十二五"期间,全省环境空气质量总体优良,各市(县)环境空气质量均优于或符合国家二级标准。2011～2012 年,全省 18 个市(县)按照环境空气质量老标准开展二氧化硫、二氧化氮、可吸入颗粒物 3 项指标监测,空气质量优良天数比例为 100%。2013～2015年,随着 18 个市(县)陆续按照环境空气质量新标准增加了一氧化碳、细颗粒物、臭氧指标监测后,受臭氧和细颗粒物影响,全省空气质量优良天数比例开始出现下降,从 2013 年的99.1% 下降至 2015 年的 97.9%,但主要污染物二氧化硫、二氧化氮、可吸入颗粒物 5 年来无明显变化,其中二氧化硫、二氧化氮在较低水平波动。

（2）空气质量主要受臭氧和细颗粒物影响。

2011～2012 年,全省空气质量优良天数比例为 100%。2013 年,海口市开始按照环境空气质量新标准开展监测与评价,当年海口市优良天数比例为 93.2%,较 2012 年的100% 下降了 6.8%,受细颗粒物、臭氧、可吸入颗粒物影响,出现 22 天轻度污染,受细颗粒物影响,出现 3 天中度污染。2014 年,全省 7 个市(县)执行环境空气质量新标准,开展监测的 7 个市(县)累计出现 59 天超标(轻度污染或中度污染),其中臭氧出现 44 天超标,细颗粒物出现 23 天超标。2015 年,全省 18 个市(县)全部执行环境空气质量新标准,全省累计出现 130 天超标(轻度污染或中度污染),其中臭氧出现 110 天超标,细颗粒物出现20 天超标。可见,全省空气质量主要受臭氧影响,其次为细颗粒物。

（3）空气质量季节变化明显。

"十二五"期间,全省环境空气质量季节性变化明显,夏、秋季优于春、冬季。夏、秋季优良天数比例为 100%,优级天数比例明显偏高,春、冬季空气质量以良为主,部分时段甚至出现污染天气。全省二氧化氮、可吸入颗粒物、细颗粒物、臭氧浓度基本表现为春、冬季高于夏、秋季。

（4）空气质量有一定区域差异。

全省空气质量有一定的区域性,陆域海南岛东部、中部、南部区域环境空气质量优于西部、北部区域,出现轻度污染和中度污染的市(县)主要集中在北部和西部。

（5）大陆污染物远距离输送及气象条件对空气质量影响较大。

全省春、冬季空气质量略差,主要受大陆污染源远距离输送带来的污染和静稳无风等不利气象条件共同影响。全省春、冬季主导风向为北风和东北风,当华南、华中地区集中出现轻度至重度污染天气,含有大量污染物的气团通过远距离输送抵达全省,造成部分市(县)空气质量出现延迟性同步下降;同时在春、冬季,全省地面上空的大气结构较稳定,易出现"逆温"现象,大陆性气团远距离迁移带来污染物并叠加本省施工及道路扬尘、机动车尾气、城市油烟、农村秸秆和生活垃圾焚烧、土法烤槟榔等局地污染物,使得空气污染物累积,造成空气质量下降。

3.2 大气降水

2015 年,全省除三沙市的 18 个市(县)均开展了城市(镇)大气降水监测。全省降水 pH 年均值为 6.15,酸雨率为 4.0%。

3.2.1 大气降水质量状况

1. 状况评价

2015 年,18 个监测市(县)共采集降水样品 1095 个,各测点单次降水 pH 值为 3.64(海口)～8.18(琼海)。降水 pH 值频率主要集中在 5.6～6.5 和 6.5～7.0,分别达到 39.2%、40.0%,pH<5.6 的频率为 4.1%,pH≥7.0 的频率为 16.7%。

与 2014 年比较,pH 值在 5.6～6.5 和 6.5～7.0 的频率分别上升了 5 个百分点、7.8 个百分点,pH<5.6 和 pH≥7.0 的频率分别下降了 2.7 个百分点、10.1 个百分点(图 3.26)。

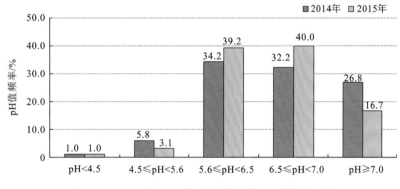

图 3.26　2014 年、2015 年海南省降水 pH 值频率分布

2015 年,全省降水 pH 年均值为 6.15,18 个监测市(县)降水 pH 年均值为 5.29(海口市)～7.24(乐东县)。仅海口市降水 pH 年均值低于 5.6,占 5.6%,琼海市和乐东县降水 pH 年均值高于 7.0,占 11.1%,其余 15 个市(县)降水 pH 年均值在 5.6～7.0,占 83.3%。

与 2014 年比较,全省降水 pH 年均值总体上无明显变化,其中临高县降水 pH 年均值由 5.67 变为 5.97,上升了 0.30,白沙县由 7.13 变为 6.64,下降了 0.49,其余市(县)均无明显变化。

2015 年,全省降水酸雨率为 4.0%,酸雨降水 pH 年均值为 4.80,酸性降水量占降水总量 1.8%。仅海口市监测到酸雨,酸雨率为 27.8%,其余市(县)未监测到酸雨。

与 2014 年比较,全省降水酸雨率下降了 2.9 个百分点,海口市酸雨率下降了 15.6 个百分点,临高县未监测到酸雨,琼中县首次开展监测,未监测到酸雨,其余市(县)无变化。

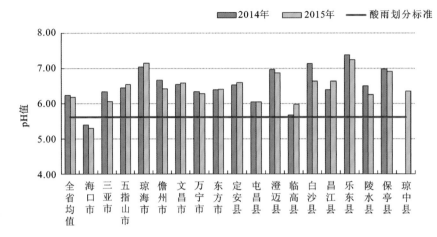

图 3.27　2014 年、2015 年海南省各市（县）降水 pH 年均值比较

表 3.8　2014 年、2015 年海南省各市（县）降水统计

测点	2014 年				2015 年			
	降水 pH 值		采雨数	酸雨频率 /%	降水 pH 值		采雨数	酸雨频率 /%
	范围	平均值			范围	平均值		
全省	3.98～8.78	6.23	1237	6.9	3.64～8.18	6.15	1095	4.0
海口市	3.98～7.85	5.38	182	43.4	3.64～7.63	5.29	162	27.8
三亚市	5.85～7.27	6.33	75	0.0	5.64～6.87	6.05	69	0.0
五指山市	6.03～7.05	6.44	80	0.0	5.94～7.62	6.54	58	0.0
琼海市	6.92～7.31	7.04	79	0.0	6.53～8.18	7.15	43	0.0
儋州市	5.90～8.15	6.66	61	0.0	5.71～8.11	6.42	44	0.0
文昌市	6.14～7.29	6.54	71	0.0	6.16～7.03	6.58	50	0.0
万宁市	6.02～6.82	6.33	27	0.0	6.19～6.61	6.27	16	0.0
东方市	5.73～7.60	6.38	62	0.0	5.80～7.30	6.40	32	0.0
定安县	6.38～6.67	6.52	54	0.0	6.25～7.12	6.59	70	0.0
屯昌县	5.99～6.06	6.03	96	0.0	6.00～6.06	6.04	80	0.0
澄迈县	6.55～7.40	6.96	212	0.0	6.65～7.30	6.87	159	0.0
临高县	5.13～6.70	5.67	28	21.4	5.65～6.96	5.97	48	0.0
白沙县	6.44～8.78	7.13	51	0.0	6.01～7.74	6.64	99	0.0
昌江县	6.01～6.89	6.38	37	0.0	6.39～6.93	6.64	32	0.0
乐东县	7.03～8.37	7.38	45	0.0	6.60～7.50	7.24	43	0.0
陵水县	6.00～7.51	6.50	34	0.0	6.00～6.91	6.25	20	0.0
保亭县	6.76～7.14	6.98	43	0.0	6.74～7.24	6.91	42	0.0
琼中县	/	/	/	/	6.13～6.65	6.35	28	0.0

注："/"表示 2014 年琼中县未开展降水监测，2015 年开始进行监测。

2. 降水化学组成

海口市、三亚市、东方市、五指山市 4 个市(县)开展了降水化学组分监测,降水中的主要阳离子为 Na^+、Ca^{2+},占离子总当量的 21.3%、12.0%;主要阴离子为 Cl^-、SO_4^{2-},占离子总当量的 30.9%、9.5%(图 3.28)。

降水中,阴离子、阳离子分别占离子总当量的 48.3%、51.7%;SO_4^{2-} 和 NO_3^- 的当量浓度比为 1.59,$(SO_4^{2-}+NO_3^-)$/阴离子

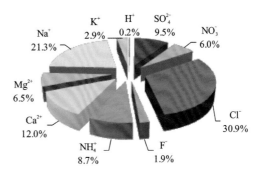

图 3.28 降水离子当量浓度百分比

总当量值为 0.32,$[Cl^-]$/阴离子总当量比值为 0.64,$[Cl^-]/[Na^+]$ 的当量浓度比为 1.45。说明降水酸性主要受 SO_4^{2-}、NO_3^- 的前体物 SO_2、NO_x 影响,表现为硫硝混合型酸性降水;同时也受海洋性 Cl^- 源的影响,呈现海洋性酸性降水特征。

海口市降水中,阴离子、阳离子分别占离子总当量的 47.9%、52.1%;主要阳离子为 Na^+,占离子总当量的 19.8%;主要阴离子为 Cl^-、SO_4^{2-},分别占离子总当量的 25.2%、11.9%。降水中,$[SO_4^{2-}]/[NO_3^-]$ 的当量浓度比为 1.33,$(SO_4^{2-}+NO_3^-)$/阴离子总当量值为 0.43,$[Cl^-]$/阴离子总当量比值为 0.53。说明降水酸性主要受 SO_4^{2-}、NO_3^- 的前体物 SO_2、NO_x 影响,表现为硝硫混合型酸性降水;同时也受海洋性 Cl^- 源的影响,呈现海洋性酸性降水特征。

三亚市降水中,阴离子、阳离子分别占离子总当量的 48.9%、51.1%;主要阳离子为 Na^+,占离子总当量的 26.9%;主要阴离子为 Cl^-,占离子总当量的 39.2%。降水中,$[SO_4^{2-}]/[NO_3^-]$ 的当量浓度比为 2.59,$(SO_4^{2-}+NO_3^-)$/阴离子总当量值为 0.18,$[Cl^-]$/阴离子总当量比值为 0.8。降水中 Na^+、Ca^{2+} 碱性离子含量相对较高,具有较大的中和缓冲能力,未监测到酸性降水;同时降水受海盐粒子影响较大,降水中 Na^+ 和 Cl^- 含量较高。

五指山市降水中,阴离子、阳离子分别占离子总当量的 42.5%、57.5%;主要阳离子为 NH_4^+、Ca^{2+}、Na^+,分别占离子总当量的 25.7%、16.4%、9.5%;主要阴离子为 Cl^-、SO_4^{2-}、NO_3^-,分别占离子总当量的 13.9%、12.7%、8.4%。降水中,$[SO_4^{2-}]/[NO_3^-]$ 的当量浓度比为 1.51,$(SO_4^{2-}+NO_3^-)$/阴离子总当量值为 0.50,$[Cl^-]$/阴离子总当量比值为 0.33。降水中碱性离子能有效中和酸性离子,未监测到酸性降水。

东方市降水中,阴离子、阳离子分别占离子总当量的 48.7%、51.3%;主要阳离子 Na^+、Ca^{2+},分别占离子总当量的 20.1%、13.9%;主要阴离子 Cl^-,占离子总当量的 32.5%。降水中,$[SO_4^{2-}]/[NO_3^-]$ 的当量浓度比为 1.71,$(SO_4^{2-}+NO_3^-)$/阴离子总当量值为 0.29,$[Cl^-]$/阴离子总当量比值为 0.67,说明降水 Na^+、Ca^{2+} 碱性离子含量相对较高,具有较大的中和缓冲能力,未监测到酸性降水,同时降水中 Cl^- 含量相对较高,受海洋性 Cl^- 源影响明显(图 3.29)。

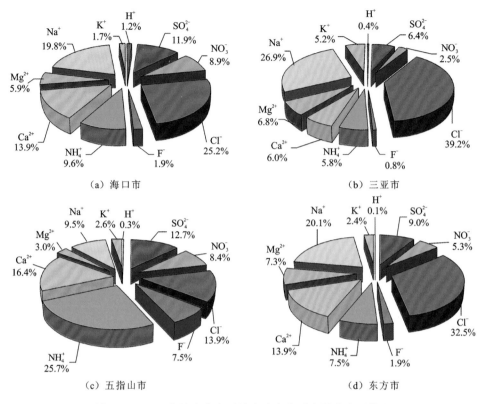

（a）海口市　　　　　　　　　　　　　　（b）三亚市

（c）五指山市　　　　　　　　　　　　　　（d）东方市

图 3.29　2015 年海南省主要城市降水离子当量浓度百分比

3. 时空分布特征

　　2015 年，全省降水酸度、酸雨频率季节性变化明显，春、冬季降水酸度、酸雨频率明显偏高于夏、秋季（图 3.30）。说明全省酸雨主要发生在春、冬季，降水受到大气酸性污染物影响明显，主要受华南酸雨区致酸物质远距离迁移的影响。

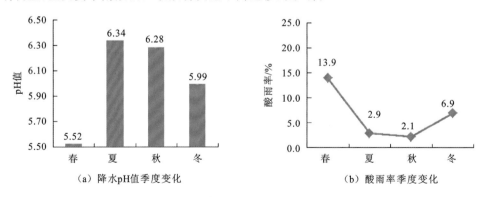

（a）降水 pH 值季度变化　　　　　　　　　（b）酸雨率季度变化

图 3.30　2015 年海南降水 pH 值与酸雨频率季度变化情况

　　2015 年全省酸雨集中发生在海口市。海口市降水 pH 均值为 5.29，酸雨频率为 27.8%，各季节均监测到酸雨,酸雨主要发生在春、冬季,酸雨频率分别为 83.3％、47.8％。其他市(县)均未监测到酸雨,降水 pH 年均值为 5.64～8.18,琼海市和乐东县降水 pH 年均值大于 7.0,较其他市(县)略有偏高。

3.2.2　大气降水质量变化趋势

1. 降水酸度

2011～2015 年,全省降水 pH 年均值为 6.05～6.23,总体无明显变化。其中,海口市降水 pH 年均值为 5.29～5.65,2012 年、2013 年、2014 年和 2015 年均低于 5.6。2014 年三亚市、澄迈县降水 pH 年均值较前三年有所上升;2015 年三亚市和白沙县降水 pH 年均值较前三年有所下降,其他市(县)无明显变化。

与"十一五"末相比,"十二五"期间全省降水 pH 基本保持稳定;海口市和昌江县降水pH 均略有下降;五指山市、澄迈县降水 pH 均略有上升,其余开展监测的市(县)基本保持一致。

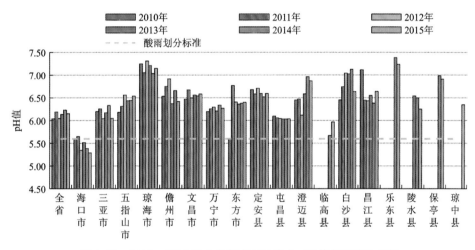

图 3.31　2010～2015 年全省各市(县)降水 pH 值年际变化情况

2. 酸雨频率

2011～2015 年,全省降水酸雨率为 4.0％～6.0％,总体无明显变化。其中,海口市每年均出现酸雨,酸雨率为 27.8％～43.4％;临高县 2014 年监测到酸雨,酸雨率为 21.4％;三亚市、五指山市均在 2012 年和 2013 年出现过酸雨,酸雨率分别为 0.8％～10.1％、1.2％～1.5％;昌江县仅 2011 年监测到酸雨,酸雨率为 4.4％。全省降水酸度季节性变化明显,"十二五"期间春季降水酸性和酸雨频率均明显高于其他三个季节。

与"十一五"末相比,"十二五"期间全省降水酸雨频率有所下降;降水酸度季节变化规律保持一致;春、冬季节酸雨率明显低于"十一五"末同季节酸雨率(图 3.32)。

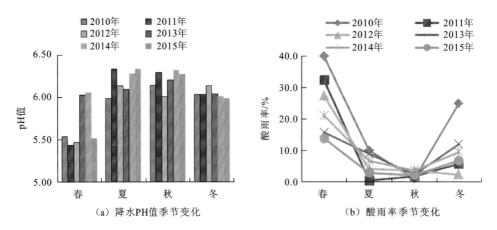

图 3.32　2010~2015 年海南省降水酸度和酸雨频率季节变化情况

3. 降水化学组成

2011~2015 年,全省海口市、三亚市、五指山市、东方市开展了降水化学组分监测。总体上,各离子占总离子当量比例无明显变化,降水中主要的阳离子为 Ca^{2+}、Na^+,其次为 NH_4^+、Mg^{2+},主要的阴离子为 Cl^-、SO_4^{2-},其次为 NO_3^-(图 3.33)。

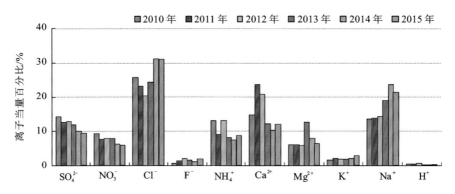

图 3.33　2010~2015 年全省降水各离子占总离子当量浓度比变化情况

2011~2015 年,海口市、三亚市、五指山市、东方市降水中 SO_4^{2-} 和 NO_3^- 的当量浓度比为 1.52~1.65,(SO_4^{2-}＋NO_3^-)/阴离子当量比为 0.32~0.48,[Cl^-]/阴离子当量比为 0.47~0.64,[Cl^-]/[Na^+]的当量浓度比为 1.28~1.68。说明 2011~2015 年全省降水酸性主要受 SO_4^{2-}、NO_3^- 的前体物 SO_2、NO_x 和海洋性 Cl^- 源的影响,表现为硫硝混合型和海洋性酸性降水。

与"十一五"末相比,全省 SO_4^{2-}、NO_3^- 占总离子的当量浓度比有所降低,Cl^- 和 F^- 占总离子的当量浓度比基本稳定;阳离子中,Na^+ 占总离子的当量浓度比自 2013 年起明显升高,NH_4^+ 占总离子的当量浓度比除 2012 年基本持平外,其余年份均低于"十一五"末;H^+ 和 K^+ 占总离子的当量浓度比基本持平,Ca^{2+} 和 Mg^{2+} 占总离子的当量浓度比无明显变化趋势。

4. 酸雨区域

2011～2015 年,全省降水 pH 值分布区域总体无明显变化,酸雨主要出现在海口市,其中 2012－2015 年四年降水 pH 年均值均小于 5.6,降水酸性高于其他市(县),三亚市、五指山市、昌江县、临高县在个别年份出现部分监测日的降水为酸雨。

3.2.3　大气降水质量特征及变化原因分析

2011～2015 年,全省降水质量总体良好,城市(镇)降水 pH 年均值为 6.05～6.23,总体酸雨率为 4.0%～6.0%,酸雨率总体变化不大。

海南岛降水中主要阴离子为 Cl^-、SO_4^{2-}、NO_3^-,主要阳离子为 Na^+、NH_4^+、Ca^{2+},海口市、东方市降水中的 Cl^-、Na^+ 等离子浓度明显高于五指山市,表现出沿海地区降水离子化学组分的特征。

2011～2015 年,全省出现酸雨的地区是海口市、三亚市、五指山市、临高县和昌江县。出现酸雨频率最大的城市为海口市,且五年均监测到酸性降水。海南岛大气酸性降水季节性变化明显,春、冬季节降水酸度明显大于夏、秋季节。

酸性降水表现为硫硝混合型酸性降水;同时亦受海洋性 Cl^- 源的影响,呈现海洋性酸性降水特征。酸性降水中致酸离子 SO_4^{2-}、NO_3^- 前体物 SO_2、NO_x 主要来自人为活动,但全省环境空气质量长期保持优良状态,且属低污染排放区,受局地源排放影响较小,主要还是受到致酸物质及其变化产物远距离迁移影响。

海南岛春季大气层结构相对稳定,极易在低空形成逆温层;而在冬季受大陆高压的冷气团南下影响,昼夜温差大也易形成的逆温层。逆温层的存在不利于致酸物扩散,使得污染物出现堆集,造成降水酸度增加,可能为导致春、冬季酸雨频发的主要缘由。

3.2.4　小结

2015 年全省降水质量总体良好,降水 pH 年均值为 6.15,酸雨频率为 4.0%,与 2014年比较无明显变化。降水中的主要阳离子为 Na^+,主要阴离子为 Cl^-。

全省降水酸度、酸雨频率季节性变化明显,春、冬季降水酸度、酸雨频率明显偏高于夏、秋季。酸雨发生区主要是海口市,酸性降水表现为硫硝混合型酸性降水,同时也受海洋性 Cl^- 源的影响,呈现海洋性酸性降水特征。

全省春、冬季酸雨频发主要由致酸物质及其变化产物远距离输送及本地春、冬季存在逆温层等不利气象条件共同影响所致。春、冬季节海南岛位于华南酸雨区下风向,受二氧化硫和氮氧化物等致酸前体物远距离迁移的影响。另外,春季大气层结构相对稳定,冬季受大陆高压的冷气团南下影响,均易在低空形成逆温层,不利于空气中污染物扩散,全省酸雨频发区海口市环境空气综合污染程度呈现春、冬明显大于夏、秋季,春、冬季空气中致酸物质明显堆集,造成酸雨频发。

3.3　地表水环境质量

2015年全省地表水水质总体优良,水质优良率为92.9%,94.2%的河流监测断面、83.3%的湖库水质达到或好于地表水 III 类标准,部分中小河流局部河段、个别湖库水质受到一定程度污染。城市(镇)集中式饮用水水质达标率达 100%。2011~2015 年,全省地表水河流水质保持优良态势,三大河流和绝大部分中小河流水质保持优良,河流水质达到或好于 III 类标准的断面比例为 89.7%~94.2%,近年来部分中小河流(段)水质略有好转;达到或好于 III 类水质的湖库比例均在 80% 以上。城市(镇)集中式水源地水质保持优良态势,按取水量和监测频次统计,水源地达标率均为 90% 以上,2015 年达 100%。主要污染物浓度总体无显著变化。

3.3.1　河流

1. 河流水质状况

1) 水质评价

(1) 全省总体状况。

开展监测的 32 条河流的 87 个断面中,94.2% 的监测断面水质符合或好于地表水 III 类标准,其中 II 类水质占 59.8%、III 类水质占 34.4% IV 类水质占 4.6%、V 类水质占 1.2%(图 3.34)。劣于 III 类标准的水质主要分布在文昌河、文教河、东山河、三亚河、罗带河的局部河段,主要污染指标为高锰酸盐指数、化学需氧量和氨氮。

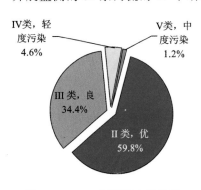

图 3.34　2015 年河流水质状况

2015 年全省河流水质总体良好,87.5% 监测河流水质优良,其中 62.5% 监测河流水质为优,25.0% 监测河流水质为良,12.5% 监测河流水质受到轻度污染,主要为三亚河、罗带河、文教河和东山河,主要受农业及农村面源、城市(镇)生活污水影响。

与 2014 年比较,全省河流水质总体保持稳定,II 类水质比例持平(59.8%),III 类水质比例由 33.3% 上升为 34.4%,IV 类水质比例由 5.7% 下降为 4.6%,V 类、劣 V 类水质持平。IV 类水质比例下降主要体现为海甸溪华侨宾馆断面由于水体溶解氧含量偏高,水质由 IV 类上升为 III 类。其余断面水质无明显变化。

表 3.9　海南省主要河流水质评价结果

河流名称		断面名称	管理目标	水质类别		超 II 类标准项目及类别	断面评价	河流评价
				2014 年	2015 年			
南渡江流域	南渡江	山口	II	II	II		优	优
		♯金江取水口	II	II	II		优	
		*下溪村	II	II	II		优	
		后黎村	II	III	III	总磷(III)	良	
		♯定城取水口	II	II	II		优	
		*定城下	III	III	III	总磷(III)	良	
		福美村	III	II	III		良	
		♯龙塘	II	III	III	溶解氧(III)、总磷(III)	良	
		▲儒房	III	III	II		优	
	南溪河	元门桥	I	II	II		优	优
	南春河	白沙农场 18 队	II	II	II		优	优
	南叉河	方平	II	II	II		优	优
		♯南叉河取水口	II	II	II		优	
		*县一小	II	II	II		优	
	腰仔河	尖岭苗村	II	II	II		优	优
	大塘河	龙兴村	II	II	II		优	优
	龙州河	温鹅村	II	III	II	总磷(III)	优	优
		深水桥	II	II	II		优	
		♯罗温水厂	II	II	II		优	
	海甸溪	*424 医院	IV	III	III	溶解氧(III)、总磷(III)	良	良
		▲*华侨宾馆	IV	IV	III	溶解氧(IV)、总磷(III)	良	
万泉河流域	万泉河	乘坡大桥	I	III	II		优	优
		牛路岭水库出口下	II	II	II		优	
		龙江	II	II	II		优	优
		♯红星取水口	II	II	II		优	
		*南中	II	II	II		优	
		▲汀洲	II	II	II		优	
	大边河	乌石农场 10 队	I	III	II		优	良
		溪仔村	II	II	II		优	
	营盘溪	*红岛畜牧场	II	III	III	氨氮(III)	良	

续表

河流名称		断面名称	管理目标	水质类别		超II类标准项目及类别	断面评价	河流评价
				2014年	2015年			
昌化江流域	昌化江	什统村	I	II	II		优	优
		坤步水面桥	I	II	II		优	
		乐中	II	II	II		优	
		♯乐东水厂取水口	II	II	II		优	
		*山荣	II	II	II		优	
		跨界桥	II	II	II		优	
		广坝桥	II	III	II		优	
		▲大风	III	II	II		优	
	南圣河	132师水电站	II	II	II		优	优
		♯南圣河取水口	II	II	II		优	
		*冲山镇	II	III	III	氨氮(III)、总磷(III)	良	
		毛道乡	II	II	II		优	
	石碌河	♯水泵房	III	II	II		优	优
		*水头村	III	III	III	总磷(III)	良	
		叉河口	III	III	III	化学需氧量(III)、总磷(III)	良	
东部中小流域	文教河	潭牛公路桥	III	III	III	高锰酸盐指数(III)、化学需氧量(III)、溶解氧(III)、生化需氧量(III)	良	轻度污染
		▲坡柳水闸	III	IV	IV	氨氮(III)、高锰酸盐指数(IV)、化学需氧量(IV)、溶解氧(III)、生化需氧量(III)	轻度污染	
	文昌河	农垦橡胶所一队	II	III	II		优	良
		下园水闸	II	III	III	氨氮(III)、高锰酸盐指数(III)、化学需氧量(III)、溶解氧(III)、生化需氧量(III)	良	
		北山村	IV	III	III	高锰酸盐指数(III)、化学需氧量(III)、溶解氧(III)、生化需氧量(III)	良	
		▲*水涯新区	IV	IV	IV	氨氮(IV)、高锰酸盐指数(IV)、化学需氧量(IV)、溶解氧(III)、生化需氧量(III)	轻度污染	
	九曲江	▲羊头外村桥	III	II	II		优	优
	龙首河	▲和乐桥	III	II	III		良	良
	龙尾河	▲后安桥	III	II	III		良	良

续表

河流名称		断面名称	管理目标	水质类别		超 II 类标准项目及类别	断面评价	河流评价
				2014 年	2015 年			
东部中小流域	太阳河	沉香湾水库出口下	I	II	II		优	优
		太阳河合口桥	I	II	II		优	
		▲分洪桥	II	II	III		优	
	陵水河	什玲公路桥	I	II	II		优	优
		群英大坝	III	II	II		优	
		▲＊大溪村	III	II	II		优	
	保亭水	＊什巾村	IV	III	II		优	优
	东山河	▲后山村	(III)	IV	IV	氨氮(III)、高锰酸盐指数(IV)、化学需氧量(IV)、溶解氧(IV)、生化需氧量(III)、总磷(III)	轻度污染	轻度污染
南部中小流域	藤桥河	南春电站	I	II	II		优	优
		三道四队	IV	II	II		优	
		▲藤桥河大桥	IV	III	III	总磷(III)	良	
	三亚河	妙林	III	III	III	化学需氧量(III)、总磷(III)	良	轻度污染
		海螺村	III	V	V	氨氮(V)、高锰酸盐指数(III)、化学需氧量(III)、总磷(IV)	中度污染	
	宁远河	岭曲村桥	I	II	II		优	优
		雅亮	II	II	II		优	
		♯大隆水库出口下	II	II	II		优	
		▲崖城大桥	III	II	II		优	
	望楼河	石门水库出口下	II	II	II		优	优
		▲乐罗	II	III	III	高锰酸盐指数(III)、化学需氧量(III)、总磷(III)	良	
西部中小流域	珠碧江	珠碧江合水桥	I	II	II		优	优
		大溪桥	III	II	II		优	
		▲上村桥	III	III	III	高锰酸盐指数(III)、化学需氧量(III)、溶解氧(III)	良	
	罗带河	高坡岭水库出口下	III	III	III	化学需氧量(III)	良	轻度污染
		▲罗带铁路桥	III	IV	IV	氨氮(III)、化学需氧量(IV)、溶解氧(IV)、总磷(III)	轻度污染	

河流名称		断面名称	管理目标	水质类别		超 II 类标准项目及类别	断面评价	河流评价
				2014 年	2015 年			
北部中小流域	北门江	沙河水库出口下	III	II	III	溶解氧(III)	良	良
		南茶桥	III	III	III	高锰酸盐指数(III)、化学需氧量(III)	良	
		*侨值桥	III	III	III	化学需氧量(III)	良	
		▲中和桥	III	III	III	高锰酸盐指数(III)、化学需氧量(III)、溶解氧(III)、总磷(III)	良	
	文澜江	光吉村	II	II	III	总磷(III)	良	良
		♯多莲取水口	II	II	III	化学需氧量(III)	良	
		*临高二中大桥	III	III	III	化学需氧量(III)	良	
		▲白仞滩电站	III	III	III	化学需氧量(III)	良	
	演州河	▲演州河河口	III	III	III	高锰酸盐指数(III)、生化需氧量(III)	良	良

注:*号表示城市(镇)监测断面,♯表示断面具有饮用水功能,▲为入海河流河口断面。

(2) 三大河流。

南渡江干流和支流所有监测断面水质符合或好于地表水 III 类标准,水质达到优级。

万泉河支流营盘溪红岛畜牧场断面水质符合地表水 III 类标准,干流和其余支流所有监测断面水质均符合地表水 II 类标准,水质达到优级(图 3.35)。

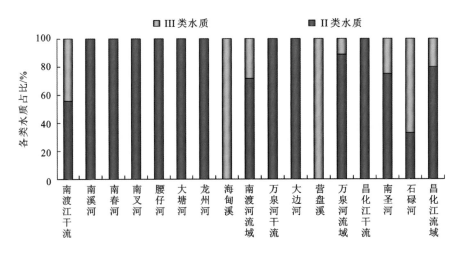

图 3.35 2015 年三大河流水质状况比较

昌化江支流南圣河冲山镇断面水质符合地表水 III 类标准,干流和其余支流所有监测断面水质均符合地表水 II 类标准,水质达到优级。

（3）中小河流。

监测的 18 条河流的 42 个监测断面中,水质符合或好于地表水 III 类标准的断面占 88.1%,IV 类标准的断面占 9.5%,V 类标准的断面占 2.4%。九曲江、龙首河、龙尾河、太阳河、陵水河、保亭水、藤桥河、宁远河、望楼河、珠碧江、北门江、文澜江和演州河水质优良,劣于 III 类标准的水质主要分布在东部文昌河、文教河和东山河,南部三亚河,以及西部罗带河的局部河段(图 3.36)。

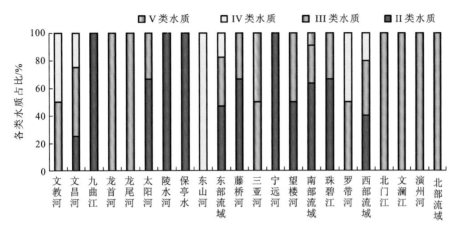

图 3.36　2015 年中小流域河流水质状况比较

（4）城市河段。

在流经 15 个县城以上城镇的 14 条河流 16 个监测河段中,水质符合或好于地表水 III 类标准的河段占 87.6%,IV 类标准的河段占 6.2%,V 类标准的河段占 6.2%。劣于 III 类标准的水质主要分布在文昌河和三亚河的城市河段。

（5）入海河口。

所监测的 20 条主要河流入海河段中,水质符合或好于地表水 III 类标准的河段占 80%,IV 类标准的河段占 20%。IV 类水质主要分布在文教河、文昌河、东山河和罗带河的入海河段。

2）河流水质污染特征

（1）主要污染指标。

各监测项目中,除挥发酚、氰化物、汞、硒未检出,砷、六价铬、镉、阴离子表面活性剂基本未检出外,其余项目均有检出,其中,单次监测值超地表水 II 类标准的监测项目包括溶解氧、高锰酸盐指数、化学需氧量、氨氮、五日生化需氧量、石油类、总磷 7 项。年均值超地表水 II 类标准的监测项目包括氨氮、总磷、高锰酸盐指数、化学需氧量、溶解氧、五日生化需氧量 6 项。年均值超地表水 III 类标准的监测项目为高锰酸盐指数、氨氮、化学需氧量、总磷 4 项。

表 3.10　2015 年海南省主要河流监测断面水质及超标状况汇总表

河流名称		断面名称	水质类别	年均值超 II 类标准的项目及超标倍数	单次监测值超 II 类标准的项目及超标率
南渡江流域	南渡江	山口	II		溶解氧 16.7%
		♯金江取水口	II		溶解氧 16.7%
		*下溪村	II		溶解氧 33.4%
		后黎村	III	总磷 0.53	总磷 100%、溶解氧 33.4%
		♯定城取水口	II		总磷 16.7%、溶解氧 16.7%、生化需氧量 16.7%
		*定城下	III	总磷 0.11	总磷 66.7%、生化需氧量 33.4%、溶解氧 16.7%
		福美村	III	总磷 0.35	总磷 83.4%、溶解氧 50.0%
		♯龙塘	III	总磷 0.22	总磷 66.7%、溶解氧 66.7%
		▲儒房	II		溶解氧 33.4%、高锰酸盐指数 16.7%
	南溪河	元门桥	II		
	南春河	白沙农场 18 队	II		
	南叉河	方平	II		
		♯南叉河取水口	II		
		*县一小	II		
	腰仔河	尖岭苗村	II		溶解氧 16.7%、高锰酸盐指数 16.7%、化学需氧量 16.7%
	大塘河	龙兴村	II		溶解氧 66.7%
	龙州河	温鹅村	II		总磷 50.0%、生化需氧量 50.0%、溶解氧 16.7%
		深水桥	II		生化需氧量 67.4%、总磷 16.7%、溶解氧 16.7%、化学需氧量 16.7%
		♯罗温水厂	II		总磷 16.7%
		*424 医院	III	总磷 0.36	总磷 50.0%、溶解氧 50.0%
	海甸溪	▲*华侨宾馆	III	总磷 0.26	总磷 50.0%、溶解氧 83.4%
万泉河流域	万泉河	乘坡大桥	II		溶解氧 16.7%
		牛路岭水库出口下	II		
		龙江	II		
		♯红星取水口	II		
		*南中	II		
		▲汀洲	II		
	大边河	乌石农场 10 队	II		
		溪仔村	II		
	营盘溪	*红岛畜牧场	III	氨氮 0.08	生化需氧量 16.7%、氨氮 16.7%、溶解氧 16.7%

河流名称		断面名称	水质类别	年均值超 II 类标准的项目及超标倍数	单次监测值超 II 类标准的项目及超标率
昌化江流域	昌化江	什统村	II		
		坤步水面桥	II		
		乐中	II		
		♯乐东水厂取水口	II		高锰酸盐指数 33.4%、生化需氧量 16.7%
		*山荣	II		高锰酸盐指数 33.4%
		跨界桥	II		
		广坝桥	II		
		▲大风	II		化学需氧量 33.4%
	南圣河	132 师水电站	II		
		♯南圣河取水口	II		
		*冲山镇	III	总磷 0.01	总磷 33.4%、氨氮 33.4%
		毛道乡	II		
	石碌河	♯水泵房	II		溶解氧 16.7%
		*水头村	III	总磷 0.06	总磷 100%、高锰酸盐指数 66.7%、化学需氧量 50.0%、氨氮 16.7%
		叉河口	III	化学需氧量 0.08、总磷 0.18	总磷 100%、化学需氧量 83.4%、高锰酸盐指数 16.7%、溶解氧 16.7%
东部中小流域	文教河	潭牛公路桥	III	高锰酸盐指数 0.44、化学需氧量 0.20	高锰酸盐指数 100%、化学需氧量 83.4%、溶解氧 83.4%、氨氮 33.4%、生化需氧量 16.7%
		▲坡柳水闸	IV	高锰酸盐指数 0.70、化学需氧量 0.41	高锰酸盐指数 100%、化学需氧量 100%、溶解氧 100%、生化需氧量 100%
	文昌河	农垦橡胶所一队	II		化学需氧量 33.4%、溶解氧 16.7%
		下园水闸	III	高锰酸盐指数 0.41、化学需氧量 0.16	高锰酸盐指数 100%、化学需氧量 100%、溶解氧 100%、生化需氧量 33.4%、氨氮 16.7%
		北山村	III	高锰酸盐指数 0.41、化学需氧量 0.16	高锰酸盐指数 100%、化学需氧量 100%、溶解氧 100%、生化需氧量 33.4%
		▲*水涯新区	IV	氨氮 1.49、高锰酸盐指数 0.90、化学需氧量 0.44	

续表

河流名称		断面名称	水质类别	年均值超 II 类标准的项目及超标倍数	单次监测值超 II 类标准的项目及超标率
东部中小流域	九曲江	▲羊头外村桥	II		
	龙首河	▲和乐桥	III	化学需氧量 0.03	化学需氧量 33.4%、溶解氧 33.4%
	龙尾河	▲后安桥	III	化学需氧量 0.06	化学需氧量 33.4%、溶解氧 33.4%
	太阳河	沉香湾水库出口下	II		
		太阳河合口桥	II		
		▲分洪桥	III	化学需氧量 0.07	化学需氧量 66.7%、溶解氧 16.7%
	陵水河	什玲公路桥	II		氨氮 16.7%
		群英大坝	II		化学需氧量 33.4%、氨氮 16.7%
		▲*大溪村	II		氨氮 33.4%、生化需氧量 16.7%
	保亭水	*什巾村	II		总磷 33.4%、氨氮 16.7%、化学需氧量 16.7%
	东山河	▲后山村	IV	氨氮 0.58、化学需氧量 0.39	化学需氧量 100%、高锰酸盐指数 83.4%、氨氮 83.4%、溶解氧 83.4%、生化需氧量 50.0%、总磷 33.4%
南部中小流域	藤桥河	南春电站	II		氨氮 16.7%
		三道四队	II		
		▲藤桥河大桥	III	总磷 0.30	总磷 100%、化学需氧量 50.0%
	三亚河	妙林	III	化学需氧量 0.02、总磷 0.6	总磷 100%、化学需氧量 50.0%、氨氮 33.4%
		海螺村	V	氨氮 2.3、总磷 1.33、化学需氧量 0.10	氨氮 100%、总磷 83.4%、化学需氧量 83.4%
	宁远河	岭曲村桥	II		
		雅亮	II		
		♯大隆水库出口下	II		
		▲崖城大桥	II		
	望楼河	石门水库出口下	II		高锰酸盐指数 16.7%
		▲乐罗	III	化学需氧量 0.03、高锰酸盐指数 0.01	化学需氧量 50.0%、生化需氧量 50.0%、氨氮 33.4%、总磷 16.7%、溶解氧 16.7%

续表

河流名称		断面名称	水质类别	年均值超 II 类标准的项目及超标倍数	单次监测值超 II 类标准的项目及超标率
西部中小流域	珠碧江	珠碧江合水桥	II		
		大溪桥	II		高锰酸盐指数 16.7%
		▲上村桥	III	高锰酸盐指数 0.30、化学需氧量 0.05	高锰酸盐指数 83.4%、溶解氧 66.7%、化学需氧量 50.0%
	罗带河	高坡岭水库出口下	III	化学需氧量 0.16	化学需氧量 66.7%、氨氮 50.0%、溶解氧 33.4%、高锰酸盐指数 16.7%、生化需氧量 16.7%
		▲罗带铁路桥	IV	氨氮 0.61、高锰酸盐指数 0.21、化学需氧量 0.75、总磷 0.85	化学需氧量 100%、氨氮 83.4%、总磷 66.%、高锰酸盐指数 66.7%、溶解氧 50.0%
北部中小流域	北门江	沙河水库出口下	III		溶解氧 33.4%、化学需氧量 16.7%
		南茶桥	III		溶解氧 83.4%、化学需氧量 16.7%
		*侨值桥	III	氨氮 0.47、高锰酸盐指数 0.07	化氨氮 83.4%、学需氧量 66.7%、高锰酸盐指数 66.7%、溶解氧 50.0%、生化需氧量 33.4%
		▲中和桥	III	高锰酸盐指数 0.32、化学需氧量 0.09	高锰酸盐指数 100%、溶解氧 100%、化学需氧量 83.4%、总磷 16.7%
	文澜江	光吉村	III	总磷 0.23	总磷 66.7%、溶解氧 33.4%、化学需氧量 16.7%
		#多莲取水口	III	总磷 0.01	化学需氧量 66.7%、总磷 33.3%
		*临高二中大桥	III	化学需氧量 0.10	总磷 100%、氨氮 66.7%、化学需氧量 66.7%、溶解氧 16.7%
		▲白仞滩电站	III	化学需氧量 0.02、总磷 0.6	总磷 83.4%、化学需氧量 83.4%、氨氮 33.3%
	演州河	▲演州河河口	III	总磷 0.38、高锰酸盐指数 0.20、化学需氧量 0.01	生化需氧量 100%、高锰酸盐指数 66.7%、溶解氧 66.7%、总磷 50.0%、化学需氧量 50.0%

注：* 号表示城市（镇）监测断面，# 表示断面具有饮用水功能，▲为入海河流河口断面。

① 高锰酸盐指数。全省河流各监测断面高锰酸盐指数年均浓度介于 1.13～7.58 mg/L，平均值为 2.92 mg/L，单次监测值超 II 类标准的监测河段占 21.8%，年均浓度超 II 类标准的监测河段占 13.8%，珠碧江、北门江、文昌河、文教河、望楼河、演州河、罗带河部分断面高锰酸盐指数浓度偏高，年均值符合地表水 III 类标准，仅文教河坡柳水闸和文昌河水涯新区段高锰酸盐指数浓度年均值符合 IV 类标准。与 2014 年比较，东山河后山村断面高锰酸盐指数浓度年均值略有下降，三亚河海螺村、石碌河水头村、罗带河铁路桥断面高

锰酸盐指数浓度年均值略有上升,其余断面高锰酸盐指数浓度年均值基本持平。

② 氨氮。全省河流各监测断面氨氮年均浓度介于 0.06～1.65 mg/L,平均值为 0.29 mg/L,单次监测值超 II 类标准的监测断面占 20.7%,年均浓度超 II 类标准的监测断面占 6.9%,营盘溪、文教河、太阳河、罗带河、文澜江、北门江局部河段氨氮略偏高,符合 III 类标准,文昌河水涯新区断面氨氮浓度年均值符合地表水 IV 类标准,三亚河海螺村断面氨氮浓度年均值符合地表水 V 类标准。与 2014 年比较,三亚河海螺村断面氨氮浓度年均值略有上升,其余监测断面氨氮浓度年均值基本持平。

③ 总磷。全省监测断面总磷平均浓度为 0.067 mg/L,除三亚河海螺村断面总磷浓度 0.233 mg/L 为 IV 类外,其他监测断面年均浓度处于 I 至 III 类,单次监测值超 II 类标准的监测断面占 29.9%,年均浓度超 II 类标准的监测河段占 19.5%,南渡江中下游、演州河、三亚河、藤桥河、南圣河、罗带河、石碌河、文澜江局部河段总磷符合地表水 III 类标准,三亚河海螺村段总磷浓度年均值仅符合地表水 IV 类标准。与 2014 年比较,全省各断面总磷浓度年均值基本持平。

④ 化学需氧量。全省各监测断面年均浓度最大值为 26.2 mg/L,平均值为 11.9 mg/L,单次监测值超 II 类标准的监测河段占 36.8%,年均浓度超 II 类标准的监测河段占 23.0%,受化学需氧量影响较大的河段主要分布在文昌河、文教河、东山河、罗带河的入海河口。与 2014 年比较,全省河流各监测断面化学需氧量浓度年均值基本持平。

⑤ 溶解氧。单次监测值超 II 类标准的断面占 44.8%,年均浓度超 II 类标准的断面占 17.2%,南渡江下游、文教河、文昌河、龙首河、龙尾河、东山河和北门江部分断面溶解氧含量年均值符合 III 类标准,其余断面溶解氧含量年均值符合 I 至 II 类标准。与 2014 年比较,全省河流各监测断面溶解氧含量年均值基本持平。

根据全省河流污染特征,选取河流水质主要污染指标高锰酸盐指数、氨氮、总磷、化学需氧量和溶解氧进行污染指数和污染分担率的计算(基于 II 类标准计算)。计算结果表明,化学需氧量污染指数和污染分担率最高,高锰酸盐指数和溶解氧污染指数和污染分担率次之,氨氮和总磷污染指数和污染分担率最小。

表 3.11　2015 年海南省河流水质主要污染指标统计

监测项目	单次值 超 II 类标准 断面比例/%	年均值 超 II 类标准 断面比例/%	年均值 超 III 类标准 断面比例/%	全省年 均值 /(mg·L^{-1})	单项 污染 指数	污染 分担率 /%	主要影响河流
高锰酸盐指数	21.8	13.8	4.6	2.920	0.73	20.9	文教河、文昌河
氨氮	20.7	6.9	3.5	0.290	0.58	16.5	三亚河、文昌河
总磷	29.9	19.5	1.2	0.067	0.67	19.2	三亚河
化学需氧量	36.8	23.0	4.6	11.900	0.79	22.6	文昌河、文教河、罗带河、东山河
溶解氧	44.8	17.2	2.3	6.530	0.73	20.9	文昌河、文教河、北门江

（2）主要污染指标季节变化。

海南省河流水质主要污染指标季节变化见表 3.12。

表 3.12　2015 年海南省河流水质主要污染指标浓度季节变化（单位:mg/L）

主要污染指标	枯水期	丰水期	平水期
高锰酸盐指数	2.73	3.04	2.96
化学需氧量	11.3	12.3	12.1
氨氮	0.276	0.288	0.298
总磷	0.066	0.065	0.070
溶解氧	6.65	6.42	6.58

① 高锰酸盐指数。全省平均浓度为丰水期最大,枯水期最小。高锰酸盐指数平均浓度丰水期为全年最大值的断面占 44.8%;平水期次之,占 34.5%;枯水期最小,占 20.7%。三大河流、中小河流与全省河流总体状况基本一致,浓度呈现丰水期＞平水期＞枯水期的特征。

② 化学需氧量。全省平均浓度为丰水期最大,枯水期最小。化学需氧量丰水期为全年最大值的断面占 43.7%;平水期次之,占 41.4%;枯水期最小,占 14.9%。三大河流、中小河流与全省河流总体状况基本一致,浓度呈现丰水期＞平水期＞枯水期的特征。

③ 溶解氧。全省平均含量为丰水期最小,枯水期最大。溶解氧丰水期含量最低值为全年最低值的断面占 54.0%;枯水期和平水期各占 23.0%。三大河流、中小河流与全省河流总体状况基本一致,含量呈现丰水期＜平水期＜枯水期的特征。

④ 氨氮。全省平均浓度为平水期最大,枯水期最小。氨氮枯水期为全年最大值的断面占 37.9%;平水期占 36.8%;丰水期最小,占 25.3%。主要河流与全省河流总体状况基本一致,浓度呈现平水期＞丰水期＞枯水期的特征。

⑤ 总磷。全省平均浓度为平水期最大,丰水期最小。总磷枯水期为全年最大值的断面占 39.1%;平水期次之,占 36.8%;丰水期最小,占 24.1%。三大河流、中小河流与全省河流总体状况基本一致,浓度呈现平水期＞枯水期＞丰水期的特征。

综上所述,全省河流水质丰水期受高锰酸盐指数、化学需氧量影响较大,溶解氧含量相对较低,氨氮、总磷受季节性影响不明显。河流水质总体表现为丰水期污染大于枯水期的特征,表明全省河流水质受面源影响明显。全省河流水质主要污染指标浓度分布呈现丰水期大于枯水期、平水期的特性(图 3.37)。

3）综合污染指数评价

根据河流污染特征,选取氨氮、高锰酸盐指数、化学需氧量、总磷、石油类和溶解氧 6 项污染指标进行综合污染指数评价(以地表水 II 类标准计算)。全省河流总体综合污染指数为 3.49,比 2014 年 3.46 基本持平。

全省 87 个河流断面的综合污染指数在 1.29~8.63,污染程度比较严重的断面有三

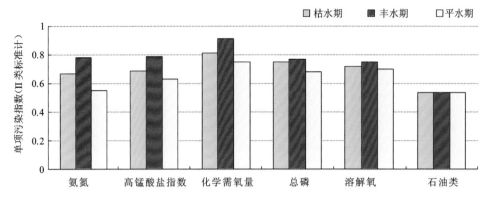

图 3.37　2010 年河流主要污染指标的污染指数季节变化

亚河海螺村、文昌河水涯新区、罗带河铁路桥、东山河后山村、文教河坡柳水闸等,各个断面综合污染指数分别为 8.63,8.22,7.23,6.61,6.05;污染程度相对较轻的断面有南溪河元门桥、南叉河方平、南叉河取水口、南春河白沙农场 18 队、宁远河岭曲村桥等,各断面综合污染指数分别为 1.29,1.31,1.45,1.55,1.63。

　　与 2014 年比较,污染程度有所下降的监测断面有南溪河元门桥、南圣河冲山镇、南叉河县一小、昌化江跨界桥等,污染程度有所上升的监测断面有文澜江临高二中大桥和光吉村、南渡江金江取水口和山口等。污染程度变化幅度超过 20% 的断面见(图 3.38)。

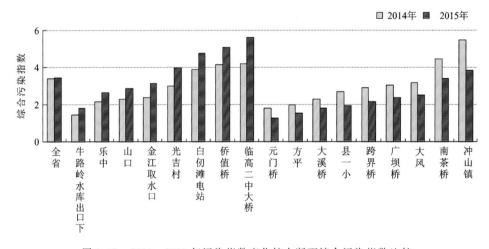

图 3.38　2014～2015 年污染指数变化较大断面综合污染指数比较

　　全省 32 条河流的综合污染指数在 1.58～7.06,污染程度较大的河流有三亚河、东山河、文教河、罗带河、文昌河、演州河等,各河流综合污染指数分别为 7.06,6.61,5.84,5.78,5.15;污染程度相对较轻的河流有南溪河、南春河、南叉河、宁远河、昌化江等,各条河流综合污染指数分别为 1.29,1.55,1.58,2.07,2.55。与 2014 年比较,全省河流综合污染指数基本持平,污染程度略有上升的河流有罗带河、文澜江、九曲江等,污染程度略有下降的河流有东山河、海甸溪和南圣河等。

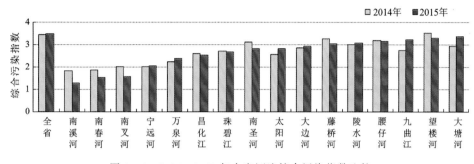

图 3.39　2014～2015 年全省河流综合污染指数比较

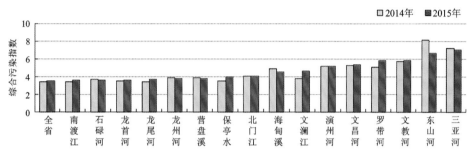

图 3.40　2014～2015 年全省河流综合污染指数比较

2. 河流水质变化趋势

1) 水质类别变化

"十二五"期间,全省河流水环境质量总体优良,各年份水质基本保持稳定,2013～2015 年水质优良率略呈逐年上升趋势。各年份水质符合或好于 III 类标准的断面比例为 89.7%～94.2%,II 类水质断面比例在 54.0%～63.2%,且 2011～2013 年呈下降趋势,2014 年和 2015 年持平。与"十一五"末比较,全省地表水环境质量总体有所好转,优良率上升了 11.4%,其中 II、III 类水质比例分别增加 4.6%、6.8%,IV 类、劣 V 类水质分别下降 9.2%、2.2%,V 类水质比例保持不变。

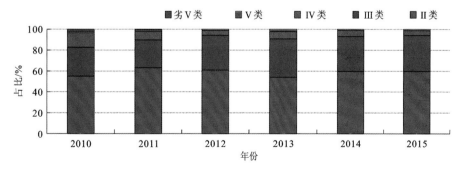

图 3.41　2010～2015 年海南省河流水质类别变化

表 3.13　2010～2015 年海南省河流水质类别比例变化(单位:%)

水质类别	2010 年	2011 年	2012 年	2013 年	2014 年	2015 年
II 类	55.2	63.2	60.9	54.0	59.8	59.8
III 类	27.6	26.5	33.3	36.8	33.3	34.4
IV 类	13.8	8.1	4.6	6.9	5.8	4.6
V 类	1.2	1.1	1.2	2.3	1.1	1.2
劣 V 类	2.2	1.1	0.0	0.0	0.0	0.0
II、III 类合计	82.8	89.7	94.2	90.8	93.1	94.2

表 3.14　2010～2015 年海南省河流水质类别比较

河流名称	断面名称	水质类别					
		2010 年	2011 年	2012 年	2013 年	2014 年	2015 年
南渡江	山口	II	II	II	II	II	II
	♯金江取水口	II	II	II	II	II	II
	*下溪村	II	II	II	II	II	II
	后黎村	III	II	III	II	III	III
	♯定城取水口	II	II	III	III	II	II
	*定城下	III	III	III	III	III	III
	福美村	III	II	III	II	II	III
	♯龙塘	III	III	III	III	III	III
	▲儒房	III	II	II	II	II	II
南溪河	元门桥	II	II	II	II	II	II
南春河	白沙农场 18 队	II	II	II	II	II	II
南叉河	方平	II	II	II	II	II	II
	♯南叉河取水口	II	II	II	II	II	II
	*县一小	II	II	II	II	II	II
腰仔河	尖岭苗村	II	II	II	II	II	II
大塘河	龙兴村	II	II	II	II	II	II
龙州河	温鹅村	III	III	III	III	III	II
	深水桥	III	III	II	III	II	II
	♯罗温水厂	II	II	II	III	II	II
海甸溪	*424 医院	IV	IV	III	IV	III	III
	▲*华侨宾馆	IV	IV	III	IV	IV	III

续表

河流名称	断面名称	水质类别					
		2010 年	2011 年	2012 年	2013 年	2014 年	2015 年
万泉河	乘坡大桥	II	II	II	II	III	II
	牛路岭水库出口下	II	II	II	II	II	II
	龙江	II	II	II	II	II	II
	♯红星取水口	II	II	II	II	II	II
	*南中	II	II	II	II	II	II
	▲汀洲	II	II	II	II	II	II
大边河	乌石农场 10 队	II	II	II	II	III	II
	溪仔村	II	II	II	II	II	II
营盘溪	*红岛畜牧场	II	II	III	II	III	III
昌化江	什统村	II	II	II	II	II	II
	坤步水面桥	II	II	II	II	II	II
	乐中	II	II	II	II	II	II
	♯乐东水厂取水口	II	II	II	II	II	II
	*山荣	II	II	II	II	II	II
	跨界桥	III	II	II	II	II	II
	广坝桥	II	II	II	II	III	II
	▲大风	II	II	II	III	II	II
南圣河	132 师水电站	II	II	II	II	II	II
	♯南圣河取水口	II	II	II	II	II	II
	*冲山镇	V	III	IV	V	III	III
	毛道乡	II	II	II	II	II	II
石碌河	♯水泵房	II	II	II	II	II	II
	*水头村	III	III	III	III	III	III
	叉河口	III	III	III	III	III	III
文教河	潭牛公路桥	III	III	III	III	III	III
	▲坡柳水闸	IV	IV	IV	IV	IV	IV
文昌河	农垦橡胶所一队	II	II	II	II	III	II
	下园水闸	III	III	III	III	III	III
	北山村	III	III	III	III	III	III
	▲*水涯新区	劣 V	V	IV	IV	IV	IV
九曲江	▲羊头外村桥	II	II	II	II	II	II
龙首河	▲和乐桥	III	II	II	III	II	III
龙尾河	▲后安桥	III	III	III	III	II	III

续表

河流名称	断面名称	水质类别					
		2010 年	2011 年	2012 年	2013 年	2014 年	2015 年
太阳河	沉香湾水库出口下	II	II	II	II	II	II
	太阳河合口桥	II	II	II	II	II	II
	▲分洪桥	III	II	II	III	II	III
陵水河	什玲公路桥	II	II	II	II	II	II
	群英大坝	II	II	II	II	II	II
	▲*大溪村	III	II	II	III	II	III
保亭水	*什巾村	III	III	IV	III	III	II
东山河	▲后山村	IV	III	III	IV	IV	IV
藤桥河	南春电站	II	II	II	II	II	II
	三道四队	III	II	II	II	II	II
	▲藤桥河大桥	III	II	II	III	III	III
三亚河	妙林	III	III	III	III	III	III
	*海螺村	劣 V	劣 V	V	V	V	V
宁远河	岭曲村桥	II	II	II	II	II	II
	雅亮	II	II	II	II	II	II
	♯大隆水库出口下	II	II	II	II	II	II
	▲崖城大桥	II	II	II	II	II	II
望楼河	石门水库出口下	II	II	II	II	II	II
	▲乐罗	II	III	III	III	III	III
珠碧江	珠碧江合水桥	II	II	II	II	II	II
	大溪桥	II	II	II	II	II	II
	▲上村桥	III	III	III	III	III	III
罗带河	高坡岭水库出口下	III	III	III	III	III	III
	▲罗带铁路桥	IV	IV	III	III	IV	IV
北门江	沙河水库出口下	II	III	III	III	II	III
	南茶桥	IV	IV	III	III	III	III
	*侨值桥	IV	IV	III	III	III	III
	▲中和桥	IV	IV	III	III	III	III
文澜江	光吉村	III	III	III	II	II	III
	♯多莲取水口	IV	III	III	III	III	III
	*临高二中大桥	IV	III	III	III	III	III
	▲白仞滩电站	IV	III	III	III	III	III
演州河	▲演州河河口	IV	III	III	IV	III	III

注：* 号表示城市（镇）监测断面，♯表示断面具有饮用水功能，▲为入海河流河口断面。

2）主要污染指标变化

根据五年来河流水质特征,本书选用河流水质主要影响指标高锰酸盐指数、化学需氧量、氨氮、总磷和溶解氧进行变化趋势分析。

① 高锰酸盐指数。2011～2015 年,全省河流高锰酸盐指数浓度年均值为 2.80～2.92 mg/L,均低于地表水 II 类标准限值（4 mg/L）。五年来全省河流高锰酸盐指数浓度年均值总体无明显变化,均在低值范围波动（图 3.42）。全省"十二五"末高锰酸盐指数浓度（2.92 mg/L）基本持平于"十一五"末水平（2.91 mg/L）。

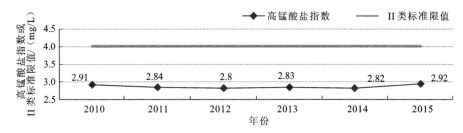

图 3.42　2010～2015 年河流高锰酸盐指数年均浓度值变化比较

② 化学需氧量。2011～2015 年,全省河流化学需氧量浓度年均值为 10.5～11.9 mg/L,均低于地表水 II 类标准限值（15 mg/L）。五年来化学需氧量浓度年均值略呈上升趋势。全省"十二五"末化学需氧量浓度（11.9 mg/L）总体略高于"十一五"末水平（11.2 mg/L）,上升了 6.3%（图 3.43）。

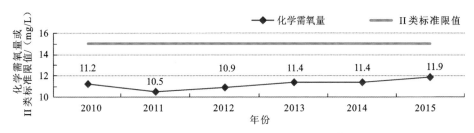

图 3.43　2010～2015 年河流化学需氧量年均浓度值变化比较

③ 氨氮。2011～2015 年,全省河流氨氮浓度年均值为 0.288～0.298 mg/L,均低于地表水 II 类标准限值（0.5 mg/L）。五年来氨氮浓度年均值总体保持稳定,无明显变化。全省"十二五"末氨氮浓度（0.288 mg/L）总体略低于"十一五"末水平（0.353 mg/L）,减少了 18.4%（图 3.44）。

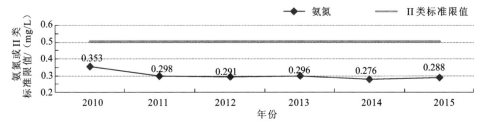

图 3.44　2010～2015 年河流氨氮年均浓度值变化比较

④ 总磷。2011～2015 年,全省河流总磷浓度年均值为 0.067～0.071 mg/L,均低于地表水 II 类标准限值(0.1 mg/L)。2014 年和 2015 年总磷浓度年均值低于前三年。全省"十二五"末总磷浓度(0.067 mg/L)总体低于"十一五"末水平(0.074 mg/L),减少了 9.5%(图 3.45)。

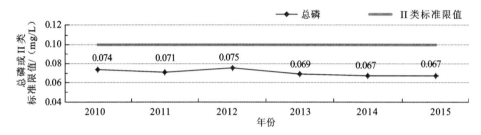

图 3.45　2010～2015 年河流总磷年均浓度值变化比较

⑤ 溶解氧。2011～2015 年,全省河流溶解氧含量年均值为 6.47～6.55 mg/L,均符合地表水 II 类标准(6.0～7.5 mg/L)。五年来溶解氧含量无明显变化(图 3.46)。全省"十二五"末溶解氧含量(6.53 mg/L)基本持平于"十一五"末水平(6.57 mg/L)。

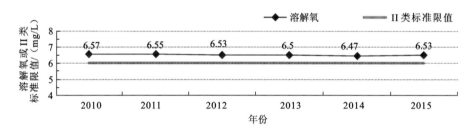

图 3.46　2010～2015 年河流溶解氧年均浓度值变化比较

3) 综合污染指数变化

根据五年来河流水质污染特征,本书选用河流水质主要影响指标高锰酸盐指数、化学需氧量、氨氮、总磷和溶解氧对全省主要河流进行综合污染指数变化趋势分析(以地表水 II 类标准计算)。"十二五"期间,全省河流总体综合污染指数在 3.45～3.51,无明显变化。与"十一五"末比较,"十二五"末全省河流总体综合污染指数略有下降,下降了 3.6 个百分点(由 3.62 下降为 3.49)。

"十二五"期间,全省三大流域水质保持优良态势,万泉河流域、昌化江干流、南渡江支流南溪河、南春河、南叉河污染程度较轻,南渡江支流海甸溪污染较重;南渡江支流腰仔河和海甸溪、万泉河支流营盘溪、昌化江南圣河近三年污染程度呈下降趋势,其余河流综合污染程度无明显变化(图 3.47)。"十二五"期间,全省开展监测的中小河流中,东山河2011～2014 年污染程度有所上升,2015 年有所下降;北门江污染程度有所下降;其余河流污染程度无明显变化。与"十一五"末比较,南圣河、北门江污染程度有所下降;东山河、营盘溪污染程度有所上升,其余河流污染程度无明显变化(图 3.48)。

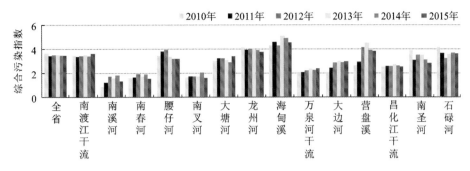

图 3.47　2010～2015 年三大河流干流及支流综合污染指数变化比较

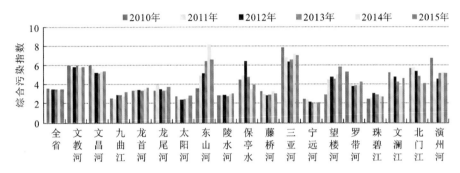

图 3.48　2010～2015 年主要中小流域综合污染指数变化比较

表 3.15　2010～2015 年全省主要河流综合污染指数变化趋势分析

河流名称	2010 年	2011 年	2012 年	2013 年	2014 年	2015 年	备注
全省	3.62	3.45	3.51	3.51	3.46	3.49	无明显变化
南渡江干流	3.46	3.37	3.42	3.49	3.42	3.61	无明显变化
南溪河	0.854	1.18	1.74	1.58	1.85	1.29	无明显变化
南春河	1.588	1.63	1.91	1.72	1.9	1.55	无明显变化
腰仔河	3.469	3.81	3.93	3.34	3.2	3.17	近四年呈下降趋势
南叉河	1.65	1.75	1.75	1.72	2.03	1.58	无明显变化
大塘河	2.993	3.2	3.21	3.11	2.93	3.38	无明显变化
龙州河	4.15	3.95	4.02	4.11	3.87	3.78	无明显变化
海甸溪	4.33	4.56	4.33	5.07	4.92	4.55	近三年呈下降趋势
万泉河干流	2.05	2.09	2.25	2.39	2.25	2.4	无明显变化
大边河	2.11	2.43	2.85	2.98	2.87	2.96	无明显变化
营盘溪	2.67	2.93	4.15	4.49	3.93	3.84	近三年呈下降趋势
昌化江干流	2.51	2.56	2.57	2.69	2.61	2.55	无明显变化
南圣河	3.85	3.11	3.49	3.54	3.14	2.83	近三年呈下降趋势
石碌河	4.14	3.68	3.21	3.61	3.67	3.65	无明显变化

续表

河流名称	2010 年	2011 年	2012 年	2013 年	2014 年	2015 年	备注
文教河	6.05	5.58	5.87	6.06	5.74	5.84	无明显变化
文昌河	6.03	5.65	5.21	5.15	5.31	5.33	无明显变化
九曲江	2.58	2.47	2.92	2.95	2.76	3.24	无明显变化
龙首河	3.344	3.4	3.43	3.36	3.51	3.66	近三年呈上升趋势
龙尾河	3.338	3.95	3.56	3.33	3.46	3.75	无明显变化
太阳河	2.7	2.37	2.41	2.48	2.57	2.83	近三年呈上升趋势
东山河	5.536	4.94	5.15	6.5	8.16	6.61	无明显变化
陵水河	2.79	2.85	2.88	2.69	3.03	3.08	无明显变化
保亭水	4.497	4.96	6.45	4.76	3.51	3.94	无明显变化
藤桥河	3.28	3.02	2.82	2.9	3.29	3.07	无明显变化
三亚河	7.92	6.85	6.42	6.53	7.19	7.06	无明显变化
宁远河	2.5	2.33	2.17	2.14	2.03	2.07	呈下降趋势
望楼河	2.88	4.55	4.81	4.59	5.06	5.78	近三年呈上升趋势
罗带河	5.35	4.01	3.76	3.93	3.86	4.33	无明显变化
珠碧江	2.43	2.68	3.11	2.92	2.74	2.7	无明显变化
文澜江	5.23	4.59	4.74	4.28	3.82	4.67	无明显变化
北门江	5.66	5.77	5.38	4.89	4.09	4.11	呈下降趋势
演州河	6.701	4.27	4.6	5.1	5.22	5.15	无明显变化

3. 河流水环境质量特征及变化原因分析

1）质量特征

（1）河流水质总体优良，但部分河流（段）水体存在一定污染。"十二五"期间，全省各年份河流水质符合或好于Ⅲ类标准的断面比例为 89.7%～94.2%，且以Ⅱ类水质为主，占 50% 以上。部分河流中、下游局部河段受到不同程度的污染，其中一些河流城市河段和入海河口污染相对较重。

（2）河流污染主要呈有机物污染特征。影响河流水质的主要污染指标是高锰酸盐指数、化学需氧量、氨氮和总磷。三大河流中，南渡江中、下游影响指标为总磷和溶解氧，昌化江支流南圣河主要影响指标为氨氮和总磷。中小河流中，东部文昌河和文教河主要污染指标为高锰酸盐指数和化学需氧量，东部太阳河和西部罗带河主要污染指标为化学需氧量；南部三亚河主要污染指标为氨氮和总磷。

（3）"十二五"期间河流水质总体保持稳定，个别河段水质受化学需氧量影响加大。五年来，全省河流主要污染物高锰酸盐指数、氨氮、总磷和溶解氧无明显变化，总体保持较低水平。化学需氧量呈逐年缓慢上升趋势，主要体现为罗带河、文教河等河流局部河段受化学需氧量影响逐渐上升。"十二五"末全省河流高锰酸盐指数、化学需氧量浓度总体略高于"十一五"末水平，氨氮、总磷浓度略低于"十一五"末水平。

2）变化原因分析

（1）河流水质总体保持良好，各年份水质符合或好于 III 类标准的断面比例均在 89% 以上，且以 II 类水质为主。

全省河流水质保持良好与全省推进水污染减排、从源头上控制污染物排放、加大资金投入保障减排项目稳定运行、推动企业清洁生产、开展重点流域水污染防治等工作息息相关。"十二五"期间，全省大力抓好城镇污水集中处理工作，加快推进污水处理厂配套管网、污泥处置中心项目再生水回用污水厂自动化运营监管体系等一系列的建设。严把建设项目环境准入关，从源头上控制污染物排放。加大资金投入保障减排项目稳定运行，同时强化对自动监控系统运营公司和排污企业的日常监管，促进排污企业规范运营，污染物稳定达标排放。充分运用环境经济政策，推动企业清洁生产。积极开展重点流域水污染防治。从主动防护和被动防治两方面强化流域水环境保护，完成南渡江流域松涛水库流域段健康评估和琼海老革命根据地万泉河流域环境综合治理项目。实施河流出入境断面水质月度监测制度，及时地了解河流水质现状及排污企业情况，确保重点流域水环境安全。

（2）部分河流局部河段水质长期较差，主要受居民生活污水、农业面源废水影响所致。

水质长期较差的河段有文教河坡柳水闸、文昌河水涯新区、三亚河海螺村、罗带河铁路桥河段。其中文教河坡柳水闸河段水质较差主要是受周边农业面源及畜禽养殖废水影响；文昌河水涯新区、罗带河铁路桥河段水质较差是由于污水管网建设不完善，受居民生活污水影响；三亚河海螺村河段水质较差是由于污水管网建设不完善，受居民生活污水、周边畜禽养殖和屠宰场废水，以及上游农业面源排水等影响。

（3）全省河流水质保持稳定，但个别河流化学需氧量浓度略有上升，与农业面源废水和生活污水偷排加重有关。

"十二五"以来，全省继续加强结构减排和工程减排，加强企业污染源废水治理，扩大企业生产规模和深化废水处理技术，实现工业废水达标排放，减少对河流水质影响，"十二五"期间河流水质保持稳定。但罗带河、文教河化学需氧量浓度呈上升趋势，其中罗带河化学需氧量上升主要由于河岸两边生活污水偷排现象加重导致；文教河化学需氧量上升主要由于上游畜禽养殖场增加，污水随意排放导致。

3.3.2　湖库

2015 年全省监测湖库水质总体优良，83.3% 监测湖库（15 个）水质符合或好于地表水 III 类标准，3 个湖库水质轻度污染，主要污染指标为高锰酸盐指数和总磷，主要受周边农村生活污水和农业废水影响。"十二五"期间，全省湖库水质总体保持稳定，绝大多数监测湖库水质无明显变化，符合或好于 III 类标准湖库比例介于 83.3%～88.9%。

1. 湖库水质现状

1）水质评价

（1）年度水质评价。

2015 年全省监测湖库水质总体优良，符合或优于 III 类 15 个，占总数的 83.3%，其中松涛水库、牛路岭水库、石碌水库、福山水库、沙河水库、水源池水库、赤田水库、大隆水库和陀兴水库9个湖库水质为优,符合地表水 II 类标准,占监测湖库的 50.0%,大广坝水库、春江水库、南丽湖、探贡水库、万宁水库和尧龙水库 6 个湖库水质为良,符合地表水 III 类标准,占监测湖库的 33.3%。湖山水库、高坡岭水库、石门水库 3 个湖库水质轻度污染,符合地表水 IV 类标准,占监测湖库的 16.7%,主要污染指标为高锰酸盐指数和总磷,主要受周边农村生活污水和农业废水影响。湖山水库和探贡水库呈轻度富营养化状态,其余湖库呈中营养状态(表 3.16)。总氮单独评价,全省 15 个(83.3%)湖库水质符合或优于地表水 III 类标准,其中,大隆水库、赤田水库、水源池水库等 7 个湖库(33.3%)水质符合地表水 II 类标准,松涛水库、大广坝水库、牛路岭水库等 9 个湖库(50.0%)水质符合地表水 III 类标准,探贡水库、沙河水库、春江水库水质仅符合 IV 类标准。

表 3.16　2015 年主要湖库水质评价结果

湖库名称	站位垂线	管理目标	水质类别			超 II 类水质定类因子	营养化级别
			2010 年	2014 年	2015 年		
松涛水库	牙叉库心	II	II	II	II		中营养
	南丰库心	II	III	II	II		中营养
	番加库心	II	II	II	II		中营养
	湖库情况	II	II	II	II		中营养
福山水库	水库入口	II	II	II	II		中营养
	水库取水口	II	III	II	II		贫营养
	湖库情况	II	II	II	II		中营养
春江水库	水库库心	II	III	II	III	高锰酸盐指数、溶解氧、总磷	中营养
沙河水库	水库出口	III	III	II	II		中营养
南丽湖	南丽湖出口	II	III	III	III	总磷	中营养
	南丽湖中心	II	III	III	III	总磷	中营养
	湖库情况	II	III	III	III	总磷	中营养
石碌水库	水库取水口	II	II	II	II		中营养
	水库入口	II	II	II	II		中营养
	湖库情况	II	II	II	II		中营养
大广坝水库	水库出口	II	III	III	III	总磷	中营养
	水库库心	II	III	III	III	总磷	中营养
	湖库情况	II	III	III	III	总磷	中营养
探贡水库	水库出口	III	III	III	III	氨氮、化学需氧量、总磷	轻度富营养
高坡岭水库	水库出口	II	III	IV	IV	总磷	中营养
水源池水库	水库出口	II	II	II	II		中营养
赤田水库	水库取水口	II	II	II	II		中营养

续表

湖库名称	站位垂线	管理目标	水质类别			超 II 类水质定类因子	营养化级别
			2010 年	2014 年	2015 年		
万宁水库	水库入口	II	III	III	III	化学需氧量、总磷	中营养
	水库取水口	II	III	III	III	化学需氧量、总磷	中营养
	湖库情况	II	III	III	III	化学需氧量、总磷	中营养
大隆水库	水库出口	II	II	II	II		中营养
牛路岭水库	水库出口	II	III	II	II		中营养
	水库入口	II	III	III	III	总磷	中营养
	湖库情况	II	III	III	II		中营养
石门水库	水库出口	II	III	IV	IV	总磷	中营养
湖山水库	水库出口	II	IV	IV	IV	高锰酸盐指数	轻度富营养
尧龙水库	水库出口	III	III	III	III	总磷	中营养
陀兴水库	水库出口	III	III	III	II		中营养

与 2014 年比较,全省湖库水质总体保持稳定,监测湖库水质无明显变化。与"十一五"末比较,全省湖库水质总体有所下降,石门水库和高坡岭水库受总磷影响加重,水质均由 III 类下降为 IV 类。

(2) 富营养化评价。

2015 年全省监测湖库的营养状态指数范围为 30.9(福山水库)~51.9(湖山水库),绝大部分监测湖库处于中营养化状况,仅湖山水库、探贡水库呈轻度富营养状况。与 2014 年比较,大部分湖库营养状态指数无明显变化,石门水库、尧龙水库、大广坝水库等湖库的营养状态指数略有下降。与"十一五"末比较,大部分湖库营养状态指数无明显变化,南丽湖、松涛水库等湖库的营养状态指数略有下降(图 3.49)。

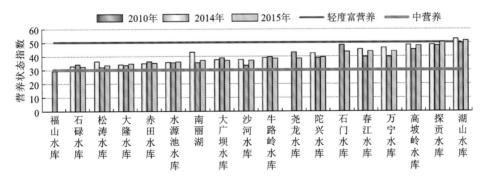

图 3.49　2015 年主要湖库水质富营养化状况

(3) 不同月份湖库水质变化。

2015 年全省绝大部分湖库各监测月份水质优良,各月份水质符合或好于地表水 III

类标准的湖库比例为77.8%～88.9%,其中5月、7月、9月偏低,主要为全省丰水期降水量较大,湖库水质受面源污染影响增大。其中湖山水库各个月份水质均为Ⅳ类,探贡水库、高坡岭水库、石门水库、尧龙水库4个湖库部分月份水质为Ⅳ类,属轻度污染,主要污染指标为总磷、高锰酸盐指数和化学需氧量。全省监测湖库总体呈中营养状态,湖山水库大部分月份,探贡水库和高坡岭水库个别月份呈轻度富营养化状态(图3.50)。

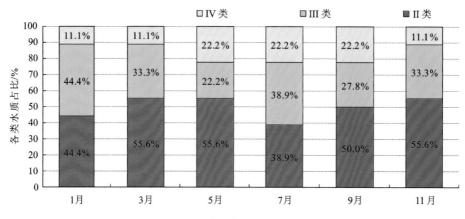

图3.50　2015年海南省各月份湖库水质状况变化

2) 主要污染指标

2015年各监测项目中,挥发酚、阴离子表面活性剂、硫化物、氰化物、氟化物、六价铬、硒、镉、汞9个项目均未检出,铅、砷、石油类、铜、锌5个监测项目基本检出,均符合地表水Ⅰ类标准。年均值出现超地表水Ⅱ类标准的监测项目有7个,按出现湖库比例大小排序依次为总氮、总磷、化学需氧量、粪大肠菌群、高锰酸盐指数、氨氮(表3.17),部分项目单次监测值超Ⅱ类标准,但年均值未超出Ⅱ类标准。单次监测值超地表水Ⅲ类标准的监测项目有高锰酸盐指数、总磷、总氮、粪大肠菌群、化学需氧量、氨氮;年均值出现超地表水Ⅲ类标准的监测项目有高锰酸盐指数、总磷、总氮。

表3.17　2015年监测湖库年均值超Ⅱ类标准项目汇总

主要污染指标	年均值	超Ⅱ类标准湖库比例/%	影响较大的湖库
总磷/(mg/L)	未检出～0.052	42.3	石门水库、高坡岭水库、
总氮/(mg/L)	0.345～1.357	61.5	春江水库、探贡水库、沙河水库
高锰酸盐指数/(mg/L)	1.53～6.55	3.8	湖山水库、春江水库
化学需氧量/(mg/L)	4.1～19.8	15.4	湖山水库、探贡水库、高坡岭水库
氨氮/(mg/L)	0.050～0.745	3.8	探贡水库、高坡岭水库
粪大肠菌群/(个/L)	25～8767	27.7	湖山水库、南丽湖、万宁水库、福山水库、春江水库

表 3.18　2015 年度湖库水质状况及超 II 类项目统计

湖库名称	垂线名称	水质类别	年均值超 II 类项目及超标倍数	单次监测值超 II 类项目及超标率
松涛水库	牙叉库心	II		
	南丰库心	II	总氮 0.20	总氮 100%、粪大肠菌群 16.7%
	番加库心	II	总氮 0.87	总氮 100%
	湖库平均	II	总氮 0.54	总氮 100%
牛路岭水库	水库出口	II	总氮 0.13	总磷 50.0%、总氮 66.7%
	水库入口	III	总磷 0.23、总氮 0.24	总磷 83.3%、溶解氧 16.7%、总氮 66.7%
	湖库平均	II	总氮 0.18	总磷 16.7%、总氮 83.3%
大广坝水库	水库出口	III	总磷 0.08、总氮 0.28	总磷 33.3%、总氮 83.3%
	水库库心	III	总磷 0.15	总磷 33.3%、总氮 33.3%
	湖库平均	III	总磷 0.12、总氮 0.10	总磷 33.3%、总氮 83.3%
石碌水库	水库取水口	II	总氮 0.25	总氮 83.3%
	水库入口	II	总氮 0.18	总氮 66.7%
	湖库平均	II	总氮 0.22	总氮 83.3%
万宁水库	水库入口	III	总磷 0.50、化学需氧量 0.07、总氮 0.16、粪大肠菌群 0.97	总磷 100%、化学需氧量 50.0%、溶解氧 33.3%、总氮 83.3%、粪大肠菌群 50.0%
	水库取水口	III	总磷 0.57、化学需氧量 0.04、总氮 0.18	总磷 83.3%、化学需氧量 33.3%、溶解氧 33.3%、总氮 83.3%、粪大肠菌群 33.3%
	湖库平均	III	总磷 0.52、化学需氧量 0.05、总氮 0.16	总磷 83.3%、化学需氧量 66.7%、溶解氧 33.3%、总氮 83.3%、粪大肠菌群 50.0%
大隆水库	水库出口	II		
南丽湖	南丽湖出口	III	总磷 0.20、粪大肠菌群 0.95	总磷 66.7%、溶解氧 16.7%、总氮 16.7%、粪大肠菌群 33.3%
	南丽湖中心	III	总磷 0.20、粪大肠菌群 1.45	总磷 66.7%、溶解氧 16.7、总氮 16.7%、粪大肠菌群 33.3%
	湖库平均	III	总磷 0.20、粪大肠菌群 1.20	总磷 66.7%、溶解氧 16.7%、总氮 16.7%、粪大肠菌群 33.3%
春江水库	水库库心	III	总磷 0.21、高锰酸盐指数 0.02、总氮 1.71、粪大肠菌群 0.52	总磷 100%、高锰酸盐指数 33.3%、化学需氧量 16.7%、溶解氧 16.7%、总氮 100%、粪大肠菌群 50.0%
沙河水库	水库出口	II	总氮 1.71	溶解氧 33.3%、总氮 100%、粪大肠菌群 16.7%
福山水库	水库取水口	II		总氮 16.7%、粪大肠菌群 83.3%
	水库入口	II	粪大肠菌群 3.38	总氮 16.7%、粪大肠菌群 16.7%
	湖库平均	II	粪大肠菌群 1.46	总氮 16.7%、粪大肠菌群 83.3%
赤田水库	水库取水口	II		
水源池水库	水库出口	II		

续表

湖库名称	垂线名称	水质类别	年均值超II类项目及超标倍数	单次监测值超II类项目及超标率
石门水库	水库出口	IV	总磷1.04、总氮0.49	总磷83.3%、高锰酸盐指数16.7%、总氮100%
高坡岭水库	水库出口	IV	总磷1.09、氨氮0.12、化学需氧量0.16、生化需氧量0.05、总氮0.79	总磷100%、化学需氧量66.7%、氨氮50.0%、高锰酸盐指数16.7%、生化需氧量16.7%、溶解氧33.3%、总氮66.7%
探贡水库	水库出口	III	总磷0.63、氨氮0.49、化学需氧量0.32、总氮1.43	总磷100%、化学需氧量50.0%、氨氮33.3%、高锰酸盐指数16.7%、氨氮16.7%、溶解氧83.3%、总氮100%
尧龙水库	水库出口	III	总磷0.63、粪大肠菌群0.73	总磷66.7%、化学需氧量33.3%、溶解氧16.7%、粪大肠菌群33.3%
陀兴水库	水库出口	II	总氮0.27	总磷50.0%、化学需氧量16.7%、总氮83.3%
湖山水库	水库出口	IV	总磷1.00、高锰酸盐指数0.64、总氮0.50、粪大肠菌群1.05	高锰酸盐指数100%、总磷100%、化学需氧量83.3%、氨氮50.0%、生化需氧量33.3%、溶解氧33.3%、总氮100%、粪大肠菌群33.3%

注:括弧内项目不参与湖库水质类别评价。

（1）总氮。

全省监测湖库的总氮年均值为0.35～1.36 mg/L,平均值为0.61 mg/L,略高于II类标准限值(0.50 mg/L)。年均值出现超II类标准的湖库占61.5%,其中春江水库、探贡水库、沙河水库受总氮影响较大。与2014年比较,大多数湖库总氮浓度无明显变化,春江水库、探贡水库、沙河水库等湖库总氮浓度有所增加,石门水库、尧龙水库、牛路岭水库等湖库总氮浓度有所下降。与"十一五"末比较,大多数湖库总氮浓度无明显变化,春江水库、探贡水库、沙河水库等湖库总氮浓度有所增加,尧龙水库、石碌水库、福山水库等湖库总氮浓度有所下降(图3.51)。

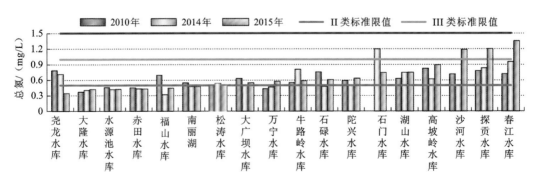

图3.51　2010年、2014年、2015年主要湖库总氮含量比较

（2）总磷。

全省监测湖库的总磷年均值为未检出～0.052 mg/L，平均值为 0.023 mg/L，略低于 Ⅱ 类标准限值（0.025 mg/L）。年均值出现超 Ⅱ 类标准的湖库占 42.3%，其中高坡岭水库总磷浓度最高 0.052 mg/L，高出 Ⅲ 类标准限值，其次为石门水库和湖山水库。与 2014 年比较，尧龙水库、春江水库等湖库总磷浓度有所增加，高坡岭水库、石门水库等湖库总磷浓度有所下降。与"十一五"末比较，尧龙水库、石门水库等湖库总磷浓度有所上升，湖山水库、春江水库等湖库总磷浓度有所下降（图 3.52）。

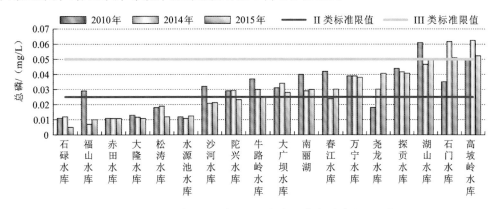

图 3.52 2010 年、2014 年、2015 年主要湖库总磷含量比较

（3）高锰酸盐指数。

全省监测湖库的高锰酸盐指数年均值为 1.91～6.55 mg/L，平均值为 2.57 mg/L，低于 Ⅱ 类标准限值（4.0 mg/L）。年均值出现超 Ⅱ 类标准的湖库占 3.8%，除湖山水库和春江水库外，其他监测湖库的年均值均低于 Ⅱ 类标准限值。湖山水库受高锰酸盐指数影响较大，年均值 6.55 mg/L，符合 Ⅳ 类标准。春江水库高锰酸盐指数年均值 4.09 mg/L，符合 Ⅲ 类标准。与 2014 年比较，大部分湖库高锰酸盐指数浓度无明显变化，探贡水库、高坡岭水库、春江水库等湖库高锰酸盐指数浓度有所上升，石门水库高锰酸盐指数浓度略有下降。与"十一五"末比较，尧龙水库、松涛水库、春江水库等湖库高锰酸盐指数浓度有所下降，其余湖库高锰酸盐指数浓度无明显变化（图 3.53）。

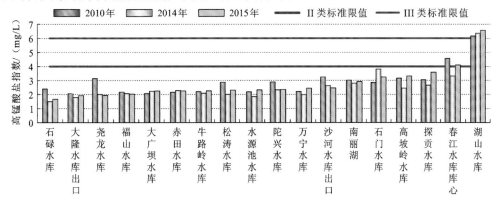

图 3.53 2010 年、2014 年、2015 年主要湖库高锰酸盐指数比较

(4) 化学需氧量。

全省监测湖库的化学需氧量年均值为 6.5~19.8 mg/L,平均值为 10.4 mg/L,低于
Ⅱ类标准限值(15 mg/L)。年均值出现超Ⅱ类标准的湖库占 15.4%。除探贡水库、高坡
岭水库、湖山水库和万宁水库外,其他湖库的化学需氧量低于Ⅱ类标准限值。与 2014 年
比较,牛路岭水库、水源池水库等湖库化学需氧量浓度略有上升,松涛水库、石门水库等湖
库化学需氧量浓度略有下降,其余湖库化学需氧量浓度无明显变化。与"十一五"末比较,
陀兴水库、福山水库等湖库化学需氧量浓度略有下降,其余湖库化学需氧量浓度无明显变
化(图 3.54)。

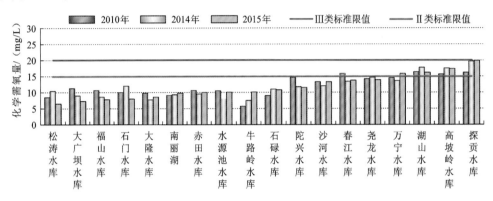

图 3.54   2010 年、2014 年、2015 年主要湖库化学需氧量比较

(5) 溶解氧。

全省监测湖库溶解氧年均值为 5.6~7.3 mg/L,平均值为 6.8 mg/L,高于Ⅱ类标准
限值(6 mg/L)。除湖山水库和春江水库溶解氧含量偏低外,其他监测湖库的年均值均高
于Ⅱ类标准限值。与 2014 年、"十一五"末比较,大广坝水库和陀兴水库等湖库溶解氧含
量有所上升,其余湖库溶解氧含量无明显变化(图 3.55)。

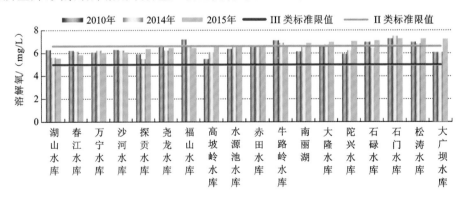

图 3.55   2010 年、2014 年、2015 年主要湖库溶解氧含量比较

(6) 氨氮。

全省监测湖库的氨氮年均值为 0.054~0.745 mg/L,平均值为 0.203 mg/L,远低于
Ⅱ类标准限值(0.50 mg/L)。全省监测湖库受氨氮影响较小,除探贡水库、高坡岭水库

外,其余监测湖库的年均值均低于 II 类标准限值。与 2014 年比较,探贡水库、高坡岭水库氨氮浓度有所增加,其余湖库氨氮浓度无明显变化。与"十一五"末比较,探贡水库、高坡岭水库氨氮浓度有所增加,春江水库、石碌水库、福山水库、沙河水库等湖库氨氮浓度有所下降(图 3.56)。

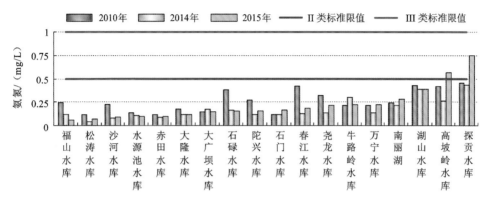

图 3.56 2010 年、2014 年、2015 年主要湖库氨氮浓度比较

(7) 主要污染指标分担率。

计算全省湖库水质主要影响指标总氮、总磷、化学需氧量、高锰酸盐指数、溶解氧、氨氮的污染负荷分担率,大小排序依次为总氮(27.4%)、总磷(20.9%)、化学需氧量(15.5%)、高锰酸盐指数(14.4%)、溶解氧(13.4%)、氨氮(8.4%),总磷和总氮为湖库主要影响指标,污染负荷分担率之和接近50%(图 3.57)。与 2014 年规律基本相似(表 3.19)。

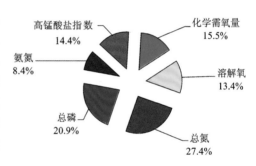

图 3.57 2015 年全省湖库主要污染指标分担率

表 3.19 2014～2015 年监测湖库主要污染物污染指数比较

污染指标	2014 年				2015 年				
	浓度值 /(mg/L)	污染指数	分担率 /%	排序	浓度值 /(mg/L)	污染指数	分担率 /%	排序	各湖库分担率 /%
总氮	0.580	1.16	24.5	1	0.610	1.22	27.42	1	13.9～40.6
总磷	0.028	1.11	23.2	2	0.023	0.93	20.86	2	6.0～37.2
化学需氧量	11.300	0.75	15.9	4	10.400	0.69	15.48	3	9.7～21.8
高锰酸盐指数	2.420	0.61	12.7	5	2.570	0.64	14.40	4	9.8～26.9
溶解氧	6.460	0.77	16.1	3	6.780	0.60	13.41	5	5.1～24.4
氨氮	0.190	0.36	7.6	6	0.188	0.38	8.43	6	2.8～17.3
合计		4.76				4.46			

18个监测湖库中,绝大部分湖库受总磷和总氮影响较大,其中沙河水库、春江水库、石碌水库、松涛水库受总氮影响较大,污染分担率均大于30%;石门水库、尧龙水库、大广坝水库、高坡岭水库、万宁水库、南丽湖受总磷影响较大,污染分担率均大于25%。监测湖库水质总体受化学需氧量、高锰酸盐指数、溶解氧和氨氮影响较小,但湖山水库受高锰酸盐指数影响较大(图3.58)。

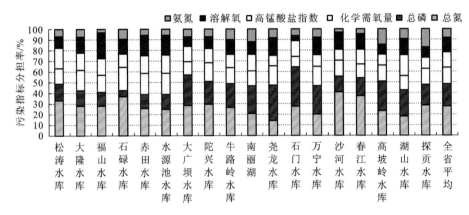

图3.58　2015年各湖库主要污染指标分担率比较

3) 综合污染指数评价

选取总磷、总氮、化学需氧量、高锰酸盐指数、溶解氧、氨氮6个主要影响指标对监测湖库进行综合污染指数评价(以Ⅱ类标准计算),全省监测湖库总体综合污染指数为4.46,略低于2014年(4.76)。

各监测湖库的综合污染指数为2.97～8.59。综合污染指数最大为探贡水库,其次为湖山水库、高坡岭水库和春江水库,4个湖库的综合污染指数均大于7;牛路岭水库、石门水库、春江水库、万宁水库、尧龙水库、南丽湖、沙河水库等湖库的污染程度均高于全省总体水平,其他湖库的综合污染程度较低(表3.20)。与2014年比较,全省绝大部分湖库污染程度无明显变化,石门水库和松涛水库污染程度有所减弱,探贡水库污染程度略有上升(图3.59)。

表3.20　2015年监测湖库综合污染指数计算表

湖库名称	高锰酸盐指数		总氮		总磷		氨氮		化学需氧量		溶解氧		综合污染指数
	污染指数	污染分担率/%	污染指数	污染分担率/%	污染指数	污染分担率/%	污染指数	污染分担率/%	污染指数	污染分担率/%	污染指数	污染分担率/%	
松涛水库	0.58	19.4	0.98	32.9	0.47	15.7	0.20	6.6	0.43	14.5	0.33	11.0	2.97
大隆水库	0.48	16.0	0.84	28.1	0.43	14.4	0.22	7.4	0.57	19.1	0.45	15.0	3.00
福山水库	0.50	15.6	0.90	27.9	0.41	12.8	0.11	3.4	0.52	16.1	0.79	24.3	3.24
石碌水库	0.42	12.6	1.21	36.6	0.20	6.0	0.31	9.2	0.72	21.7	0.46	14.0	3.32

续表

湖库名称	高锰酸盐指数		总氮		总磷		氨氮		化学需氧量		溶解氧		综合污染指数
	污染指数	污染分担率/%	污染指数	污染分担率/%	污染指数	污染分担率/%	污染指数	污染分担率/%	污染指数	污染分担率/%	污染指数	污染分担率/%	
赤田水库	0.56	16.7	0.86	25.7	0.43	12.9	0.20	5.9	0.67	19.8	0.64	19.1	3.36
水源池水库	0.58	16.9	0.85	24.5	0.50	14.5	0.20	5.7	0.67	19.5	0.65	18.9	3.45
大广坝水库	0.56	14.4	1.10	28.2	1.12	28.7	0.29	7.4	0.49	12.6	0.35	8.9	3.89
陀兴水库	0.59	13.5	1.27	29.3	0.93	21.4	0.31	7.1	0.77	17.7	0.48	11.0	4.34
牛路岭水库	0.56	12.5	1.18	26.3	1.00	22.2	0.44	9.9	0.67	15.0	0.64	14.2	4.49
南丽湖	0.73	15.7	0.96	20.6	1.20	25.9	0.57	12.2	0.65	14.0	0.53	11.5	4.63
尧龙水库	0.48	9.8	0.69	13.9	1.63	32.9	0.41	8.4	0.92	18.6	0.81	16.4	4.95
石门水库	0.81	14.7	1.49	27.2	2.04	37.2	0.34	6.1	0.53	9.7	0.28	5.1	5.49
万宁水库	0.61	10.5	1.17	20.2	1.53	26.5	0.45	7.7	1.06	18.2	0.98	16.9	5.79
沙河水库	0.62	10.5	2.38	40.6	0.85	14.5	0.18	3.0	0.88	15.0	0.96	16.3	5.87
春江水库	1.02	14.1	2.71	37.3	1.21	16.6	0.36	5.0	0.91	12.6	1.05	14.4	7.27
高坡岭水库	0.83	10.7	1.79	23.3	2.09	27.2	1.12	14.6	1.16	15.0	0.71	9.2	7.69
湖山水库	1.64	19.9	1.50	18.3	2.00	24.3	0.77	9.3	1.08	13.1	1.23	15.0	8.22
探贡水库	0.90	10.4	2.43	28.3	1.63	19.0	1.49	17.3	1.32	15.4	0.82	9.5	8.59

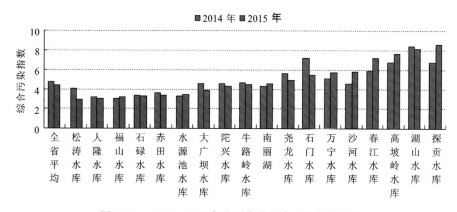

图 3.59 2014~2015 年主要湖库综合污染指数比较

2. 湖库水质变化趋势

1) 水质类别变化

2011~2015 年期间,全省湖库水环境质量总体保持稳定,II~III 类比例在 83.3%~88.9%,无 V 类及劣 V 类水质(表 3.21)。其中,II 类水质比例略呈上升趋势(图 3.60)。与"十一五"末比较,2015 年水质优良率有所下降(由 94.4% 下降为 83.3%),高坡岭水库、石门水库受总磷影响加重,水质均由 III 类下降为 IV 类。

表 3.21　2010~2015 年监测湖库水质变化比较(单位:%)

年份	II~III 类	II 类	III 类	IV 类
2010	94.4	33.3	61.1	5.6
2011	83.3	33.3	50.0	16.7
2012	83.3	38.9	44.4	16.7
2013	88.9	38.9	50.0	11.1
2014	83.3	44.4	38.9	16.7
2015	83.3	50.0	33.3	16.7

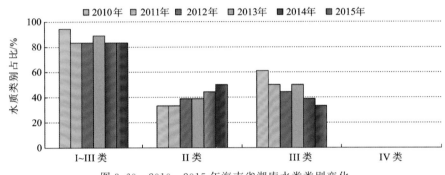

图 3.60　2010~2015 年海南省湖库水类类别变化

2011~2015 年,全省各湖库水质基本保持稳定。其中,松涛水库、石碌水库、水源池水库、大隆水库、赤田水库 5 个水库水质保持 II 类,大广坝水库、南丽湖、万宁水库 3 个水库水质保持 III 类,牛路岭水库、春江水库、福山水库、沙河水库、陀兴水库 5 个水库水质在 II 类和 III 类之间波动。2011~2015 年,水质出现污染的湖库有湖山水库、高坡岭水库、探贡水库、石门水库和尧龙水库 5 个湖库,其中,湖山水库水质保持为 IV 类;探贡水库、高坡岭水库和石门水库水质在 III 类和 IV 类之间波动,尧龙水库在 II 类、III 类和 IV 类之间波动。总氮单独评价,探贡水库(2015 年和 2012 年)、沙河水库(2015 年)、春江水库(2015 年和 2013 年)、石门水库(2014 年)水质均为 IV 类。湖山水库保持轻度富营养状态,其余湖库保持中营养状态。

全省各湖库水质污染指标为总磷、高锰酸盐指数、化学需氧量和总氮。其中,高坡岭水库、石门水库、探贡水库和尧龙水库水质污染指标均为总磷;湖山水库水质污染指标主要为高锰酸盐指数、化学需氧量(表 3.22)。

表 3.22　2011~2015 年监测湖库水质及主要污染物比较

湖库名称	垂线名称	水质类别						污染指标					
		2010 年	2011 年	2012 年	2013 年	2014 年	2015 年	2010 年	2011 年	2012 年	2013 年	2014 年	2015 年
松涛水库	牙叉库心	II	II(III)	II(III)	II(III)	II	II		(总氮)	(总氮)	(总氮)		
	南丰库心	II(III)	II(III)	II(III)	II(III)	II	II(III)	(总氮)	(总氮)	(总氮)	(总氮)		(总氮)
	番加库心	II	II(III)	II(III)	II	II	II(III)		(总氮)	(总氮)			(总氮)
	湖库情况	II	II(III)	II(III)	II	II	II		(总氮)	(总氮)			

续表

湖库名称	垂线名称	水质类别						污染指标					
		2010 年	2011 年	2012 年	2013 年	2014 年	2015 年	2010 年	2011 年	2012 年	2013 年	2014 年	2015 年
福山水库	水库入口	III	III	III	II	II	II						
	水库取水口	II(III)	II(III)	II(III)	II	II	II	（总氮）	（总氮）	（总氮）			
	湖库情况	III	III	II	II	II	II						
春江水库	水库库心	III	III	III	III(IV)	II	III(IV)			（总氮）			（总氮）
沙河水库	水库出口	III	III	III	II(III)	II	II(IV)			（总氮）			（总氮）
南丽湖	南丽湖出口	III	III	III	III	III	III						
	南丽湖中心	III	III	III	III	III	III						
	湖库情况	III	III	III	III	III	III						
石碌水库	水库取水口	II(III)	II(III)	II	II	II	II(III)	（总氮）	（总氮）				（总氮）
	水库入口	II(III)	II(III)	II	II	II	II(III)	（总氮）	（总氮）				（总氮）
	湖库情况	II(III)	II(III)	II	II	II	II	（总氮）	（总氮）				
大广坝水库	水库出口	III	III	III	III	III	III						
	水库库心	III	III	III	III	III	III						
	湖库情况	III	III	III	III	III	III						
探贡水库	水库出口	III	IV	III(IV)	III	III	III(IV)	总磷	（总氮）				（总氮）
高坡岭水库	水库出口	III	IV	IV	III	IV	IV		总磷	总磷		总磷	总磷
水源池水库	水库出口	II	II	II	II	II	II						
赤田水库	水库取水口	II	II	II	II	II	II						
万宁水库	水库入口	III	III	III	III	III	III						
	水库取水口	III	III	III	III	III	III						
	湖库情况	III	III	III	III	III	III						
大隆水库	水库出口	II	II	II	II	II	II						
牛路岭水库	水库出口	III	II	III	II(III)	II(III)	II(III)				（总氮）	（总氮）	（总氮）
	水库入口	III	II(III)	III	III	III	III	（总氮）					
	湖库情况	III	II(III)	III	III	III	II	（总氮）					
石门水库	水库出口	III	III	IV	III	IV	IV			总磷	总磷 （总氮）	总磷	
湖山水库	水库出口	IV	IV	IV	IV	IV	IV	高锰酸盐指数、总磷	高锰酸盐指数、化学需氧量	高锰酸盐指数、总磷	高锰酸盐指数	高锰酸盐指数	高锰酸盐指数
尧龙水库	水库出口	II(III)	III	II(III)	IV	III	III	（总氮）		（总氮）	总磷		
陀兴水库	水库出口	II(III)	III	III	III	III	II(III)	（总氮）					（总氮）

注："水质类别"中括号内的水质为总氮单独评价的结果。

2）主要污染指标变化

（1）总体情况。

2011～2015 年，全省湖库水质总磷、总氮、化学需氧量、高锰酸盐指数和氨氮年均浓度总体保持稳定，2014 年各项指标年均浓度略低于前三年，2015 年除总磷外，其余项目略有上升。其中，高锰酸盐指数、氨氮、总氮年均浓度略高于 II 类标准限值，总磷年均浓度于 II 类标准限值上下波动，其余项目年均浓度处于较低水平（I～II 类范围），且高锰酸盐指数和总磷年均浓度略呈下降趋势。与"十一五"末比较，除总氮外，各项指标浓度均略有下降（表 3.23）。

表 3.23　2010～2015 年监测湖库主要污染物浓度变化比较（单位：mg/L）

年份	高锰酸盐指数	氨氮	化学需氧量	总磷	总氮
2010	2.71	0.202	11.9	0.026	0.53
2011	2.74	0.200	11.7	0.032	0.65
2012	2.54	0.170	11.3	0.030	0.69
2013	2.50	0.180	11.9	0.029	0.56
2014	2.42	0.160	10.3	0.024	0.54
2015	2.57	0.188	10.4	0.023	0.61

（2）高锰酸盐指数。

全省监测湖库高锰酸盐指数浓度总体保持稳定。各年份比较，除松涛水库略呈下降趋势、大广坝水库略呈上升趋势，其余监测湖库高锰酸盐指数浓度均在低范围内波动。总体上，2015 年各监测湖库高锰酸盐指数浓度略高于 2014 年，但略低于"十一五"末（表 3.24，图 3.61）。

表 3.24　2010～2015 年主要湖库高锰酸盐指数浓度变化趋势

主要湖库	高锰酸盐指数浓度年均值/(mg/L)						趋势评价
	2010 年	2011 年	2012 年	2013 年	2014 年	2015 年	
松涛水库	2.90	2.71	2.20	2.01	2.00	1.95	下降趋势
大广坝水库	2.06	2.17	2.15	2.11	2.22	2.24	上升趋势
牛路岭水库	2.19	1.99	2.56	2.35	2.08	2.25	波动
石碌水库	2.39	2.05	1.60	1.85	1.49	1.67	波动
万宁水库	2.21	2.14	1.96	2.02	1.98	2.44	波动
大隆水库	2.05	1.81	1.98	2.07	1.79	1.92	波动
南丽湖	3.00	2.83	3.18	3.28	2.79	2.91	波动
春江水库	4.56	4.08	3.75	3.67	3.31	4.09	波动
沙河水库	3.24	3.24	2.64	2.74	2.62	2.46	波动

续表

主要湖库	高锰酸盐指数浓度年均值/(mg/L)						趋势评价
	2010 年	2011 年	2012 年	2013 年	2014 年	2015 年	
福山水库	2.17	2.63	1.93	1.94	2.06	2.02	波动
赤田水库	2.13	1.99	2.37	2.59	2.27	2.24	波动
水源池水库	2.15	1.89	2.18	2.27	1.84	2.33	波动
石门水库	2.84	2.78	2.70	3.04	3.81	3.23	波动
高坡岭水库	3.15	2.65	2.25	2.28	2.43	3.30	波动
探贡水库	3.03	2.90	2.27	2.45	2.65	3.58	波动
尧龙水库	3.14	2.87	3.18	1.92	2.00	1.93	波动
陀兴水库	2.88	2.43	2.20	2.20	2.32	2.35	波动
湖山水库	6.14	6.10	6.77	6.27	6.35	6.55	波动
全省平均	2.77	2.63	2.54	2.50	2.42	2.60	波动

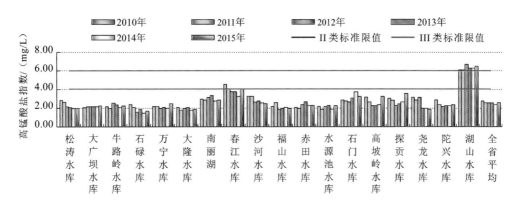

图 3.61　2010～2015 年主要湖库高锰酸盐指数浓度比较

（3）氨氮。

全省湖库氨氮浓度总体有所波动。除福山水库、春江水库、石碌水库略呈下降趋势外，其余监测湖库氨氮浓度均在低范围内波动。与 2014 年比较，2015 年氨氮浓度略有升高。与"十一五"末比较，2015 年氨氮浓度略有下降（表 3.25，图 3.62）。

表 3.25　2010～2015 年主要湖库氨氮浓度变化趋势

主要湖库	氨氮浓度年均值/(mg/L)						趋势评价
	2010 年	2011 年	2012 年	2013 年	2014 年	2015 年	
松涛水库	0.112	0.054	0.051	0.050	0.038	0.064	波动
大广坝水库	0.144	0.147	0.164	0.203	0.172	0.143	波动
牛路岭水库	0.211	0.178	0.212	0.217	0.294	0.222	波动

续表

主要湖库	氨氮浓度年均值/(mg/L)						趋势评价
	2010 年	2011 年	2012 年	2013 年	2014 年	2015 年	
石碌水库	0.377	0.277	0.132	0.144	0.163	0.154	波动
万宁水库	0.212	0.175	0.143	0.142	0.135	0.224	波动
大隆水库	0.168	0.149	0.075	0.115	0.120	0.111	波动
南丽湖	0.240	0.167	0.334	0.292	0.208	0.283	波动
春江水库	0.417	0.281	0.251	0.141	0.126	0.182	波动
沙河水库	0.220	0.141	0.140	0.088	0.079	0.088	波动
福山水库	0.245	0.166	0.156	0.158	0.115	0.054	下降趋势
赤田水库	0.111	0.093	0.063	0.073	0.082	0.099	波动
水源池水库	0.135	0.110	0.057	0.099	0.105	0.099	波动
石门水库	0.113	0.047	0.064	0.104	0.118	0.167	波动
高坡岭水库	0.414	0.365	0.281	0.474	0.262	0.561	波动
探贡水库	0.452	0.509	0.327	0.428	0.430	0.745	波动
尧龙水库	0.318	0.190	0.075	0.154	0.131	0.207	波动
陀兴水库	0.270	0.199	0.195	0.169	0.116	0.155	波动
湖山水库	0.422	0.347	0.398	0.361	0.382	0.383	波动
全省平均	0.245	0.190	0.172	0.185	0.168	0.203	波动

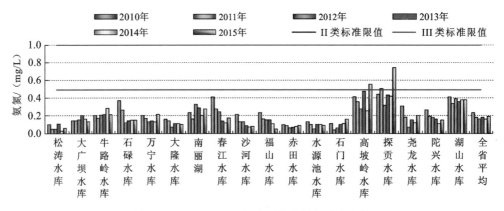

图 3.62　2010～2015 年主要湖库氨氮浓度比较

（4）总磷。

全省监测湖库总磷浓度略呈下降趋势。尧龙水库、高坡岭水库、石门水库、湖山水库总磷浓度变化相对较大。其余监测湖库总磷浓度在低范围内波动。2015 年总磷浓度基本持平于 2014 年和"十一五"末（表 3.26，图 3.63）。

表 3.26　2010～2015 年主要湖库总磷浓度变化趋势

主要湖库	总磷浓度年均值(mg/L)						趋势评价
	2010 年	2011 年	2012 年	2013 年	2014 年	2015 年	
松涛水库	0.020	0.021	0.021	0.018	0.019	0.021	波动
大广坝水库	0.031	0.029	0.034	0.036	0.034	0.028	波动
牛路岭水库	0.037	0.025	0.033	0.034	0.030	0.025	波动
石碌水库	0.011	0.011	0.009	0.009	0.012	0.005	波动
万宁水库	0.039	0.032	0.032	0.040	0.039	0.038	波动
大隆水库	0.013	0.013	0.019	0.015	0.0117	0.011	波动
南丽湖	0.040	0.039	0.035	0.030	0.029	0.030	波动
春江水库	0.042	0.044	0.045	0.035	0.024	0.030	波动
沙河水库	0.032	0.039	0.039	0.024	0.021	0.021	波动
福山水库	0.029	0.031	0.024	0.016	0.007	0.010	波动
赤田水库	0.011	0.012	0.011	0.010	0.011	0.011	波动
水源池水库	0.011	0.012	0.012	0.011	0.011	0.013	波动
石门水库	0.035	0.040	0.051	0.045	0.062	0.051	波动
高坡岭水库	0.050	0.055	0.058	0.039	0.063	0.052	波动
探贡水库	0.044	0.052	0.045	0.037	0.042	0.041	波动
尧龙水库	0.018	0.037	0.020	0.064	0.030	0.041	波动
陀兴水库	0.023	0.035	0.031	0.031	0.029	0.023	波动
湖山水库	0.061	0.045	0.052	0.050	0.047	0.050	波动
全省平均	0.030	0.030	0.030	0.029	0.028	0.026	波动

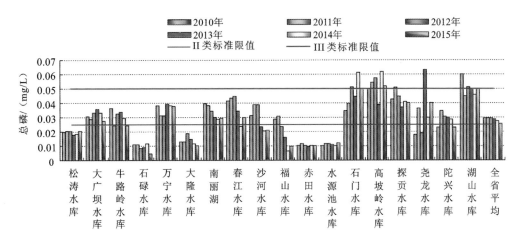

图 3.63　2010～2015 年主要湖库总磷浓度比较

（5）化学需氧量。

全省监测湖库化学需氧量总体无明显变化。高坡岭水库、探贡水库、湖山水库化学需氧量变化相对较大。其余监测湖库化学需氧量在低范围内波动。2015 年化学需氧量基本持平于 2014 年和"十一五"末（表 3.27，图 3.64）。

表 3.27　2010~2015 年主要湖库化学需氧量变化趋势

主要湖库	化学需氧量年均值/（mg/L）						趋势评价
	2010 年	2011 年	2012 年	2013 年	2014 年	2015 年	
松涛水库	11.80	11.60	11.90	11.30	10.40	11.10	波动
大广坝水库	11.30	12.80	12.00	12.30	9.00	7.30	下降趋势
牛路岭水库	5.70	5.40	7.00	7.40	7.50	10.10	上升趋势
石碌水库	9.00	8.70	9.80	11.50	11.00	10.80	波动
万宁水库	14.50	11.90	12.60	13.80	13.60	15.80	波动
大隆水库	9.80	8.33	8.60	8.44	7.73	8.58	波动
南丽湖	9.10	8.80	8.70	10.70	9.30	9.80	波动
春江水库	15.83	15.47	17.30	15.30	13.40	13.70	波动
沙河水库	13.26	13.22	14.42	13.92	12.00	13.25	波动
福山水库	10.60	8.70	9.50	9.90	8.60	7.80	波动
赤田水库	10.17	9.42	10.51	10.84	9.52	10.00	波动
水源池水库	10.02	8.74	9.46	9.38	7.97	10.08	波动
石门水库	10.03	9.25	11.93	11.67	12.02	7.98	波动
高坡岭水库	15.62	16.17	12.67	14.31	17.48	17.33	波动
探贡水库	16.17	15.25	12.83	15.33	19.65	19.83	波动
尧龙水库	14.17	11.33	10.67	13.50	14.67	13.83	波动
陀兴水库	14.67	13.67	12.00	13.20	11.72	11.50	波动
湖山水库	16.32	23.95	19.83	17.50	17.67	16.17	波动
全省平均	11.60	11.20	11.30	11.90	11.30	11.50	波动

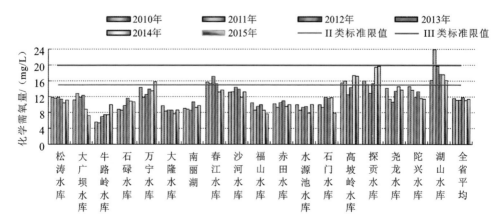

图 3.64　2010~2015 主要湖库化学需氧量比较

3)综合污染指数变化

考虑全省湖库水质污染特征,选取全省湖库主要污染指标高锰酸盐指数、氨氮、总磷、总氮、化学需氧量对监测湖库进行综合污染指数变化分析(以 II 类标准计算)。五类污染物的污染负荷比例大小排序为总氮>总磷>化学需氧量>高锰酸盐指数>氨氮。全省湖库平均综合污染指数总体较低,且无明显变化。与 2014 年比较,总氮污染指数略有上升,其余项目污染指数基本持平。与"十一五"末比较,氨氮和总磷污染指数略有下降,其余项目污染指数无明显变化。

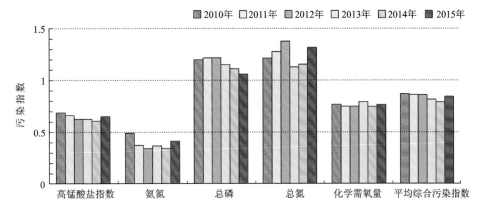

图 3.65 2010~2015 年海南省湖库主要污染物污染指数比较

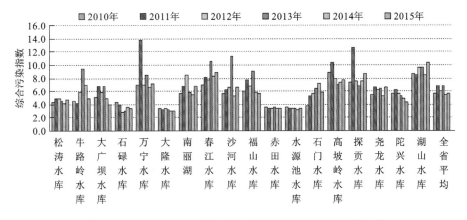

图 3.66 2010~2015 年海南省主要湖库综合污染指数比较

全省监测湖库综合污染程度总体无明显变化。各年份比较,大广坝水库、大隆水库、陀兴水库综合污染程度略呈下降趋势,牛路岭水库、万宁水库、春江水库、沙河水库、福山水库、高坡岭水库、探贡水库个别年份综合污染程度变化较大,其余湖库无明显变化(表 3.28)。

表 3.28　2010～2015 年主要湖库综合污染指数变化趋势

主要湖库	综合污染指数						趋势评价
	2010 年	2011 年	2012 年	2013 年	2014 年	2015 年	
松涛水库	4.3	4.9	4.9	4.5	4.1	4.7	波动
牛路岭水库	4.5	4.1	5.8	9.5	7.0	4.9	波动
大广坝水库	5.1	6.7	5.8	6.8	5.0	3.9	下降趋势
石碌水库	4.4	3.9	2.8	3.0	3.7	3.4	波动
万宁水库	7.0	13.7	6.9	8.4	6.5	7.1	波动
大隆水库	3.5	3.3	3.3	3.3	3.1	3.0	下降趋势
南丽湖	5.7	6.8	8.5	5.8	5.4	6.8	波动
春江水库	7.0	8.1	7.6	10.6	8.4	8.8	波动
沙河水库	5.7	6.3	6.7	11.4	5.2	6.6	波动
福山水库	6.1	7.8	6.9	9.0	5.8	5.7	波动
赤田水库	3.5	3.4	3.3	3.5	3.4	3.4	波动
水源池水库	3.6	3.4	3.4	3.5	3.2	3.5	波动
石门水库	3.7	5.3	5.6	6.4	7.2	5.7	波动
高坡岭水库	8.9	10.4	7.9	7.0	7.3	7.7	波动
探贡水库	7.3	12.7	7.5	6.9	7.5	8.6	波动
尧龙水库	5.5	6.6	6.2	6.5	5.3	6.7	波动
陀兴水库	5.7	6.3	5.7	5.3	4.8	4.4	下降趋势
湖山水库	8.6	8.5	9.5	9.7	8.4	10.3	波动
全省平均	5.6	6.8	6.0	6.7	5.5	5.7	波动

3. 湖库水环境质量特征及变化原因分析

（1）湖库水环境质量保持优良稳定态势。"十二五"期间各年度达到或好于 III 类水质的湖库均在 80% 以上，绝大多数湖库水质优良，符合地表水 III 类标准要求。这与全省推进水污染减排和企业清洁生产、工业合理布局有关，全省大中型湖库周边基本不接纳工业废水和城市（镇）生活污水，水质主要受上游河流来水和周边乡镇、农村的生活污水及农业面源废水影响。

（2）部分湖库受氮磷营养盐影响加大。近年来随着农业种植和畜禽养殖业的不断扩大，农业面源污染呈增大趋势，部分湖库受总磷影响较大，总磷为大部分湖库水质的定类因子。

（3）湖库水质变化与降水量基本呈现正比例关系。2015 年，湖库水质影响指标总氮、总磷和化学需氧量浓度均值丰水期最大，枯水期最小（表 3.29）。

表 3.29　2015 年主要湖库水质主要污染指标随水期变化情况

水期	高锰酸盐指数/(mg/L)	总氮/(mg/L)	总磷/(mg/L)	氨氮/(mg/L)	化学需氧量/(mg/L)	降水量/mm
枯水期	2.44	0.62	0.025	0.213	10.8	146.1
丰水期	2.66	0.66	0.028	0.208	12.1	855.6
平水期	2.69	0.66	0.025	0.172	11.1	359.0

4. 小结

（1）全省地表水水质总体优良，大部分河段和湖库水质保持稳定。94.2％的监测河段、83.3％的监测大中型湖库水质达到或优于国家地表水 III 类标准。三大河流（南渡江、昌化江、万泉河）干流、主要大中型湖库及大多数中小河流、绝大部分水源地的水质保持优良态势，但个别湖库、中小河流局部河段水质受到一定污染。

（2）受污染的河流水质主要分布在部分城市河段和入海河口，且主要呈有机污染。劣于 III 类标准的河段主要分布在个别中小河流的城市河段或入海河口，主要污染指标为氨氮、高锰酸盐指数和化学需氧量。其中，三亚河主要污染指标为氨氮和总磷，东部文昌河主要污染指标为高锰酸盐指数、化学需氧量和氨氮，文教河和东山河主要污染指标为高锰酸盐指数和化学需氧量，罗带河主要污染指标为化学需氧量。

（3）湖库水质主要受氮磷营养盐影响。湖库水质中总氮和总磷的污染负荷约占50％，明显高于其他监测指标，是湖库水质主要影响指标，主要受周边农村生活污水和农业废水影响。

（4）湖库水质季节变化较为明显。湖库水质总体表现为丰水期污染大于枯水期和平水期的特征。1 月、3 月、11 月湖库水质优良比例最高，5 月、7 月、9 月最低，各类污染物基本呈现出丰水期污染最大，枯水期污染最小的规律，尤以总磷、总氮和化学需氧量为突出。

3.3.3　城市（镇）集中式饮用水水源地

2015 年，全省对 18 个市（县）（不包括三沙市）的 29 个城市（镇）集中式饮用水水源地水质每月开展一次监测，其中，包括 16 个湖库型水源地、12 个河流型水源地和 1 个地下水型水源地。全省共布设 61 个监测断面，其中一级保护区取水口监测断面 29 个，二级保护区及准保护区监测断面 32 个。2015 年全省城市（镇）集中式饮用水水源地总体水质优良，水质达标率 100％。

1. 水源地水质现状

1）水源地水质状况

（1）水源地一级保护区水质状况。

2015 年全省城市（镇）集中式饮用水水源地一级保护区水质符合或优于地表水或地下水 III 类标准，符合集中式饮用水水源地水质要求。所监测水源地的取水总量为57 974.22×10⁴ t，取水量达标率为 100％；29 个饮用水水源地水质全部达标，占水源地总数 100％。三亚赤田水库、儋州松涛水库、琼海红星等 23 个集中式饮用水水源地一级保护区各月水质主要为 II 类；万宁水库、临高多莲、海口龙塘、永庄水库、秀英水厂 5个集中式饮用水水源地一级保护区各月水质主要为 III 类，文昌深田水库一级保护区每月水质均为 III 类。按年均值评价，全省 29 个集中式饮用水水源地取水口水质均符合或优于地表水 III 类标准，其中 79.3％的水源地取水口水质符合 II 类标准，多莲取水口、万宁水库、秀英水厂、龙塘、深田水库、永庄水库 6 个水源地取水口水质符合 III 类标准（表 3.30）。

表 3.30　2015 年集中式饮用水水源地保护区水质状况

市(县)名称	水源地名称	保护区级别	监测断面	1月	2月	3月	4月	5月	6月	7月	8月	9月	10月	11月	12月	年份	年总取水量/t	取水量达标率/%	监测点次/水源地达标率/%
海口市	永庄水库饮用水水源保护区	一级保护区	永庄水库出口	II	III	II	II	III	III	III	II	II	III	III	III	III	4427.45	100	100.0
		二级保护区	永庄水库入口	III	IV	III	III	III	III	III	III	III	III	III	III	III	/	/	91.7
	龙塘饮用水水源保护区	一级保护区	龙塘	III	III	III	III	III	III	III	III	III	III	III	III	III	18457.59	100	100.0
		二级保护区	卜南村	III	III	III	III	III	III	III	III	III	III	III	III	III	/	/	100.0
	秀英水厂(地下水)	一级保护区	秀英水厂	III	III	III	III	III	III	III	III	III	I	III	III	III	2541.04	100	100.0
三亚市	赤田水库饮用水水源保护区	一级保护区	赤田水库取水口	II	II	II	II	II	II	II	II	II	II	III	III	III	7989.65	100	100.0
		二级保护区	集贸市场桥	II	II	II	II	II	II	II	III	III	III	III	III	III	/	/	100.0
		二级保护区	三道镇合口桥	II	II	II	II	II	II	II	II	II	II	II	III	III	/	/	100.0
	水源池水库饮用水水源保护区	一级保护区	水源池水库出口	II	II	II	II	II	II	II	II	II	II	II	II	III	2424.12	100	100.0
		二级保护区	南新农场十三队	II	II	II	II	II	II	II	II	II	II	II	II	II	/	/	100.0
	大隆水库饮用水水源保护区	一级保护区	大隆水库出口	II	II	II	II	II	II	II	II	II	II	II	II	III	3602.76	100	100.0
		二级保护区	雅亮	II	/	II	II	II	II	II	II	II	II	II	II	II	/	/	100.0
	半岭水库饮用水水源保护区	一级保护区	半岭水库取水口	劣V	劣V	劣V	劣V	劣V	劣V	劣V	劣V	IV	II	IV	劣V	劣V	1011.37	100	8.3
		二级保护区	南新农场二十三队	II	II	II	II	II	II	II	II	IV	II	II	II	II	/	/	100.0
		二级保护区	半岭村桥	II	II	II	II	II	II	II	II	II	II	II	II	II	/	/	100.0
五指山市	太平水库饮用水水源保护区	一级保护区	太平山水库出口	II	II	II	II	II	II	II	II	II	II	II	II	II	342.00	100	100.0
		二级保护区	太平村	II	II	II	II	II	II	II	II	II	II	II	II	II	/	/	100.0
	七指岭河饮用水水源保护区	一级保护区	七指岭河取水口	II	II	II	II	II	II	II	II	II	II	II	II	II	/	/	100.0
		二级保护区	支流汇合处	II	II	II	II	II	II	II	II	II	II	II	II	II	/	/	100.0
		二级保护区	同甲三队	II	II	II	II	II	II	II	II	II	II	II	II	II	/	/	100.0
	五指山河饮用水水源保护区	一级保护区	五指山河取水口	II	II	II	II	II	II	II	II	II	II	II	II	II	/	/	100.0
		二级保护区	军民村	II	II	II	II	II	II	II	II	II	II	II	II	II	/	/	100.0

续表

市（县）名称	水源地名称	保护区级别	监测断面	1月	2月	3月	4月	5月	6月	7月	8月	9月	10月	11月	12月	年份	年总取水量/t	取水量达标率/%	监测点次/水源地达标率/%
琼海市	红星饮用水水源保护区	一级保护区	红星取水口	I	II	II	II	II	II	II	II	II	II	II	II	II	3073.00	100	100.0
		二级保护区	溪口村	I	II	II	II	II	II	II	II	II	II	II	II	II	/	/	100.0
儋州市	南荣水库饮用水水源保护区	一级保护区	南荣水库取水口	II	II	II	II	II	II	II	II	II	II	II	II	II	1562.60	100	100.0
		二级保护区	上加丁桥	II	III	III	III	III	III	III	III	III	III	III	III	III	/	/	100.0
	松涛水库饮用水水源保护区	一级保护区	松涛水库南丰库心	II	II	II	II	II	II	II	II	II	II	II	II	II	/	/	100.0
		二级保护区	松涛水库番加库心	II	II	II	II	II	II	II	II	II	II	II	II	II	/	/	100.0
		准保护区	松涛水库牙叉库心	II	II	II	II	II	II	II	II	II	II	II	II	II	/	/	100.0
白沙县	深田水库饮用水水源保护区	一级保护区	深田水库出口	III	III	III	III	III	III	III	III	III	III	III	III	III	621.14	100	100.0
		二级保护区	同平坡村	/	/	/	/	/	/	/	/	/	/	/	/	/	/	/	/
文昌市	竹包水库饮用水水源保护区	一级保护区	竹包水库出口	II	II	II	II	II	II	II	II	II	II	II	II	II	822.80	100	100.0
		二级保护区	罗木村	II	II	II	II	II	II	II	II	II	II	II	II	II	/	/	100.0
万宁市	万宁水库饮用水水源保护区	一级保护区	万宁水库取水口	III	III	III	III	III	III	III	III	III	III	III	III	III	600.42	100	100.0
		二级保护区	万宁水库入口	III	III	III	III	III	III	III	III	III	III	III	III	III	/	/	100.0
	牛路岭水饮用水水源保护区	一级保护区	牛路岭水库取水口	II	II	II	II	II	II	II	II	II	II	II	II	II	2058.93	100	100.0
		二级保护区	加朝九队	II	III	II	II	II	II	II	II	II	II	II	II	II	/	/	100.0
东方市	玉雄饮用水水源保护区	一级保护区	玉雄取水口	II	II	II	II	II	II	II	II	II	II	II	II	II	1455.60	100	100.0
		二级保护区	岭村	II	II	II	II	II	II	II	II	II	II	II	II	II	/	/	100.0
定安县	定城饮用水水源保护区	一级保护区	定城取水口	II	II	II	II	II	II	II	II	II	III	II	II	II	1097.20	100	100.0
		二级保护区	罗温水厂	III	III	III	III	III	III	III	III	III	III	III	III	III	/	/	100.0
屯昌县	良坡水库饮用水水源保护区	一级保护区	良坡水库取水口	II	II	II	II	II	II	II	II	II	II	II	II	II	521.56	100	100.0
		二级保护区	石坡桥入库口	II	III	II	II	III	III	III	III	III	III	III	III	III	/	/	100.0

续表

市（县）名称	水源地名称	保护区级别	监测断面	1月	2月	3月	4月	5月	6月	7月	8月	9月	10月	11月	12月	年份	年总取水量/t	取水量达标率/%	监测点次/水源地达标率/%
澄迈县	福山水库饮用水水源保护区	一级保护区	福山水库取水口	II	II	II	II	II	II	II	II	II	II	II	III	II	694.00	100	100.0
		二级保护区	福山水库入口	/	II	II	III	III	II	II	II	II	II	II	III	II	/	/	100.0
	金江饮用水水源保护区	一级保护区	金江取水口	II	II	II	III	III	II	II	II	II	II	II	II	II	580.00	100	100.0
		二级保护区	山口	III	II	II	III	II	II	II	II	II	II	II	II	II	/	/	100.0
临高县	多莲饮用水水源保护区	一级保护区	多莲取水口	II	III	III	II	III	II	II	II	III	II	III	III	II	696.50	100	100.0
		二级保护区	昌花村	II	III	II	II	II	II	II	II	III	II	II	II	III	/	/	100.0
白沙县	南溪河饮用水水源保护区	一级保护区	南溪河取水口	II	II	II	II	III	II	II	II	III	II	II	III	II	346.88	100	100.0
		二级保护区	白沙农场九队	II	II	II	II	II	II	II	II	II	II	II	II	II	/	/	100.0
昌江县	石碌水库饮用水水源保护区	一级保护区	石碌水库取水口	II	II	II	II	II	I	II	II	I	II	II	I	II	660.00	100	100.0
		二级保护区	石碌水库入口	II	II	II	II	II	II	II	II	II	II	II	II	II	/	/	100.0
乐东县	抱由饮用水水源保护区	一级保护区	乐东水厂取水口	II	II	II	II	II	II	II	III	II	II	III	II	II	367.00	100	100.0
		二级保护区	保定	II	II	II	II	II	II	II	II	II	II	II	II	II	/	/	100.0
陵水县	樟香坝饮用水水源保护区	一级保护区	樟香坝取水口	II	I	II	II	II	II	II	II	II	II	II	II	II	1380.00	100	100.0
		二级保护区	岭门农场三队	II	II	II	II	II	II	II	II	II	II	II	II	II	/	/	100.0
保亭县	毛拉洞水库饮用水水源保护区	一级保护区	什木村	II	II	II	II	II	II	II	II	II	II	II	II	II	380.45	100	100.0
		二级保护区	什拉小学	II	II	II	II	II	II	II	II	II	II	II	II	II	/	/	100.0
琼中县	百花岭水库饮用水水源保护区	一级保护区	百花岭水库取水口	II	III	II	II	II	II	II	II	II	II	II	II	II	260.17	100	100.0
		二级保护区	百花溪上游	II	II	III	II	II	II	II	II	II	II	II	II	II	/	/	100.0
全省		一级保护区	/	/	/	/	/	/	/	/	/	/	/	/	/	/	57974.22	100	100.0
		二级保护区	/	/	/	/	/	/	/	/	/	/	/	/	/	/	/	/	92.6

注：五指山河、七指岭河为备用水源地，松涛水库南丰库心通过下游干渠供水，未统计取水量。福山水库入口断面个别月份干枯无水，同平坡村断面个别月份干枯无水，单个水源地按监测频次计算达标率。全省水源地达标率，全省按水源地达标率计算。

与 2014 年相比,全省城市(镇)集中式饮用水水源地取水口水质总体保持稳定。水源地达标率由 96.3% 上升为 100%。其中,临高多莲饮用水水源地水质有所好转,水质达标率由 83.0% 上升为 100%;永庄水库饮用水水源地一级保护区水质达标率虽保持 100%,但 II 类水质比例由 75.0% 下降为 41.7%;其他水源地水质总体变化不大。

(2) 水源地二级保护区和准保护区水质状况。

2015 年全省城市(镇)集中式饮用水地表水源地二级保护区和准保护区水源地水质总体优良,绝大部分监测断面水质符合或优于地表水 III 类标准,且以 II 类为主。开展监测的 27 个饮用水水源地,有 25 个水源地水质达标,占水源地总数 92.6%。永庄水库二级保护区 2 月受总磷影响水质为 IV 类,半岭水库二级保护南新农场二十三队受上游半岭温泉影响,氟化物含量偏高,水质在 IV 类和劣 V 类之间波动。绝大部分水源地二级保护区水质与一级保护区基本一致,南茶水库、良坡水库饮用水水源地二级保护区水质总体略差于其一级保护区水质,表明二级保护区内水质受到周边环境影响,需加强二级保护区的监督管理和污染治理。

与 2014 年比较,全省城市(镇)集中式饮用水水源地二级保护区和准保护区水质总体保持稳定。

2) 水质富营养化分析

2015 年全省开展监测的 16 个湖库型水源地中,所有水库均呈中营养状态。与 2014 年比较,全省湖库型水源地营养状态指数保持稳定,万宁水库和永庄水库营养状态指数略有上升,其他水库营养状态指数无明显变化(图 3.67)。

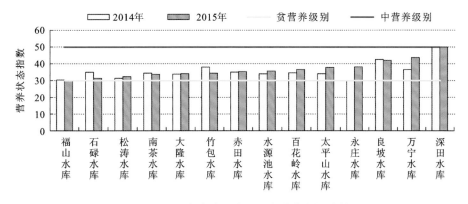

图 3.67　2015 年湖库型水源地富营养化评价结果

3) 主要污染物浓度分析

2015 年全省水源地一级保护区,地表水常规监测项目中,硒、汞、氰化物、挥发酚、硫化物、阴离子表面活性剂 6 个项目均未检出;镉、六价铬 2 个项目基本未检出,检出值均符合 I 类标准。由于地质背景原因,极个别水源地铁、锰含量偏高。所有监测断面中,超 II 类标准主要污染指标有粪大肠菌群、总磷、溶解氧、化学需氧量、高锰酸盐指数、五日生化需氧量、氨氮,超 II 类标准比例分别为 31.3%、12.8%、8.0%、5.1%、4.8%、3.1%、0.3%;所有湖库型监测断面总氮超 III 类标准比例为 5.2%。

地下水常规监测项目中,硫酸盐、挥发酚、阴离子表面活性剂、亚硝酸盐、氰化物、汞、硒、镉、六价铬、粪大肠菌群全年未检出;超Ⅱ类标准的主要污染指标为氨氮、高锰酸盐指数,秀英水厂氨氮超Ⅱ类比例为83.3%,高锰酸盐指数超Ⅱ类比例为8.3%。

(1)总磷。全省水源地一级保护区总磷年均浓度值均符合或优于地表水Ⅲ类标准。河流型水源地总磷年均浓度为0.01～0.12 mg/L,高值出现在龙塘(Ⅲ类),其他水源地总磷年均浓度值符合或优于Ⅱ类标准。与2014年比较,樟香坝、什术村、红星、玉雄、定城5个水源地总磷年均浓度值有所下降,金江、多莲、龙塘3个水源地总磷年均浓度值有所上升,其他河流型水源地总磷年均浓度保持稳定(图3.68)。

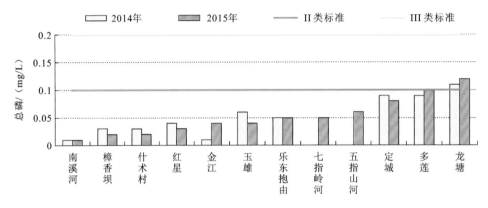

图3.68　2015年河流型集中式饮用水水源地总磷浓度比较

湖库型水源地一级保护区总磷年均浓度为0.01(未检出)～0.04 mg/L,高值出现在万宁水库和深田水库(均为Ⅲ类),其他水源地总磷年均浓度值均符合或优于Ⅱ类标准。与2014年比较,石碌水库总磷年均浓度值有所下降,其他湖库型水源地总磷年均浓度保持稳定(图3.69)。

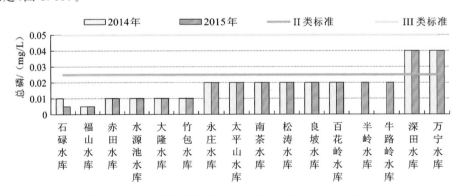

图3.69　2015年湖库型集中式饮用水水源地总磷浓度比较

(2)溶解氧。全省水源地一级保护区溶解氧年均浓度值均符合或优于Ⅲ类标准,年均浓度为6.1～7.7 mg/L。与2014年比较,所有水源地溶解氧年均浓度值保持稳定(图3.70)。

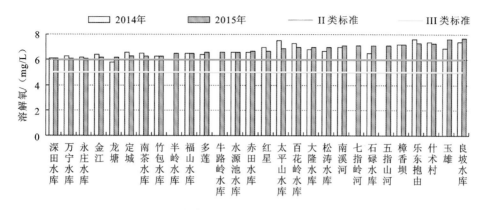

图 3.70　2015 年集中式饮用水水源地溶解氧含量比较

（3）高锰酸盐指数。全省水源地一级保护区高锰酸盐指数年均浓度值均符合或优于地表水 III 类标准，年均浓度为 1.1～5.4 mg/L,高值出现在深田水库（III 类）,其他水源地年均浓度值均符合或优于 II 类。与 2014 年比较,良坡水库高锰酸盐指数年均浓度值略有下降,太平山水库、水源池水库、百花岭水库、万宁水库高锰酸盐指数年均浓度值有所上升,其他水源地高锰酸盐指数年均浓度值保持稳定（图 3.71）。

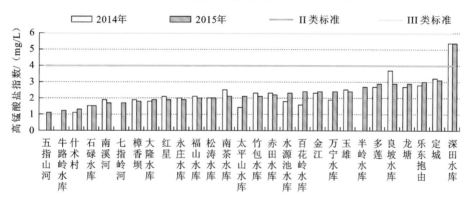

图 3.71　2015 年集中式饮用水水源地高锰酸盐指数浓度比较

（4）化学需氧量。全省水源地一级保护区化学需氧量年均浓度为 3.0～16 mg/L,高值出现在万宁水库（III 类）,其他水源地年均浓度值均符合或优于 II 类标准。与 2014 年比较,玉雄和多莲 2 个水源地化学需氧量年均浓度值有所下降,太平山水库、红星、万宁水库 3 个水源地化学需氧量年均浓度值有所上升,其他水源地化学需氧量年均浓度值保持稳定（图 3.72）。

（5）五日生化需氧量。全省水源地一级保护区五日生化需氧量年均浓度为未检出～3.0 mg/L,均符合或优于 II 类标准。与 2014 年比较,定城、乐东抱由、万宁水库 3 个水源地五日生化需氧量年均浓度值有所上升,深田水库水源地五日生化需氧量年均浓度值有所下降,其他水源地五日生化需氧量年均浓度值保持稳定（图 3.73）。

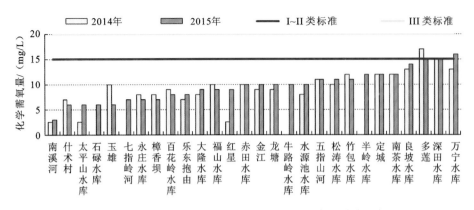

图 3.72 2015 年集中式饮用水水源地化学需氧量浓度比较

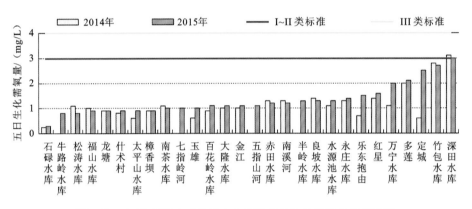

图 3.73 2015 年集中式饮用水水源地五日生化需氧量浓度比较

（6）氨氮。全省水源地一级保护区氨氮年均浓度为 0.050～0.367 mg/L，均符合或优于 II 类标准。与 2014 年比较，太平山水库、万宁水库、深田水库、良坡水库、金江、多莲氨氮年均浓度值有所上升，福山水库、龙塘、白花岭水库氨氮年均浓度值有所下降，其他水源地氨氮年均浓度值保持稳定（图 3.74）。

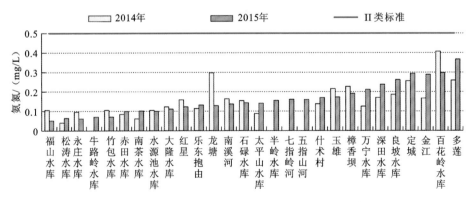

图 3.74 2015 年集中式饮用水水源地氨氮浓度比较

（7）粪大肠菌群。全省水源地一级保护区粪大肠菌群年均浓度值为 45～17 742 个/L，劣于 III 类标准的水源地为什术村、定城、多莲、五指山河。与 2014 年比较，多莲水源地粪大肠菌群年均浓度值明显下降，什术村水源地粪大肠菌群年均浓度值有所下降，乐东抱由水源地粪大肠菌群年均浓度值有所上升，其他水源地粪大肠菌群年均浓度值保持稳定（图 3.75）。

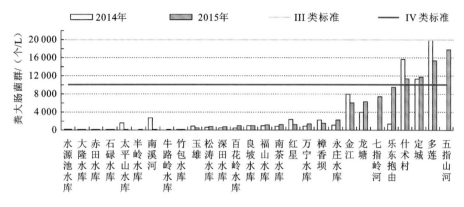

图 3.75 2015 年集中式饮用水水源地粪大肠菌群含量比较

（8）总氮。全省湖库型水源地一级保护区总氮年均浓度值为 0.27～0.98 mg/L，其中牛路岭水库、永庄水库、万宁水库、松涛水库、石禄水库、深田水库、良坡水库、南茶水库 8 个水源地总氮年均浓度值符合 III 类标准，其他湖库型水源地总氮年均浓度值均符合 II 类标准。与 2014 年比较，竹包水库总氮年均浓度略有下降，万宁水库和松涛水库明显上升，由 II 类下降为 III 类，良坡水库和南茶水库有所上升，其他水源地总氮年均浓度保持稳定（图 3.76）。

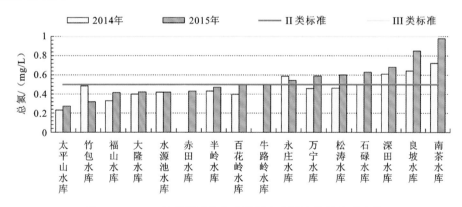

图 3.76 2015 年湖库型集中式饮用水水源地总氮浓度比较

4）综合污染分析

根据全省集中式饮用水水源地水质污染特征，选取化学需氧量、溶解氧、高锰酸盐指数、总磷、生化需氧量、氨氮六项主要影响水质的污染指标进行综合污染指数评价。

（1）主要污染指标分担率。

河流型水源地六项主要污染指标中，化学需氧量污染分担率最高，为 20.9%；其他指标分担率由高到低依次为溶解氧、高锰酸盐指数、五日生化需氧量、总磷、氨氮，污染分担率分别为 20.3%、18.6%、16.6%、13.7%、9.9%。

湖库型水源地六项主要污染指标中，化学需氧量污染分担率最高，为 23.9%；其他指标分担率由高到低依次为溶解氧、高锰酸盐指数、总磷、五日生化需氧量、氨氮，污染分担率分别为 20.6%、17.5%、16.7%、15.2%、6.0%（图 3.77）。

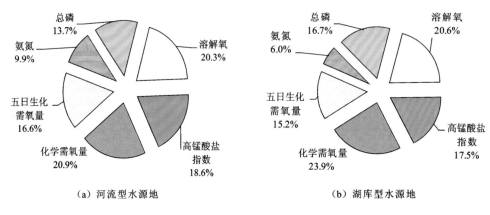

（a）河流型水源地　　　　　　（b）湖库型水源地

图 3.77　2015 年集中式饮用水水源地主要污染指标分担率

（2）综合污染指数。

全省河流型水源地溶解氧、高锰酸盐指数、化学需氧量、总磷、生化需氧量、氨氮六项污染指标污染指数为 0.19～0.41；湖库型水源地溶解氧、高锰酸盐指数、化学需氧量、总磷、生化需氧量、氨氮六项污染指标污染指数为 0.13～0.52。其中，湖库型水源地除氨氮指标外，其他五项污染指标的污染指数均高于河流型水源地（图 3.78）。

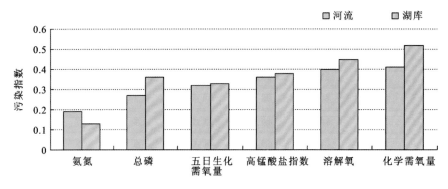

图 3.78　2015 年主要污染指标污染指数比较

全省河流型水源地总体综合污染指数为 1.95，各水源地综合污染指数为 1.20～3.14。南渡江的澄迈金江、海口龙塘、定安定城和文澜江的临高多莲 4 个水源地综合污染程度相对较高,均超全省总体水平(图 3.79)。全省湖库型水源地总体综合污染指数为2.18,各水源地综合污染指数为 1.40～4.14。深田水库、万宁水库、竹包水库、半岭水库和南茶水库 5 个水源地综合污染程度相对较高,均超全省总体水平(图 3.80)。

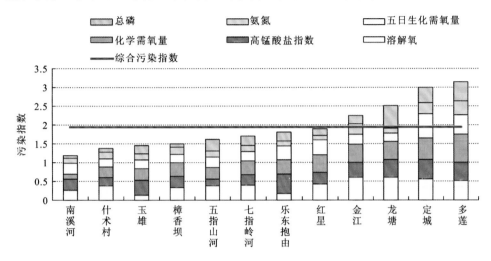

图 3.79　2015 年河流型水源地综合污染指数

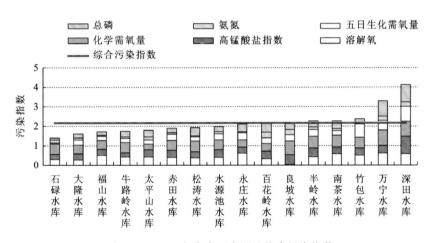

图 3.80　2015 年湖库型水源地综合污染指数

5) 时间变化分析

(1) 水质月际变化分析。

2015 年全省城市(镇)集中式饮用水地表水源地各监测月份水质总体优良且保持稳定,各月份水质均符合或优于地表水 III 类标准。另外,I 类水质保持在 3.4%,II 类水质比例为 65.5%～82.8%,III 类水质比例为 13.8%～34.5%。其中 I、II 类比例较高出现在 1 月和 3 月(枯水期),比例较低出现在 5 月(丰水期)(图 3.81)。

(2) 主要污染物月际变化。

河流型水源地水质各项监测指标污染指数均值基本呈现出丰水期和平水期(10 月)

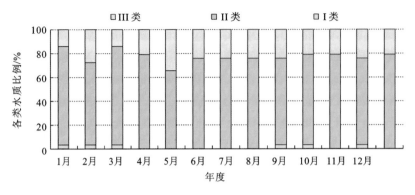

图 3.81　2015 年城市(镇)集中式饮用水水源地各类水质比例月变化

偏高,枯水期偏低的规律。除氨氮和总磷污染指数均值最高值分别出现在平水期(10 月)外,其余项目污染指数均值最高值均出现在丰水期;除溶解氧污染指数均值最低值出现在平水期外,其余项目污染指数均值最低值出现在枯水期(图 3.82)。

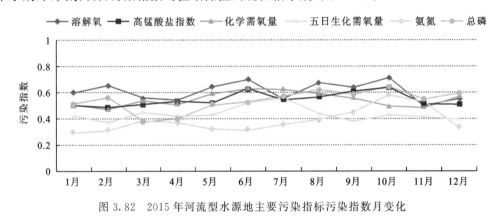

图 3.82　2015 年河流型水源地主要污染指标污染指数月变化

　　湖库型水源地水质各项监测指标污染指数均值最高值主要出现在丰水期,最低值主要出现在枯水期和平水期(图 3.83)。

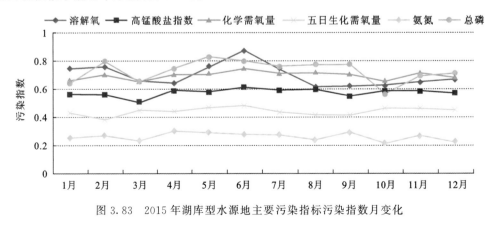

图 3.83　2015 年湖库型水源地主要污染指标污染指数月变化

2. 水源地水质变化趋势

1）水质达标率变化趋势

2011～2015 年,全省水源地水质保持优良态势,按取水量统计、监测频次统计和水源地达标统计达标率均为 90.0％ 以上,2015 年达 100％。其中各月 I、II 类水质比例为 72.4％～79.8％。近年来全省水源地水质达标率保持稳定,绝大部分水源地水质达标率保持 100％,个别水源地有所变化。文昌深田水库近 4 年水质有所好转,达标率由 2011 年 83.3％ 上升为 100％。临高多莲取水口水质有所改善,受总磷、化学需氧量影响减轻,达标率上升为 100％。

与“十一五”末比较,取水量达标率和水源地达标率分别上升 0.7 和 20 个百分点(表 3.31,图 3.84)。

表 3.31 2010～2015 年海南省城市(镇)饮用水水源地水质达标率变化(单位:％)

所在市(县)	水源地	2010 年	2011 年	2012 年	2013 年	2014 年	2015 年
海口市	永庄水库	100	100	100	100	100	100
	龙塘	100	100	100	100	100	100
	秀英水厂	100	100	100	100	100	100
三亚市	赤田水库	100	100	100	100	100	100
	水源池水库	100	100	100	100	100	100
	大隆水库	/	/	100	100	100	100
	半岭水库	/	/	/	/	/	100
五指山市	南圣河	100	100	100	100	100	100
	太平山水库口	100	100	100	100	100	100
	七指岭河	/	/	/	/	/	100
	五指山河	/	/	/	/	/	100
琼海市	红星	100	100	100	100	100	100
儋州市	南茶水库	100	100	100	100	100	100
	松涛水库	100	100	100	100	100	100
文昌市	深田水库	41.7	83.3	100	100	100	100
	竹包水库	100	100	100	100	100	100
万宁市	万宁水库	91.7					
	牛路岭水库	/	/	/	/	/	100
东方市	玉雄	100	100	100	100	100	100
定安县	定城	100	100	100	100	100	100
屯昌县	良坡水库	100	100	100	100	100	100
澄迈县	福山水库	100	100	100	100	100	100
	金江	100	100	100	100	100	100

续表

所在市(县)	水源地	2010 年	2011 年	2012 年	2013 年	2014 年	2015 年
临高县	多莲	16.7	91.7	75.0	83.3	83.3	100
白沙县	南叉河	100	100	100	100	100	100
	南溪河	/	/	/	/	100	100
昌江县	石碌水库	100	100	100	100	100	100
乐东县	乐东水厂	100	100	100	100	100	100
陵水县	樟香坝	100	100	100	100	100	100
保亭县	什术村	91.7	100	100	100	100	100
琼中县	百花岭水库	91.7	100	100	100	100	100
全省	按取水量统计	99.3	99.9	99.7	99.7	99.8	100
	按水源地达标统计	80	92.0	96.2	96.2	96.3	100
	按监测频次统计	92.7	99.0	99.0	99.3	99.4	100
	各月 I、II 类水质比例	50.7	73.6	72.4	75.0	77.5	79.8

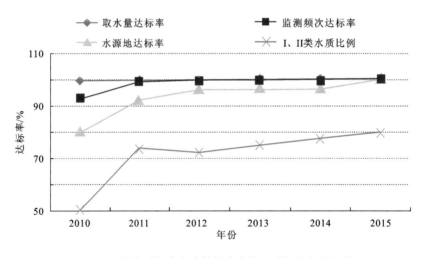

图 3.84　城市(镇)集中式饮用水水源地达标率年际变化

2) 主要污染指标变化趋势

(1) 化学需氧量。2011～2015 年,全省集中式饮用水水源地化学需氧量年均值总体保持稳定,介于 9～10 mg/L。各饮用水水源地化学需氧量浓度介于未检出～18 mg/L,高值出现在深田水库、多莲和万宁水库,其中多莲取水口 2011～2014 年、深田水库 2011年、万宁水库 2015 年化学需氧量浓度均处于 III 类范围,其余水源地化学需氧量浓度均符合 II 类。经秩相关系数法检验,各水源地均无显著变化。与"十一五"末比较,全省集中式饮用水水源地化学需氧量年均值总体保持稳定(表 3.32)。

表 3.32　2010～2015 年城市(镇)集中式饮用水水源地化学需氧量年均值

| 水源地 | 化学需氧量/(mg/L) | | | | | | r_s 值 | 趋势评价 |
	2010 年	2011 年	2012 年	2013 年	2014 年	2015 年		
永庄水库	10	9	8	7	8	7	−0.756	无显著变化
龙塘	10	9	9	9	9	10	0.707	无显著变化
赤田水库	10	9	11	11	10	10	0.189	无显著变化
水源池水库	10	9	10	9	8	10	0	无显著变化
大隆水库	/	9	9	8	8	9	−0.289	无显著变化
半岭水库	/	/	/	/	/	12	/	/
南圣河	5	6	6	8	8	/	/	/
太平山水库	5	5	5	5	5L	6	−0.061	无显著变化
七指岭河	/	/	/	/	/	7	/	/
五指山河	/	/	/	/	/	6	/	/
红星	5	5L	5L	5L	5L	9	0.707	无显著变化
南茶水库	12	13	14	12	12	12	−0.707	无显著变化
松涛水库		12	12	11	10	11	−0.756	无显著变化
深田水库	20	17	14	14	15	15	−0.387	无显著变化
竹包水库	10	10	9	11	12	11	0.693	无显著变化
万宁水库	14	12	12	14	13	16	0.850	无显著变化
牛路岭水库	/	/	/	/	/	10	/	/
玉雄	13	12	11	12	10	6	−0.826	无显著变化
定城	10	10	11	12	12	12	0.884	无显著变化
良坡水库	13	12	11	14	13	14	0.728	无显著变化
福山水库	11	9	10	11	10	9	0	无显著变化
金江	10	9	10	11	9	10	0.189	无显著变化
多莲	22	16	18	16	17	15	−0.416	无显著变化
南叉河	5	6	5	5	5L	/	/	/
南溪河	/	/	/	/	5L	5L	/	/
石碌水库	9	8	9	11	11	11	0.894	无显著变化
乐东水厂	6	6	7	7	7	8	0.894	无显著变化
樟香坝	5	7	6	7	8	7	0.447	无显著变化
什术村	6	6	5	6	7	7	0.447	无显著变化
百花岭水库	8	8	7	8	9	8	0.447	无显著变化
年均值	10	9	9	10	9	10	0.577	无显著变化

注:当监测结果小于检出限的测试结果时,以"最低检出限(数值)+L"表示。

(2)溶解氧。2011～2015 年,全省集中式饮用水水源地溶解氧年均值总体保持稳定,介于 6.8～6.9 mg/L(II 类)。除龙塘 2012 年和 2014 年、深田水库 2011 年溶解氧浓度符合 III 类标准外,其余水源地均符合 II 类标准。经秩相关系数法检验,玉雄水源地溶解氧浓度呈上升趋势,其余水源地均无显著变化。与"十一五"末比较,全省集中式饮用水水源地溶解氧年均值总体保持稳定(表 3.33)。

表 3.33 2010～2015 年城市(镇)集中式饮用水水源地溶解氧年均值

水源地	溶解氧/(mg/L)						r_s 值	趋势评价
	2010 年	2011 年	2012 年	2013 年	2014 年	2015 年		
永庄水库	7.0	7.2	6.4	6.5	6.2	6.1	−0.878	无显著变化
龙塘	6.5	6.6	5.8	6.0	5.8	6.2	−0.378	无显著变化
赤田水库	6.6	6.6	6.8	6.7	6.6	6.7	0	无显著变化
水源池水库	6.4	6.5	6.7	6.6	6.6	6.6	0.224	无显著变化
大隆水库	/	6.7	6.8	6.8	6.8	7.0	0.866	无显著变化
半岭水库	/	/	/	/	/	6.5	/	/
南圣河	7.2	7.1	7.1	7.3	7.2	/	/	/
太平山水库	7.1	7.2	7.8	7.5	7.5	6.9	−0.416	无显著变化
七指岭河	/	/	/	/	/	7.1	/	/
五指山河	/	/	/	/	/	7.1	/	/
红星	7.0	6.6	6.6	6.6	7.0	6.7	0.548	无显著变化
南茶水库	6.3	6.4	6.4	6.3	6.5	6.3	−0.189	无显著变化
松涛水库	6.5	6.7	6.7	6.8	6.7	7.0	0.728	无显著变化
深田水库	5.6	5.9	6.0	6.1	6.1	6.1	0.884	无显著变化
竹包水库	6.5	6.5	6.4	6.3	6.3	6.3	−0.884	无显著变化
万宁水库	6.2	6.4	6.4	6.4	6.3	6.1	−0.849	无显著变化
牛路岭水库	/	/	/	/	/	6.6	/	/
玉雄	6.7	6.5	6.7	6.8	6.9	7.6	0.907	显著上升
定城	6.3	6.4	6.3	6.4	6.6	6.3	0.129	无显著变化
良坡水库	7.8	7.7	7.4	7.5	7.4	7.7	0	无显著变化
福山水库	7.2	7.4	6.7	6.4	6.5	6.5	−0.778	无显著变化
金江	7.3	7.3	6.7	6.3	6.4	6.2	−0.891	无显著变化
多莲	6.4	6.2	6.7	6.9	6.4	6.6	0.293	无显著变化
南叉河	7.2	7.9	7.4	7.2	7.1	/	/	/
南溪河	/	/	/	/	7.0	7.1	/	/
石碌水库	7.0	7.4	7.4	7.5	6.5	7.1	−0.58	无显著变化

续表

水源地	溶解氧/(mg/L)						r_s 值	趋势评价
	2010 年	2011 年	2012 年	2013 年	2014 年	2015 年		
乐东抱由	7.3	7.8	7.5	7.7	7.6	7.3	−0.74	无显著变化
樟香坝	7.2	7.4	7.4	7.4	7.2	7.2	−0.866	无显著变化
什术村	7.2	7.3	7.3	7.5	7.4	7.3	0.177	无显著变化
百花岭水库	7.1	7.0	7.2	7.3	7.3	7.0	0.104	无显著变化
年均值	6.8	6.9	6.8	6.8	6.8	6.8	−0.707	无显著变化

（3）高锰酸盐指数。2011～2015 年全省集中式饮用水水源地高锰酸盐指数年均值总体保持稳定,介于 2.3～2.4 mg/L(II 类)。除深田水库 2011～2015 年、百花岭水库 2012 年高锰酸盐指数浓度符合 III 类标准外,其余水源地均符合或优于 II 类标准。经秩相关系数法检验,永庄水库水源地高锰酸盐指数浓度呈下降趋势,乐东抱由水源地高锰酸盐指数浓度呈上升趋势,其余水源地均无显著变化。与“十一五”末比较,全省集中式饮用水水源地高锰酸盐指数年均值总体保持稳定(表 3.34)。

表 3.34　2010～2015 年城市(镇)集中式饮用水水源地高锰酸盐指数年均值

水源地	高锰酸盐指数/(mg/L)						r_s 值	趋势评价
	2010 年	2011 年	2012 年	2013 年	2014 年	2015 年		
永庄水库	2.9	2.6	2.2	2.0	2.0	1.9	−0.906	显著下降
龙塘	3.2	2.8	2.6	2.8	2.7	2.9	0.416	无显著变化
赤田水库	2.1	2.0	2.4	2.6	2.3	2.2	0.212	无显著变化
水源池水库	2.2	1.9	2.2	2.3	1.8	2.3	0.270	无显著变化
大隆水库	/	/	2.0	2.1	1.8	1.9	−0.600	无显著变化
半岭水库	/	/	/	/	/	2.7	/	/
南圣河	1.6	1.8	1.9	2.1	1.6	/		
太平山水库	1.7	2.2	1.9	1.5	1.4	2.1	−0.311	无显著变化
七指岭河	/	/	/	/	/	1.7	/	/
五指山河	/	/	/	/	/	1.1	/	/
红星	1.9	1.6	2.0	2.3	2.1	1.9	0.428	无显著变化
南茶水库	3.0	2.9	2.3	2.3	2.5	2.1	−0.730	无显著变化
松涛水库	2.8	2.8	2.2	2.0	2.0	2.0	−0.822	无显著变化
深田水库	5.4	5.3	5.3	5.4	5.4	5.4	0.866	无显著变化
竹包水库	1.8	1.9	2.1	2.1	2.3	2.1	0.671	无显著变化
万宁水库	2.1	2.1	1.9	2.0	1.9	2.4	0.457	无显著变化
牛路岭水库	/	/	/	/	/	1.2		/

水源地	高锰酸盐指数/(mg/L)						r_s 值	趋势评价
	2010 年	2011 年	2012 年	2013 年	2014 年	2015 年		
玉雄	2.5	2.2	2.1	2.2	2.5	2.4	0.770	无显著变化
定城	3.6	3.6	3.7	3.2	3.2	3.1	−0.878	无显著变化
良坡水库	3.6	2.7	3.2	4.0	3.7	2.9	0.262	无显著变化
福山水库	2.1	2.5	1.9	1.9	2.1	2.0	−0.508	无显著变化
金江	2.5	2.8	2.1	2.0	2.3	2.4	−0.305	无显著变化
多莲	3.4	2.6	2.7	2.4	2.7	2.9	0.522	无显著变化
南叉河	2.1	2.3	1.8	2.1	1.9	/	/	/
南溪河	/	/	/	/	1.9	1.7	/	/
石碌水库	2.2	2.0	1.6	1.7	1.5	1.5	−0.839	无显著变化
乐东抱由	2.2	2.2	2.2	2.3	2.8	3.0	0.930	显著上升
樟香坝	1.5	1.9	2.0	1.7	1.9	1.8	−0.416	无显著变化
什术村	1.6	1.9	1.9	1.6	1.1	1.3	−0.884	无显著变化
百花岭水库	2.2	2.2	4.1	1.8	1.6	2.4	−0.335	无显著变化
年均值	2.5	2.4	2.4	2.3	2.3	2.3	−0.866	无显著变化

（4）总磷。2011～2015 年，全省集中式饮用水水源地总磷年均值总体保持稳定，各水源地总磷浓度均符合或优于 III 类标准。经秩相关系数法检验，福山水库和毛拉洞水库水源地总磷浓度呈下降趋势，其余水源地均无显著变化。与"十一五"末比较，全省集中式饮用水水源地总磷年均值总体保持稳定（表 3.35）。

表 3.35　2010～2015 年城市（镇）集中式饮用水水源地总磷年均值

水源地	总磷/(mg/L)						r_s 值	趋势评价
	2010 年	2011 年	2012 年	2013 年	2014 年	2015 年		
永庄水库	0.02	0.02	0.02	0.02	0.02	0.02	0	无变化
龙塘	0.12	0.11	0.1	0.1	0.11	0.12	0.567	无显著变化
赤田水库	0.01	0.01	0.01	0.01	0.01	0.01	0	无变化
水源池水库	0.01	0.01	0.01	0.01	0.01	0.01	0	无变化
大隆水库	/	0.02	0.02	0.02	0.01	0.01	−0.866	无显著变化
半岭水库	/	/	/	/	/	0.02	/	/
南圣河	0.05	0.06	0.06	0.07	0.07	/	/	/
太平山水库	0.03	0.02	0.02	0.01	0.02	0.02	0	无显著变化
七指岭河	/	/	/	/	/	0.05		
五指山河	/	/	/	/	/	0.06		

续表

水源地	总磷/(mg/L)						r_s 值	趋势评价
	2010 年	2011 年	2012 年	2013 年	2014 年	2015 年		
红星	0.05	0.05	0.04	0.04	0.04	0.03	−0.894	无显著变化
南茶水库	0.03	0.03	0.03	0.02	0.02	0.02	−0.866	无显著变化
松涛水库	0.02	0.02	0.02	0.01	0.02	0.02	0	无显著变化
深田水库	0.06	0.05	0.04	0.04	0.04	0.04		无变化
竹包水库	0.01	0.01	0.01	0.01	0.01	0.01	0	无变化
万宁水库	0.03	0.03	0.03	0.04	0.04	0.04	0.866	无显著变化
牛路岭水库	/	/	/	/	/	0.02	/	/
玉雄	0.04	0.04	0.05	0.05	0.06	0.04	0.189	无显著变化
定城	0.1	0.1	0.1	0.12	0.09	0.08	−0.533	无显著变化
良坡水库	0.03	0.04	0.01	0.01	0.02	0.02	−0.189	无显著变化
福山水库	0.03	0.02	0.02	0.01	0.01L	0.01L	−0.938	显著下降
金江	0.04	0.06	0.06	0.03	0.03	0.04	−0.671	无显著变化
多莲	0.11	0.17	0.18	0.1	0.09	0.1	−0.841	无显著变化
南叉河	0.02	0.03	0.04	0.03	0.01	/		
南溪河	/	/	/	/	0.01	0.01	/	
石碌水库	0.01	0.01	0.01	0.01	0.01	0.01L	−0.707	无显著变化
乐东抱由	0.03	0.04	0.06	0.06	0.05	0.05	0.189	无显著变化
樟香坝	0.03	0.04	0.03	0.03	0.03	0.02	−0.707	无显著变化
毛拉洞水库什术村	0.04	0.04	0.04	0.03	0.03	0.03	−0.945	显著下降
百花岭水库	0.02	0.02	0.03	0.02	0.02	0.02	−0.354	无显著变化
年均值	0.04	0.04	0.04	0.04	0.03	0.03	−0.866	无显著变化

注：当监测结果小于检出限的测试结果时，以"最低检出限（数值）＋L"表示。

（5）五日生化需氧量。2011～2015 年，全省集中式饮用水水源地五日生化需氧量年均值总体保持稳定，介于 1.2～1.3 mg/L（Ⅰ类）。除深田水库五日生化需氧量浓度符合Ⅲ类标准外，其余水源地均符合Ⅰ类标准。经秩相关系数法检验，水源池水库水源地五日生化需氧量浓度呈上升趋势，多莲水源地呈下降趋势，其余水源地均无显著变化（表 3.36）。与"十一五"末比较，全省集中式饮用水水源地五日生化需氧量年均值总体保持稳定。

表 3.36　2010～2015 年城市（镇）集中式饮用水水源地生化需氧量变化趋势

水源地	五日生化需氧量/(mg/L)						r_s 值	趋势评价
	2010 年	2011 年	2012 年	2013 年	2014 年	2015 年		
永庄水库	1.8	0.7	1.3	1.6	1.3	1.4	0.659	无显著变化
龙塘	1.0	1.1	1.2	1.3	0.9	0.9	−0.619	无显著变化

续表

水源地	五日生化需氧量/(mg/L)						r_s 值	趋势评价
	2010 年	2011 年	2012 年	2013 年	2014 年	2015 年		
赤田水库	0.9	0.8	1.0	1.3	1.3	1.2	0.802	无显著变化
水源池水库	1.0	0.9	0.9	1.1	1.1	1.3	0.945	显著上升
大隆水库	/	0.9	1.1	1.1	1.0	1.1	0.530	无显著变化
半岭水库	/	/	/	/	/	1.3	/	/
南圣河	0.8	1.3	0.8	1.2	1.1	/		
太平山水库	1.0	1.1	0.5	0.7	0.6	0.9	−0.197	无显著变化
七指岭河	/	/	/	/	/	1.0	/	/
五指山河	/	/	/	/	/	1.1	/	/
红星	1.0	1.0	1.1	1.6	1.4	1.6	0.849	无显著变化
南茶水库	1.9	1.9	2.2	1.7	1.1	1.0	−0.887	无显著变化
松涛水库	1.6	1.0	1.7	1.5	1.1	0.8	−0.427	无显著变化
深田水库	3.0	3.1	3.1	3.2	3.1	3.0	−0.447	无显著变化
竹包水库	2.3	2.4	2.6	2.8	2.8	2.7	0.756	无显著变化
万宁水库	1.3	1.1	0.9	0.8	1.1	2.0	0.721	无显著变化
牛路岭水库	/	/	/	/	/	0.8	/	/
玉雄	0.8	0.7	0.6	0.5L	0.6	1.0	0.354	无显著变化
定城	1.3	1.0	1.0	1.0	0.6	2.5	0.558	无显著变化
良坡水库	1.2	1.2	1.2	1.2	1.4	1.3	0.707	无显著变化
福山水库	1.0	1.0	1.5	1.3	1.0	0.9	−0.441	无显著变化
金江	1.0	1.0	1.4	1.2	1.0	1.1	−0.189	无显著变化
多莲	3.3	2.3	2.2	2.2	2.0	2.1	−0.932	显著下降
南叉河	2.1	1.4	1.3	1.9	1.4	/	/	/
南溪河	/	/	/	/	1.3	1.2	/	/
石碌水库	1.0	0.5	0.5L	0.5L	0.5L	0.5L	−0.707	无显著变化
乐东抱由	0.9	0.6	0.6	1.0	0.7	1.5	0.784	无显著变化
樟香坝	1.0	1.3	0.7	1.1	0.9	0.9	−0.416	无显著变化
什术村	1.0	0.9	0.9	1.0	0.8	0.9	−0.224	无显著变化
百花岭水库	1.4	0.9	0.7	0.6	0.9	1.1	0.487	无显著变化
年均值	1.4	1.2	1.2	1.3	1.2	1.3	0.577	无显著变化

注:当监测结果小于检出限的测试结果时,以"最低检出限(数值)+L"表示。

(6)氨氮。2011~2015 年,全省集中式饮用水水源地氨氮年均值总体保持稳定,介于 0.156~0.163 mg/L(Ⅱ类)。各水源地氨氮浓度均符合或优于Ⅱ类标准。经秩相关系数法检验,福山水库水源地氨氮浓度呈下降趋势,其余水源地均无显著变化。与"十一五"末比较,全省集中式饮用水水源地氨氮年均值总体保持稳定(表 3.37)。

表 3.37 2010～2015 年城市(镇)集中式饮用水水源地氨氮变化趋势

水源地	氨氮/(mg/L)						r_s 值	趋势评价
	2010 年	2011 年	2012 年	2013 年	2014 年	2015 年		
永庄水库	0.110	0.094	0.094	0.088	0.094	0.06	−0.728	无显著变化
龙塘	0.250	0.218	0.244	0.23	0.297	0.127	−0.331	无显著变化
赤田水库	0.110	0.093	0.063	0.073	0.082	0.099	0.336	无显著变化
水源池水库	0.130	0.110	0.057	0.099	0.105	0.099	0.194	无显著变化
大隆水库	/	0.149	0.075	0.115	0.120	0.111	−0.186	无显著变化
半岭水库	/	/	/	/	/	0.153	/	/
南圣河	0.290	0.208	0.215	0.291	0.238	/	/	/
太平山水库	0.180	0.085	0.086	0.082	0.087	0.138	0.712	无显著变化
七指岭河	/	/	/	/	/	0.160	/	/
五指山河	/	/	/	/	/	0.160	/	/
红星	0.210	0.139	0.122	0.126	0.155	0.120	−0.054	无显著变化
南茶水库	0.170	0.052	0.094	0.084	0.059	0.101	0.462	无显著变化
松涛水库	0.070	0.059	0.044	0.059	0.039	0.062	0.015	无显著变化
深田水库	0.470	0.276	0.217	0.22	0.169	0.235	−0.535	无显著变化
竹包水库	0.110	0.081	0.165	0.11	0.104	0.068	−0.369	无显著变化
万宁水库	0.200	0.172	0.141	0.135	0.125	0.212	0.286	无显著变化
牛路岭水库	/	/	/	/	/	0.070	/	/
玉雄	0.180	0.226	0.138	0.194	0.215	0.170	−0.156	无显著变化
定城	0.250	0.264	0.336	0.260	0.257	0.294	−0.09	无显著变化
良坡水库	0.170	0.122	0.114	0.290	0.187	0.263	0.702	无显著变化
福山水库	0.200	0.169	0.149	0.151	0.104	0.050	−0.930	显著下降
金江	0.350	0.321	0.345	0.217	0.164	0.289	−0.515	无显著变化
多莲	0.430	0.248	0.316	0.471	0.260	0.367	0.317	无显著变化
南叉河	0.050	0.110	0.121	0.094	0.164	/	/	/
南溪河	/	/	/	/	0.163	0.136	/	/
石碌水库	0.360	0.256	0.116	0.130	0.153	0.141	−0.547	无显著变化
乐东抱由	0.090	0.074	0.073	0.072	0.114	0.129	0.881	无显著变化
樟香坝	0.220	0.142	0.148	0.167	0.226	0.190	0.802	无显著变化
什术村	0.090	0.130	0.133	0.144	0.136	0.168	0.814	无显著变化
百花岭水库	0.270	0.272	0.296	0.116	0.409	0.298	0.248	无显著变化
年均值	0.207	0.163	0.156	0.161	0.163	0.160	0.055	无显著变化

（7）粪大肠菌群。2011～2015年，全省集中式饮用水水源地粪大肠菌群年均值有所波动，年均值介于3156～5857个/L（III类），其中2015年年均值最低，较2013年下降幅度为40.0%。河流型饮用水水源地粪大肠菌群年均值相对较高，湖库型饮用水水源地粪大肠菌群年均值相对较低。经秩相关系数法检验，玉雄和金江水源地粪大肠菌群浓度呈下降趋势，其余水源地均无显著变化。与"十一五"末比较，全省集中式饮用水水源地粪大肠菌群年均值总体有所上升（表3.38）。

表3.38   2010～2015年城市（镇）集中式饮用水水源地粪大肠菌群变化趋势

水源地	粪大肠菌群/（个/L）						r_s 值	趋势评价
	2010 年	2011 年	2012 年	2013 年	2014 年	2015 年		
永庄水库	1 224	630	1 777	1 053	1 129	2 148	0.622	无显著变化
龙塘	5 246	4 019	6 617	4 499	4 020	6 275	0.240	无显著变化
赤田水库	53	44	35	35	53	49	0.544	无显著变化
水源池水库	55	52	50	57	41	45	−0.586	无显著变化
大隆水库	16	25	12	25	23	47	0.684	无显著变化
半岭水库	/	/	/	/	/	108	/	/
南圣河	17 966	8 616	20 767	16 760	20 767	/	/	/
太平山水库	211	911	53	280	1572	102	−0.024	无显著变化
七指岭河	/	/	/	/	/	7442	/	/
五指山河	/	/	/	/	/	17742	/	/
红星	4203	902	1 853	3 471	2 358	1 243	0.186	无显著变化
南茶水库	50	926	953	3 012	873	1 239	0.095	无显著变化
松涛水库	10	1 648	611	1 158	557	652	−0.688	无显著变化
深田水库	928	174	1 211	1 925	408	688	0.051	无显著变化
竹包水库	388	24	136	94	153	142	0.756	无显著变化
万宁水库	3 453	11 925	2 674	1751	888	1 363	−0.782	无显著变化
牛路岭水库	/	/	/	/	/	130	/	/
玉雄	964	2 517	1 783	1 610	838	523	−0.985	显著下降
定城	4 677	20 294	29 650	15 486	11 408	11 697	−0.739	无显著变化
良坡水库	275	606	533	1 918	1 003	952	0.333	无显著变化
福山水库	679	5 850	1 907	8 541	963	1 084	−0.491	无显著变化
金江	3 948	24 088	12 703	14 758	7 938	6 045	−0.913	显著下降
多莲	3 558	19 358	14 818	31 366	20 075	15 317	−0.067	无显著变化
南叉河	1 647	4 953	5 238	10 550	7 594	/	/	/
南溪河	/	/	/	/	2 639	129	/	/

水源地	粪大肠菌群/(个/L)						r_s 值	趋势评价
	2010 年	2011 年	2012 年	2013 年	2014 年	2015 年		
石碌水库	78	147	43	41	76	53	−0.555	无显著变化
乐东抱由	937	2 971	1 951	6 991	1 336	9 523	0.557	无显著变化
樟香坝	5 046	2 898	5 434	4 935	2 182	1 432	−0.562	无显著变化
什术村	4 433	10 109	19 533	14 966	15 716	11 334	−0.058	无显著变化
百花岭水库	103	305	879	1 145	428	949	0.369	无显著变化
年均值	2 405	5 165	5 249	5 857	4 156	3 516	−0.741	无显著变化

3. 水源地水质特征及变化原因分析

（1）水源地水质总体保持优良。全省集中式生活饮用水地表水源地水质总体保持优良，按取水量和水源地统计达标率均为 90.0% 以上，且近年呈上升趋势。绝大部分水源地水质符合或优于地表水 III 类标准，符合集中式生活饮用水地表水源地水质要求

（2）饮用水水源地污染主要呈营养盐及耗氧有机物污染特征。全省地表饮用水水源地污染主要呈营养盐及耗氧有机物污染特征。影响饮用水水源地水质的主要指标是化学需氧量、高锰酸盐指数、总磷和总氮。总体上看，湖库型水源地水质主要受氮磷营养盐影响，河流型水源地水质主要受耗氧有机物影响。

（3）面源污染为饮用水水源地主要污染源。全省大部分农村仍存在生活垃圾随意堆放、生活污水随处倾倒的情况，且农业生产化肥、农药等农业化学品施用不当。全省农用化肥使用总量和单位面积的农用化肥使用量基本呈逐年上升趋势，2015 年全省农用化肥施用量为 2011 年的 0.34 倍，加上畜禽养殖废水随意排放，导致营养物质随降水进入饮用水水源地水体。

饮用水水源地水质与降水量关系密切，2015 年全省饮用水水源地氨氮、总氮、总磷污染浓度与降水量基本呈现正相关关系，其中氨氮浓度与降水量的关系最为显著。氨氮月均浓度与每月降水量之间的 Pearson 相关系数为 0.599，呈显著的正相关关系。

2015 年 1～3 月降水量小，氨氮、总磷浓度值也小，而 9 月全省降水量增大，径流大，水体受到农业和农村面源的影响，水质中氮磷营养盐浓度增大（表 3.39）。

表 3.39　2015 年 1～12 月饮用水水源地污染物月平均浓度与降水量关系

污染浓度值	氨氮/(mg/L)	总氮/(mg/L)	总磷/(mg/L)	全省平均降水量/mm
1 月	0.133	0.58	0.031	15.8
2 月	0.142	0.56	0.035	7.7
3 月	0.147	0.54	0.025	17.6
4 月	0.165	0.49	0.027	105.0
5 月	0.152	0.48	0.033	110.3

污染浓度值	氨氮/(mg/L)	总氮/(mg/L)	总磷/(mg/L)	全省平均降水量/mm
6 月	0.146	0.50	0.033	145.5
7 月	0.155	0.56	0.035	244.2
8 月	0.151	0.56	0.037	91.4
9 月	0.180	0.63	0.035	264.2
10 月	0.183	0.63	0.035	221.3
11 月	0.190	0.65	0.032	86.5
12 月	0.135	0.64	0.035	51.2
与降水量的相关系数	0.599	0.162	0.398	/

注：当 $N=12$，$a=0.05$ 时，相关系数 r 的临界值为 0.576。

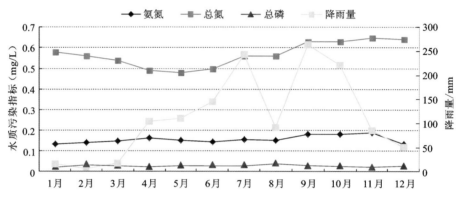

图 3.85　2015 年海南省饮用水水源地水质污染指标浓度与降水量的相关关系

（4）水质污染物构成有所变化。河流型饮用水水源地水质："十二五"期间，总磷、氨氮、高锰酸盐指数对河流型水源地水质的影响程度减小，总磷分担率下降了 10.2 个百分点；氨氮分担率下降了 4.2 个百分点；高锰酸盐指数分担率下降了 3.3 个百分点。相对而言，溶解氧、生化需氧量和化学需氧量污染分担率则有所上升（表 3.40）。

表 3.40　河流型饮用水水源地水质主要污染指标分担率变化比较

污染指标	2011 年	2012 年	2013 年	2014 年	2015 年
溶解氧	/	18.80%	19.60%	21.10%	20.30%
高锰酸盐指数	21.87%	17.80%	18.40%	19.40%	18.60%
化学需氧量	19.93%	17.60%	21.20%	21.90%	20.90%
五日生化需氧量	14.53%	11.30%	15.60%	14.00%	16.60%
氨氮	14.12%	12.60%	10.20%	10.50%	9.90%
总磷	23.88%	21.90%	15.00%	13.10%	13.70%
氟化物	5.67%	/	/	/	/

湖库型饮用水水源地水质:"十二五"期间,总磷、高锰酸盐指数、氨氮对湖库型水源地水质的影响程度减小,总磷分担率下降了 10.6 个百分点;高锰酸盐指数分担率下降了 3.4 个百分点;氨氮分担率下降了 3.3 个百分点。但化学需氧量、生化需氧量、溶解氧对湖库型饮用水水源地水质的影响程度却略有增大(表 3.41)。

表 3.41 湖库型饮用水水源地水质主要污染指标分担率变化比较

污染指标	2011 年	2012 年	2013 年	2014 年	2015 年
溶解氧	/	18.50%	20.40%	21.10%	20.60%
高锰酸盐指数	20.91%	18.10%	18.20%	17.60%	17.50%
化学需氧量	22.36%	19.20%	23.60%	22.70%	23.90%
五日生化需氧量	14.11%	13.20%	15.70%	15.10%	15.20%
氨氮	9.27%	7.00%	5.60%	6.00%	6.00%
总磷	27.30%	24.00%	16.50%	17.50%	16.70%
氟化物	6.00%	/	/	/	/

(5) 加强水源保护,水源地水质总体保持优良。"十二五"期间全省城市(镇)集中式饮用水水源保护工作取得较大进展。通过《海南省饮用水水源保护条例》,为海南省饮用水水源严格保护提供法律支撑。着力在全省各市(县)推进城镇污水处理厂和污水管网建设,率先在全国实现了污水处理厂县县通水全覆盖。城镇污水处理设施覆盖率从"十一五"末的 10% 上升为 100%。开展饮用水水源地环境状况评估工作,有效地促进了全省城市饮用水水源地的监管,全面掌握水源地环境状况,保障水源安全。

(6) 加强水源地污染治理,部分水源地水质有所好转。"十二五"期间,全省加强水源地环境综合整治,取缔和搬迁一级保护区内排污口,规范二级保护区管理,收集处理分散式生活污水,对畜禽养殖废弃物资源化利用等。综合治理效果明显,水源地水质有所好转。文昌市加强深田水库污染综合治理。累计投入资金 500 万元,取缔养猪场和养蛙场,迁移 2 家椰子加工厂和建设运行农村人工湿地工程等举措,减少农村生活污水和畜禽养殖废水污染物向深田水库排放,水质好转趋势明显;临高县加强多莲取水段的监管,定期巡查,清理河道垃圾,减少面源污染,并通过文澜江引水加大水量,近年水质有所好转。

4. 小结

2011~2015 年,全省水源地水质达标率保持稳定,绝大部分水源地水质达标率保持 100%,个别水源地有所变化。文昌深田水库近 4 年水质有所好转,达标率由 2011 年 83.3% 上升为 100%。临高多莲取水口水质有所改善,受总磷、化学需氧量影响减轻,达标率上升为 100%。

3.4　地下水环境质量

3.4.1　地下水环境现状

"十二五"期间,仅对海口市地下水环境开展了监测。

1. 地下水水位

海口地区潜水水位动态受大气降水的影响,水位变化与大气降水量基本一致,在3～5月枯水期水位较低,9～11月丰水期水位较高。潜水水位受地形地貌影响较大,地形较高的石山、美安一带水位较高,最高水位为石山镇监测井,2015年平均水位标高89.62 m,北部滨海平原长流镇监测井2015年平均水位标高26.13 m,南渡江河流阶地龙塘监测井2015年平均水位标高14.32 m;总体上潜水水位以石山、美安为中心,向北、向东逐渐降低。与2014年相比,总体上呈基本稳定至下降状态,水位变动为－1.73～1.16 m。从区域上看,石山镇为上升区(图3.86),龙桥镇为下降区,其他绝大部分地区为基本稳定区。

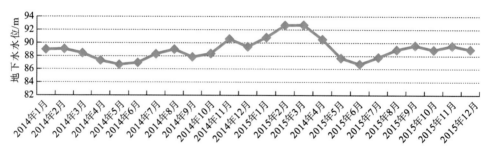

图3.86　2014～2015年海口市石山镇地下水水位动态曲线

海口地区承压水高水位出现在每年的1～4月,低水位一般出现在7～10月。主要原因是承压水动态受开采量和补给途径双重影响:开采量增大则水位下降;同时,由于承压水补给途径一般较远,不能直接接受大气降水的补给,造成水位动态峰、谷值相对于雨季、旱季滞后3～5个月(图3.87,图3.88)。与2014年相比,2015年大部分地区呈基本稳定状态至下降状态,少部分地区呈上升状态,水位变动为－3.72～2.02 m。从各含水层看,第1、3、4、5层承压水主要呈基本稳定至下降状态,第2、7层承压水主要呈基本稳定状态。

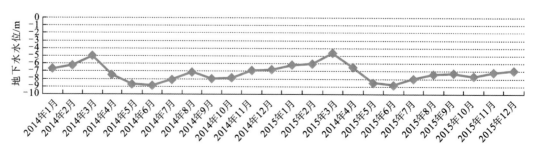

图3.87　2014～2015年海口市桂林洋振家村地下水水位动态曲线

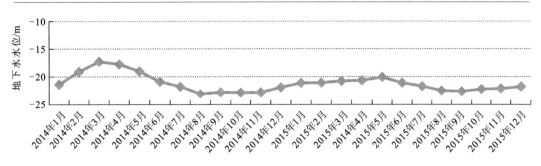

图 3.88 2014~2015 年海口市解放路地下水水位动态曲线

2. 地下水开采降落漏斗

2015 年海口市第 2 层承压水开采降落漏斗中心位置在解放路-海南华侨中学一带，漏斗面积（陆地部分）为 743 km²，比 2010 年增加 37 km²；年平均水位标高 −21.47 m，比 2010 年下降 1.34 m（图 3.89）。

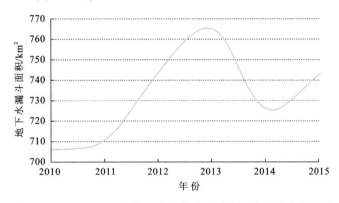

图 3.89 2010~2015 年海口市解放路地下水漏斗面积变化过程

3.4.2 地下水水质现状

2015 年共开展 2 次监测，分别在 4 月（枯水期）和 9 月（丰水期），共采样 26 个。4 月在海口地区共采水样 13 个，其中潜水 4 个，承压水样 9 个（包含第 2、3 层承压水）。9 月采取水样 13 个，采样点与 4 月一致。地下水质量评价参考《地下水质量标准（GB/T 14848—93）》，并以"适用于集中式生活用水水源及工、农业用水"的 III 类水为本次地下水评价标准，下文中的"超标组分"均指该项含量超过 III 类水标准。

监测结果显示，2015 年海口地区总体水质良好，符合国家 III 类水标准，可以直接饮用。个别监测点出现铁超标，与历史资料对比，为暂时性超标或地质背景值超标（图 3.90）。

20个水样水质良好，符合国家 III 类水标准

6个水样出现铁超标，为暂时性或地质背景值超标

图 3.90 海口地区 2015 年地下水水质分析图

（1）潜水。在4个监测点采集了2批次8个水样。分析结果显示,潜水水质总体良好,符合国家 III 类水标准。其中龙桥中学 M_{18-1} 监测井,枯水期水质良好,仅丰水期铁含量 0.53 mg/L,超标率 0.77%;龙塘民井 M_{75} 监测井枯水期 pH 值 8.67,偏碱,丰水期 pH 值 7.58,未超标,但铁含量 1.06 mg/L,超标率 2.53。

（2）承压水。在9个监测点采集了2批次18个水样。分析项目主要有 pH 值、氨氮、硝酸盐、亚硝酸盐、挥发性酚类、氰化物、砷、汞等 20 多项反映本地区主要水质特征的项目。分析结果显示,pH 值为 8.33～8.83,部分监测点偏碱性,其他分析项目符合国家 III 类水标准,可以直接饮用。

1. 空间变化分析

（1）潜水。2015 年,海口地区潜水水质总体良好。龙桥镇、龙塘镇丰水期存在铁超标,属于暂时性超标或地质背景值超标。

（2）承压水。2015 年,海口地区承压水水质总体良好。白驹大道东部试验场监测井 pH 值偏碱性,其他分析项目符合国家 III 类水标准。

2. 年际变化分析

2015 年,地下水水质总体良好,符合国家 III 类水标准,与 2014 年相比,地下水水质状况基本稳定。个别监测点铁含量不稳定,每次监测结果中均有一些监测井出现铁超标,但下一次监测结果又显示为合格。如龙塘镇潜水中铁的监测结果为:2014 年度枯水期超标、丰水期合格,2015 年枯水期合格、丰水期超标。与历史资料对比,初步分析铁超标属于暂时性超标或地质背景值超标。

3.4.3　地下水环境变化趋势

2011～2015 年,海口地区地下水环境质量总体良好,潜水水位保持天然动态变化规律,水质基本稳定;承压水受人工开采量增大影响,海口市第 2 层承压水开采降落漏斗中心位置在解放路-海南华侨中学一带,2015 年年平均水位标高－21.47 m,比 2010 年下降 1.34 m。水位总体是稳中有降,呈现一个"V"字形变化,水质保持良好。

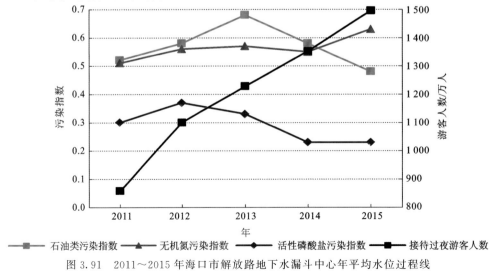

图 3.91　2011～2015 年海口市解放路地下水漏斗中心年平均水位过程线

3.4.4　地下水环境特征及变化原因分析

2011～2015 年,海南省地下水水质总体上稳定保持良好级别,未出现异常变化,这主要因为海南始终坚持生态优先发展战略,严格控制工业排放指标,朝着零排放、高附加值、低能耗的项目和产业发展,让海南绿色生态、绿色发展、绿色崛起,环境质量位居全国一流。

3.4.5　小结

海南省目前的地下水环境监测范围过小,监测方法落后,存在监测网点密度低、监测井老化等问题。随着海南省社会经济发展,尤其是国际旅游岛战略的实施,工程活动对地下水的需求和影响将越来越大,亟须加大投入完善地下水监测网建设,保护地下水环境。

3.5　近岸海域水环境质量

2015 年海南岛近岸海域海水水质总体为优,绝大部分近岸海域处于清洁状态,一、二类海水占 92.8%,97.1% 的功能区测点水质达到水环境功能区管理目标要求。

3.5.1　近岸海域海水水质

1. 水质状况评价

1) 水环境质量状况

2015 年,海南岛近岸海域水环境质量总体为优,绝大部分监测海域水质处于清洁状态。在开展监测的 80 个近岸海域测点中(55 个省控),水质以一类海水为主,占76.4%,二类海水次之,占 16.4%,三类海水占 1.8%,劣四类海水占 5.4%,无四类海水(图 3.92)。三类海水出现在文昌清澜红树林自然保护区;劣四类海水出现在万宁小

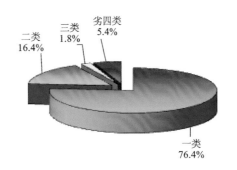

图 3.92　2015 年海南岛近岸海域水环境质量

海和三亚河入海口近岸海域,万宁小海近岸海域污染指标为活性磷酸盐、非离子氨和无机氮,主要受养殖废水和城市生活污水影响;三亚河入海口近岸海域污染指标为无机氮、化学需氧量和石油类,主要受城市生活污水影响。

东部文昌、琼海、万宁近岸海域水质良好,84.6% 近岸海域水质为一类海水。文昌抱虎角、铜鼓岭近岸、东郊椰林、清澜港、冯家湾滨海娱乐区、万宁石梅湾、乌场、山钦湾度假

旅游区和琼海近岸海域水质为一类,文昌清澜红树林自然保护区水质为三类;万宁小海近岸海域受活性磷酸盐和非离子氨影响水质为劣四类。

南部三亚、陵水、乐东近岸海域水质总体良好,88.2%近岸海域为一、二类海水。三亚合口港近岸、亚龙湾、大东海、三亚湾、天涯海角、南山角、西岛、陵水香水湾、新村港度假旅游区、土福湾和乐东县近岸海域水质为一类,三亚港和陵水黎安港近岸海域水质为二类,三亚潮见桥和三亚大桥近岸海域受无机氮影响水质为劣四类。

西部东方、昌江、儋州、洋浦和临高近岸海域水质为优,所有监测海域均为一类海水。

北部海口和澄迈近岸海域水质总体良好,全部近岸海域为一、二类海水。澄迈马村港和盈滨半岛近岸海域水质为一类,澄迈桥头-金牌、海口近岸海域水质为二类。

与2014年比较,海南岛近岸海域水质总体保持稳定。部分海域在一、二类水质范围内略有变化,海口秀英港近岸海域受石油类影响减弱,水质由三类上升为二类;文昌清澜红树林自然保护区水质由一类下降为三类;万宁小海近岸海域受活性磷酸盐、非离子氨和无机氮影响严重,水质由二类下降为劣四类;三亚河入海口水质受无机氮影响加重,水质由四类下降为劣四类(表3.42)。

表 3.42　2015 年海南岛近岸海域水质状况

海域名称		测点名称	水质管理目标	主要功能	水质类别		超二类项目及超标倍数	超一类但符合二类的项目
					2014	2015		
东部近岸海域	琼海	博鳌湾	一	娱乐	一	一	/	/
		青葛港	二	港口	一	一	/	/
		琼海麒麟菜自然保护区	一	保护区	一	一	/	/
	文昌	抱虎角	一	娱乐	一	一	/	/
		铜鼓岭近岸	一	保护区	一	一	/	/
		东郊椰林	一	保护区	一	一	/	/
		清澜港	三	港口	一	一	/	/
		冯家湾滨海娱乐区	二	娱乐	一	一	/	/
		清澜红树林自然保护区	二	保护区	一	三	pH(0.06)	/
	万宁	小海	二	娱乐	二	劣四	非离子氨(1.48)、活性磷酸盐(0.67)	化学需氧量、溶解氧、生化需氧量、无机氮
		石梅湾	一	娱乐	一	一	/	/
		乌场	三	港口	一	一	/	/
		山钦湾度假旅游区	一	娱乐	一	一	/	/

续表

海域名称		测点名称	水质管理目标	主要功能	水质类别		超二类项目及超标倍数	超一类但符合二类的项目
					2014	2015		
南部近岸海域	三亚	合口港近岸	一	娱乐	一	一	/	/
		亚龙湾	一	保护区	一	一	/	/
		大东海	二	娱乐	一	一	/	/
		三亚湾	二	娱乐	一	一	/	/
		天涯海角	二	娱乐	一	一	/	/
		潮见桥	三	水环境	四	劣四	化学需氧量(0.16)、无机氮(0.88)	活性磷酸盐、硫化物、生化需氧量
		三亚港	三	港口	二	二	/	硫化物、无机氮、阴离子表面活性剂
		三亚大桥	三	水环境	四	劣四	石油类(0.99)、无机氮(1.0)	化学需氧量、硫化物、生化需氧量、锌、阴离子表面活性剂
		南山角	二	娱乐	一	一	/	/
		西岛	一	保护区	一	一	/	/
	乐东	莺歌海	二	工业用水	一	一	/	/
		龙栖湾	一	娱乐	二		/	/
		龙沐湾	一	娱乐	二		/	/
	陵水	香水湾	一	娱乐	一	一	/	/
		黎安港	二	娱乐	二		/	活性磷酸盐
		新村港度假旅游区	二	娱乐	一	一	/	/
		土福湾	一	娱乐	一	一	/	/
西部近岸海域	儋州	新英湾养殖区	二	养殖	一	一	/	/
		儋州白蝶贝自然保护区	四	港口	一	一	/	/
		海头港渔业养殖区	二	养殖	一	一	/	/
		头东村养殖区	二	养殖	一	一	/	/
		洋浦港	四	港口	二	二	/	/
		新三都海域	三	工业用水	一	一	/	/
		观音角	二	娱乐	一	一	/	/
	东方	八所化肥厂外	三	工业用水	二	一	/	/
		八所港	二	港口	一	一	/	/
		感恩养殖区	二	养殖	二		/	/
		黑脸琵鹭省级自然保护区	一	保护区	一	一	/	/
	临高	马袅区	二	娱乐	一	一	/	/
		新美夏区	一	保护区	一	一	/	/
	昌江	昌化港口区	三	港口	一	一	/	/
		棋子湾度假旅游区	一	娱乐	一	一	/	/
		昌江核电	二	工业用水	一	一	/	/

续表

海域名称	测点名称		水质管理目标	主要功能	水质类别		超二类项目及超标倍数	超一类但符合二类的项目
					2014	2015		
北部近岸海域	海口	三连村	二	水环境	二	二	/	溶解氧、无机氮
		海口湾	二	港口	二	二	/	溶解氧、无机氮
		东寨红树林	二	保护区	二	二		溶解氧
		桂林洋	二	水环境	二	二		溶解氧、无机氮
		假日海滩	二	娱乐	二	二		无机氮
		秀英港区	四	港口	三	二		溶解氧
	澄迈	桥头金牌	二	工业用水	—	二		溶解氧
		马村港	四	港口	—	—		/
		盈滨半岛	二	娱乐	—	—		/

2）功能区达标状况

2015年海南岛近岸海域环境功能区监测点位共 68 个,覆盖监测面积 2 702.2 km²,其中 97.1％的环境功能区达到水质管理目标,合计达标面积 2 637.0 km²,占监测海域面积的 97.6％。两个超标点位分别是文昌清澜红树林自然保护区和万宁小海。

工业用水区和养殖区水质为优,港口区和倾废区水质良好,各功能区水质均符合水环境管理目标。海上自然保护区水质为优,90％的监测点位水质符合水环境功能区管理目标要求,水质超标的功能区为清澜红树林自然保护区,监测水质为三类,未能满足功能区二类水质管理目标要求。滨海旅游娱乐区水质为优,96.7％的监测点位水质符合水环境功能区管理目标要求,水质超标的功能区为小海度假旅游区,监测水质为劣四类,未能满足功能区二类水质管理目标要求(表 3.43)。

表 3.43　2015 年度海南岛近岸海域功能区测点水质状况

功能区类别	功能区名称	功能区代码	管理目标	功能区面积/km²	点位名称	点位代码	所属城市	水质类别	达标评价	超标项目
海上自然保护区	文昌市麒麟菜自然保护区	HN002AI	一	141.95	东郊椰林	HN9504	文昌	一	达标	/
	清澜红树林自然保护区	HN004AII	二	22.31	清澜红树林保护区	HN9508	文昌	三	超标	pH
	铜鼓岭国家级自然保护区	HN003AI	一	34.69	铜鼓岭近岸	HN9503	文昌	一	达标	/
	琼海麒麟菜自然保护区	HN005AI	一	32.53	琼海麒麟菜自然保护区	HN9205	琼海	一	达标	/
	大洲岛国家级自然保护区	HN007AI	一	70	大洲岛	HN9601	万宁	一	达标	/
	三亚国家级珊瑚礁自然保护区	HN011AI	一	85	西岛	HN0217	三亚	一	达标	/
	三亚国家级珊瑚礁自然保护区	HN011AI	一	85	亚龙湾	HN0202	三亚	一	达标	/
	黑脸琵鹭省级自然保护区	HN013AI	一	16.57	黑脸琵鹭省级自然保护区	HN9707	东方	一	达标	/
	临高白蝶贝自然保护区	HN016AI	一	82.30	新美夏区	HN2805	临高	一	达标	/
	东寨港红树林国家级自然保护区	HN001AII	二	62.09	东寨红树林	HN0108	海口	二	达标	/

续表

功能区类别	功能区名称	功能区代码	管理目标	功能区面积/km²	点位名称	点位代码	所属城市	水质类别	达标评价	超标项目
滨海旅游娱乐区	八门湾度假旅游区	HN038BII	二	19.32	八门湾度假旅游区	HN9509	文昌	一	达标	/
	木兰湾度假旅游区	HN035BI	一	44.06	抱虎角	HN9502	文昌	一	达标	/
	高隆湾-冯家湾度假旅游区	HN039BII	二	37.78	冯家湾滨海娱乐区	HN9507	文昌	一	达标	/
	木兰头度假旅游区	HN034BI	一	29.75	木兰头	HN9510	文昌	一	达标	/
	龙湾-博鳌度假旅游区	HN040BI	一	104.92	博鳌湾	HN9202	琼海	一	达标	/
	山钦湾假旅游区	HN041BI	一	42.95	山钦湾度假旅游区	HN9605	万宁	一	达标	/
	保定湾-石梅湾度假旅游区	HN045BI	一	110.56	石梅湾	HN9603	万宁	一	达标	/
	小海度假旅游区	HN043BII	二	43.26	小海	HN9602	万宁	劣四	超标	非离子氨、活性磷酸盐
	英豪半岛度假旅游区	HN042BI	一	55.10	英豪半岛度假旅游区	HN9606	万宁	一	达标	/
	海棠湾度假旅游区	HN050BI	一	71.94	合口港湾近岸	HN0201	三亚	一	达标	/
	南山旅游区	HN054BII	二	42.46	南山角	HN0211	三亚	一	达标	/
	三亚湾-红塘湾旅游度假区	HN053BII	二	78.29	三亚湾	HN0205	三亚	一	达标	/
	三亚湾-红塘湾旅游度假区	HN053BII	二	78.29	天涯海角	HN0206	三亚	一	达标	/
	铁炉港假旅游区	HN051BII	二	7.90	铁炉度假旅游区	HN0220	三亚	一	达标	/
	海棠湾度假旅游区	HN050BI	一	71.94	蜈支洲岛	HN0216	三亚	一	达标	/
	黎安港度假旅游区	HN047BII	二	5.50	黎安港	HN3403	陵水	二	达标	/
	南湾半岛-香水湾度假旅游区	HN046BI	一	125.06	陵水湾	HN3402	陵水	一	达标	/
	土福湾-清水湾度假旅游区	HN049BI	一	51.36	土福湾	HN3407	陵水	一	达标	/
	南湾半岛-香水湾度假旅游区	HN046BI	一	125.06	香水湾	HN3401	陵水	一	达标	/
	新村港假旅游区	HN048BII	二	15.47	新村度假旅游区	HN3405	陵水	一	达标	/
	龙沐湾旅游度假区	HN056BI	一	70.59	龙沐湾	HN9405	乐东	一	达标	/
	东锣西鼓-龙栖湾度假旅游区	HN055BI	一	98.09	龙栖湾	HN9404	乐东	一	达标	/
	观音角-白马井度假旅游区	HN061BII	二	64.61	观音角	HN9310	儋州	一	达标	/
	金月湾度假旅游区	HN057BI	一	43.21	乐东-东方近岸	HN9702	东方	一	达标	/
	临高角假旅游区	HN062BII	二	52.71	马袅区	HN2803	临高	一	达标	/
	棋子湾假旅游区	HN060BI	一	64.17	棋子湾度假旅游区	HN3103	昌江	一	达标	/
	海口东海岸度假旅游区	HN032BII	二	93	桂林洋	HN0109	海口	二	达标	/
	海口西海岸度假旅游区	HN030BII	二	41.32	假日海滩	HN0110	海口	二	达标	/
	海口东海岸度假旅游区	HN032BII	二	93	三连村	HN0102	海口	二	达标	/
	盈滨半岛-金沙湾度假旅游区	HN029BII	二	43.73	盈滨半岛	HN2704	澄迈	一	达标	/

续表

功能区类别	功能区名称	功能区代码	管理目标	功能区面积/km²	点位名称	点位代码	所属城市	水质类别	达标评价	超标项目
海水养殖区	崖州养殖区	HN021BII	二	9.90	崖州养殖区	HN0221	三亚	一	达标	/
	陵水湾养殖区	HN020BII	二	11.69	陵水湾养殖区	HN3406	陵水	一	达标	/
	海头-观音角养殖区	HN025BII	二	30.46	海头港渔业养殖区	HN9305	儋州	一	达标	/
	儋州峨蔓-后水湾养殖区	HN027BII	二	114.47	头东村养殖区	HN9306	儋州	一	达标	/
	新英湾养殖区	HN026BII	二	23.50	新英湾养殖区	HN9302	儋州	一	达标	/
	感恩养殖区	HN022BII	二	36.70	感恩养殖区	HN9706	东方	一	达标	/
	临高后水湾-临高角养殖区	HN028BII	二	109.97	后水湾	HN2806	临高	一	达标	/
工业用水区	莺歌海工业用水区	HN066CII	二	13.53	莺歌海	HN9403	乐东	一	达标	/
	洋浦工业用水区	HN069CIII	三	40	新三都海域	HN9309	儋州	一	达标	/
	八所工业用水区	HN067CIII	三	40.47	八所化肥厂外	HN9701	东方	一	达标	/
	昌江核电工业用水区	HN068CII	二	46	昌江核电	HN3104	昌江	一	达标	/
	桥头、金牌工业用水区	HN070CII	二	44.30	桥头金牌	HN2701	澄迈	二	达标	/
港口区	清澜港区	HN077DIII	三	3.04	清澜港	HN9506	文昌	一	达标	/
	青葛港区	HN072DII	二	1.63	青葛港	HN9203	琼海	一	达标	/
	潭门渔港区	HN080DIII	三	2.33	潭门渔港	HN9206	琼海	一	达标	/
	乌场港区	HN082DIII	三	2.16	乌场	HN9604	万宁	一	达标	/
	三亚港区	HN085DIII	三	3.10	三亚港	HN0209	三亚	二	达标	/
	榆林港区	HN084DIII	三	4.96	榆林港	HN0215	三亚	一	达标	/
	洋浦港区	HN098DIV	四	54.10	儋州白蝶贝自然保护区	HN9303	儋州	一	达标	/
	洋浦港区	HN098DIV	四	54.10	洋浦港	HN9308	儋州	一	达标	/
	八所港区	HN090DIV	四	7.40	八所港	HN9703	东方	一	达标	/
	金牌港区	HN100DIII	三	25.12	金牌港	HN2804	临高	一	达标	/
	新盈渔港区	HN099DIII	三	12.02	新盈渔港	HN2807	临高	一	达标	/
	昌化渔港区	HN092DIII	三	3.66	昌化港口区	HN3102	昌江	一	达标	/
	秀英港区	HN073DIV	四	3.83	秀英港区	HN0120	海口	二	达标	/
	马村港区	HN071DIV	四	47.93	马村港	HN2702	澄迈	一	达标	/
倾废区	洋浦倾废区	HN105DIV	四	2.70	洋浦鼻	HN9304	儋州	一	达标	/
	海口倾废区	HN101DIV	四	2.70	海口湾	HN0104	海口	二	达标	/

　　沿海 12 个市(县)中,文昌市 1 个功能区点位水质超标,近岸海域水功能区达标率为 87.5%,万宁市 1 个功能区点位水质超标,近岸海域水功能区达标率为 83.3%,其余各市(县)近岸海域功能区达标率均为 100%。海南岛东西南北四个海域中,北部、南部和西部海域的功能区达标率为 100%,东部海域的功能区达标率为 88.9%。

与 2014 年比较,海南岛近岸海域环境功能区监测点位达标率保持稳定。

3）营养状况分析

2015 年海南岛近岸海域水体富营养化指数均值为 0.21,总体处于贫营养状态。94.6% 的监测站位处于贫营养状态,1.8% 的监测站位处于中度富营养状态,3.6% 的监测站位处于重富营养状态,无严重富营养的监测站位。沿海 12 个市(县)近岸海域均处于贫营养状态。

与 2014 年比较,海南岛近岸海域富营养化程度总体保持稳定,贫营养和中度富营养监测站位比例保持不变,轻度富营养站位比例下降,重富营养站位比例略有上升,主要是由于万宁小海富营养化程度升高。

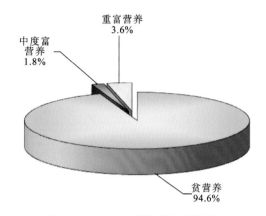

图 3.93　2015 年海南岛近岸海域水体富营养站位比例

4）主要污染物浓度

2015 年,六价铬、硒、氰化物、挥发酚、六六六(总量)、滴滴涕(总量)、马拉硫磷、甲基对硫磷和苯并[a]芘 9 个项目未检出,汞、铅、镉、砷、大肠菌群、粪大肠菌群、总铬和镍 8 个项目虽有检出但单次监测值未超一类标准,溶解氧、铜、锌、生化需氧量、硫化物和阴离子表面活性剂 6 个项目出现单次监测值超一类标准,化学需氧量和石油类 2 个项目出现单次监测值超二类标准,pH 值、活性磷酸盐、无机氮和非离子氨出现单次监测值超四类标准(表3.44)。海南岛近岸海域水质主要污染指标为无机氮、非离子氨和活性磷酸盐,污染负荷比分别为 0.426、0.278、0.297(图3.94)。

表 3.44　2015 年海南岛近岸海域水质监测结果统计

项目	样品数	检出率/%	平均值	监测范围	超一类标准/%	超二类标准/%	超三类标准/%	超四类标准/%
水温/℃	232	100	28.1	22.0～32.4	0	0	0	0
盐度/‰	232	100	30.5	5.7～44.8	0	0	0	0
悬浮物/(mg/L)	232	91.4	8	<2～38	0	0	0	0
溶解氧/(mg/L)	232	100	6.6	5.1～8.4	11.2	0	0	0
pH 值	232	100	8.07	7.62～8.82	2.6	2.6	0.4	0.4
活性磷酸盐/(mg/L)	232	97.4	0.008	<0.001～0.091	10.3	0.9	0.9	0.9
化学需氧量/(mg/L)	232	99.0	0.99	<0.50～3.84	7.8	3.4	0	0
亚硝酸盐氮/(mg/L)	232	81.0	0.010	<0.001～0.065	0	0	0	0
硝酸盐氮/(mg/L)	232	86.6	0.051	<0.003～0.325	0	0	0	0
氨氮/(mg/L)	232	100	0.067	0.003～0.377	0	0	0	0
无机氮/(mg/L)	232	100	0.127	0.003～0.650	19	5.6	5.2	5.2
石油类/(mg/L)	232	97.8	0.013	<0.004～0.111	4.3	4.3	0	0

续表

项目	样品数	检出率/%	平均值	监测范围	超一类标准/%	超二类标准/%	超三类标准/%	超四类标准/%
汞/(μg/L)	232	0.86	<0.04	<0.04~0.04	0	0	0	0
铜/(μg/L)	232	99.1	0.891	<0.018~5.450	0.4	0	0	0
铅/(μg/L)	232	82.8	0.369	<0.300~0.973	0	0	0	0
镉/(μg/L)	232	71.1	0.026	<0.012~0.224	0	0	0	0
非离子氨/(mg/L)	232	100	0.0048	0.0002~0.1235	1.3	1.3	1.3	1.3
砷/(μg/L)	116	67.2	0.96	<0.5~2.1	0	0	0	0
锌/(μg/L)	116	53.5	7.2	<3.1~24.1	3.4	0	0	0
大肠菌群/(个/L)	116	61.2	657	<20~16000	0	0	0	0
粪大肠菌群/(个/L)	152	36.8	339	<20~9200	0	0	0	0
生化需氧量/(mg/L)	122	12.3	<1.0	<1.0~1.9	6.6	0	0	0
铬(Ⅵ)/(μg/L)	122	0	<4.0	<4.0~<4.0	0	0	0	0
总铬/(μg/L)	116	59.5	0.503	<0.4~1.2	0	0	0	0
硒/(μg/L)	116	0	<0.6	<0.6~<0.4	0	0	0	0
镍/(μg/L)	116	66.4	<0.5	<0.50~2.06	0	0	0	0
氰化物/(mg/L)	116	0	<0.004	<0.004~<0.004	0	0	0	0
硫化物/(mg/L)	116	32.8	0.006	<0.002~0.037	6.9	0	0	0
挥发酚/(mg/L)	116	0	<0.001	<0.001~<0.001	0	0	0	0
六六六(总量)/(μg/L)	116	0	<0.003	<0.003~<0.001	0	0	0	0
滴滴涕(总量)/(μg/L)	116	0	<0.0038	<0.0038~<0.0038	0	0	0	0
马拉硫磷/(μg/L)	116	0	<0.1	<0.1~<0.1	0	0	0	0
甲基对硫磷/(μg/L)	116	0	<0.1	<0.1~<0.1	0	0	0	0
苯并[a]芘/(μg/L)	116	0	<0.0014	<0.0014~<0.0004	0	0	0	0
阴离子表面活性剂/(mg/L)	122	75.4	<0.05	<0.050~0.047	4.9	0	0	0

注:带有"<"符号的数据表示未捡出,其后面的数值为此项目的最低检出限。

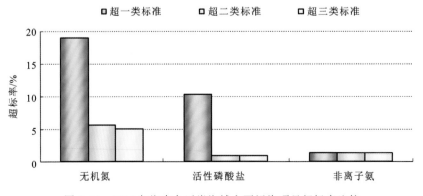

图 3.94　2015 年海南岛近岸海域主要污染项目超标率比较

　　总体上看,无机氮、活性磷酸盐和非离子氨对海南岛近岸海域水质的影响较为突出。南部三亚河入海口附近海域水质受到无机氮、化学需氧量和石油类的污染,东部万宁小海海域内水质受到非离子氨和活性磷酸盐的污染。与 2014 年相比,非离子氨、无机氮和活性磷酸盐影响程度上升,石油类影响程度略有下降。

　　无机氮监测值介于 0.003～0.650 mg/L,海南岛近岸海域均值为 0.127 mg/L,低于一类标准限值,三亚河入海口附近海域受无机氮影响较大,年均值超二类标准 0.94 倍,其余监测点位年均值均低于二类标准限值。

　　各市(县)近岸海域受无机氮影响程度略有不同,海口近岸海域受无机氮影响最大,平均浓度为 0.216 mg/L,超出一类标准限值;东方近岸海域受无机氮影响最小,平均浓度为 0.044 mg/L,远低于一类标准限值;其余各市(县)平均浓度均低于一类标准限值,其中三亚市近岸海域无机氮平均浓度为 0.189 mg/L,远大于除海口外的其他市(县)。海南岛东、西、南、北四大海域中,北部近岸海域无机氮平均浓度最高,南部近岸海域次之,东部近岸海域再次,西部近岸海域最次。

　　活性磷酸盐监测值介于＜0.001(未检出)～0.091 mg/L,海南岛近岸海域均值为 0.008 mg/L,低于一类标准限值 0.015 mg/L。除万宁小海外,其余监测点位年均值均低于二类标准限值。

　　各市(县)近岸海域受活性磷酸盐影响程度略有不同,万宁近岸海域受活性磷酸盐影响最大,平均浓度为 0.016 mg/L,超出一类标准限值;东方近岸海域受活性磷酸盐影响最小,平均浓度为 0.003 mg/L,远低于一类标准限值;其余各市(县)平均浓度均低于一类标准限值,其中文昌和海口近岸海域活性磷酸盐平均浓度相对较高,分别为 0.012 mg/L 和 0.010 mg/L。海南岛东、西、南、北四大海域中,东部近岸海域活性磷酸盐平均浓度最高,北部近岸海域次之,南部近岸海域再次,西部近岸海域最次。

　　非离子氨监测值介于 0.000 2(未检出)～0.123 5 mg/L,海南岛近岸海域均值为 0.005 mg/L,远低于一类海水标准限值,万宁小海受非离子氨影响较大,年均值超二类标准限值 1.48 倍,其余监测点位年均值均低于二类标准限值。

　　各市(县)近岸海域受非离子氨影响程度略有不同,但非离子氨平均浓度均低于一类标准限值,其中,万宁近岸海域受非离子氨影响最大,平均浓度为 0.017 mg/L,其余各市(县)平均浓度均低于 0.010 mg/L。

　　5) 综合污染分析

　　根据全省近岸海域水质污染特征,选取污染程度较大的三项指标无机氮、活性磷酸盐和非离子氨,以二类海水标准为基准,计算平均综合污染指数,并划分污染等级(表 3.45)。

表 3.45　污染等级划分

污染等级	污染指数	划分依据
未污染	$P \leqslant 0.50$	样品的测定值未出现超二类标准
微污染	$0.50 < P \leqslant 0.70$	少量的测定值超二类标准,年均值未超
轻污染	$0.70 < P \leqslant 1.00$	较多样品测定值超二类标准,年均值未超
中污染	$1.00 < P \leqslant 2.00$	年均值仅达三类标准
重污染	$P > 2.00$	年均值超三类标准

海南岛 55 个近岸海域水质站位的平均综合污染指数均值为 0.30,94.5% 的站位平均综合污染指数均值小于 0.5,水质处于未污染状态(图 3.95)。个别站位近岸海域水质受污染较为严重,5.5% 的监测站位平均综合污染指数大于 1,分别是万宁小海、三亚大桥和潮见桥,属于中污染,万宁小海主要受养殖废水和城市生活污水影响,三亚河入海口主要受城市生活污水影响。

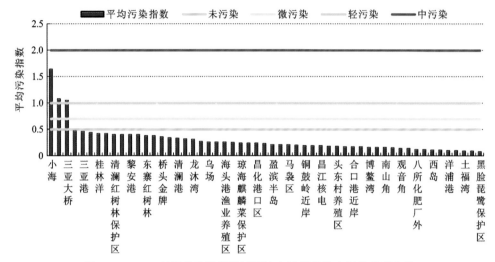

图 3.95　2015 年海南岛近岸海域测站水质平均综合污染程度比较

与 2014 年比较,海南岛近岸海域平均综合污染指数保持稳定,各监测点位中,海口秀英港区和万宁小海变化较大,海口秀英港区由轻污染变为未污染;万宁小海由未污染变为中污染。

6)时空变化分析

(1)时间变化。

2015 年海南岛近岸海域水质保持为优,一、二类海水比例分别为 94.6%、92.7%。下半年水质较上半年水质略有下降,一类海水和三类海水比例保持一致,二类海水比例下降 1.8 个百分点,劣四类海水上升 1.8 个百分点(图 3.96)。下半年,文昌清澜红树林自然保护区近岸海域 pH 值偏高,水质由一类下降为三类;万宁小海近岸海域活性磷酸盐和非离子氨偏高,水质由三类下降为劣四类;其余近岸海域水质在一、二类之间波动。

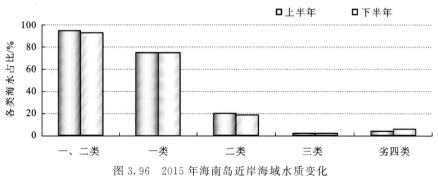

图 3.96　2015 年海南岛近岸海域水质变化

2015 年海南岛近岸海域主要污染物浓度基本保持在较低水平。上、下半年活性磷酸盐、无机氮和石油类平均浓度基本保持不变,下半年活性磷酸盐最大检出值较上半年有所升高,主要是万宁小海近岸海域活性磷酸盐浓度升高;下半年非离子氨平均浓度较上半年也有所升高,非离子氨最大检出值是上半年最大检出值的 8.7 倍,主要是万宁小海近岸海域非离子氨浓度升高(表 3.46)。

表 3.46　2015 年海南岛近岸海域主要污染物变化情况

项目	上半年					下半年				
	样品数	检出率/%	平均值/mg/L	最大值/mg/L	最小值/mg/L	样品数	检出率/%	平均值/mg/L	最大值/mg/L	最小值/mg/L
活性磷酸盐	116	100	0.010	0.029	0.001	116	94.8	0.006	0.091	<0.001
无机氮	116	100	0.128	0.564	0.025	116	100	0.127	0.650	0.003
石油类	116	100	0.014	0.111	<0.004	116	95.7	0.012	0.100	<0.004
非离子氨	116	100	0.0035	0.0142	0.0007	116	100	0.0062	0.1235	0.0002

(2) 空间变化。

2015 年,海南岛近岸海域水质总体为优,西部近岸海域水质为优,北部、南部和东部近岸海域水质良好。沿海 12 个市(县)中,66.7% 的市(县)近岸海域水质为优,25.0% 的市(县)近岸海域水质良好,8.3% 的市(县)近岸海域水质一般。水质为优的市(县)主要集中在南部和西部海域,北部的海口市、南部的三亚市、东部的文昌市近岸海域水质良好,东部的万宁市近岸海域水质一般(表 3.47)。

表 3.47　2015 年海南岛沿海市(县)近岸海域水质状况评价表

区域名称	城市名称	监测点数	一类海水/%	二类海水/%	三类海水/%	劣四类海水/%	水质状况
东部近岸海域	文昌	6	83.3	0	16.7	0	良好
	琼海	3	100	0	0	0	优
	万宁	4	75.0	0	0	25.0	一般
	区域整体	13	84.6	0	7.7	7.7	良好
南部近岸海域	三亚	10	70.0	10.0	0	20.0	良好
	陵水	4	75.0	25.0	0	0	优
	乐东	3	100	0	0	0	优
	区域整体	17	76.5	11.8	0	11.8	良好
西部近岸海域	昌江	3	100	0	0	0	优
	东方	4	100	0	0	0	优
	儋州	7	100	0	0	0	优
	临高	2	100	0	0	0	优
	区域整体	16	100	0	0	0	优

区域名称	城市名称	监测点数	一类海水/%	二类海水/%	三类海水/%	劣四类海水/%	水质状况
北部近岸海域	海口	6	0	100	0	0	良好
	澄迈	3	66.7	33.3	0	0	优
	区域整体	9	22.2	77.8	0	0	良好

　　各沿海市(县)中仅万宁市近岸海域处于微污染状态,其余市(县)近岸海域均处于未污染状态。海南岛东、西、南、北四大近岸海域中,北部、东部和南部近岸海域平均污染指数基本一致,西部近岸海域平均污染指数明显低于其余三大近岸海域。

　　海南岛近岸海域平均综合污染指数小于0.5,处于未污染状态。海南岛东、西、南、北四大近岸海域的平均综合污染指数均小于0.5,北部、东部和南部近岸海域平均污染指数基本一致,西部近岸海域平均污染指数明显低于其余三大近岸海域。12个沿海市(县)中,万宁近岸海域的平均综合污染指数为0.60,处于微污染状态,其余11个市(县)近岸海域均处于清洁状态(图3.97)。

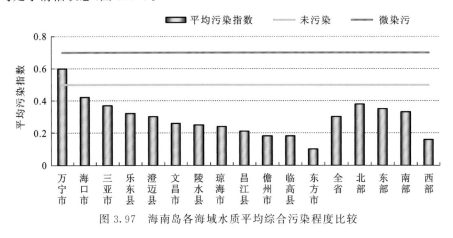

图3.97　海南岛各海域水质平均综合污染程度比较

　　主要污染因子区域分布较为明显,无机氮主要影响海口、琼海、三亚、东方、昌江、临高和澄迈近岸海域;活性磷酸盐主要影响文昌、陵水和儋州近岸海域;非离子氨主要影响万宁和乐东近岸海域,万宁小海受其影响水质为劣四类。

2. 年度变化分析

1)水质类别

　　2011～2015年,海南岛近岸海域水质总体保持稳定,大多数近岸海域水质长期处于清洁状态。一、二类海水比例基本稳定,水质优良率在88.9%～94.6%,其中2011～2015年一类海水比例分别为57.8%、60.0%、60.2%、74.6%和76.4%,呈逐年上升趋势。各监测点位中,三亚港近岸海域水质常年在二、三类之间波动;海口秀英港近岸海域水质近年来有改善,由四类上升为二类;三亚河入海口近岸海域水质较差,常年维持在四类,2015年由四类下降为劣四类;万宁小海水质波动较大,在二类到劣四类之间波动;清澜红树林自然保护区近岸海域水质近三年在一到三类之间波动;其他监测海域均在一、二类水质范围内波动。

　　2011～2015年,海南岛东、西、南、北四大近岸海域中,西部、北部近岸海域水质逐年好转,其中西部近岸海域水质优良率近五年连续保持 100%,一类海水比例呈上升趋势,北部近岸海域近五年水质优良率呈上升趋势,2015 年消除三类以上海水;南部近岸海域水质优良率呈上升趋势,但 2015 年出现劣四类海水;东部近岸海域水质波动较大,2012和 2015 年出现劣四类海水(图 3.98)。

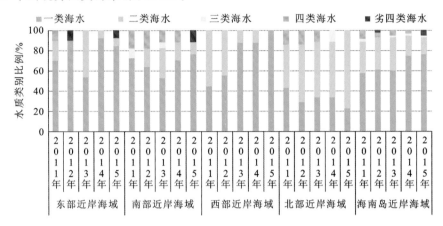

图 3.98　2011～2015 年海南岛近岸海域水质类别比例变化

　　12 个沿海市(县)中,海口秀英港近岸海域水质由三类上升为二类,该市近岸海域水质优良率上升;文昌清澜红树林近岸海域水质由一类下降为三类,该市近岸海域水质优良率下降;万宁小海海域水质下降,该市近岸海域水质优良率下降;三亚河入海口近岸海域水质由四类下降为劣四类,未影响三亚市近岸海域水质优良率;其余 10 个沿海市(县)水质优良率基本稳定,大多数监测海域水质在一、二类之间波动(表 3.48)。

表 3.48　2010～2015 年海南岛近岸海域测点水质类别年际变化

海域名称		测点名称	水质管理目标	水质类别					
				2010 年	2011 年	2012 年	2013 年	2014 年	2015 年
东部近岸海域	琼海	博鳌湾	一	一	一	一	二	一	一
		青葛港	二				二		
		琼海麒麟菜自然保护区	一	/	/	/	一	一	一
	万宁	山钦湾度假旅游区	一	/					
		石梅湾	一						
		乌场	三						
		小海	二	三	四	劣四	二	二	劣四
	文昌	抱虎角	一						
		东郊椰林	一	二					一
		冯家湾滨海娱乐区	二	二					一
		清澜港	三	二					一
		清澜红树林自然保护区	二	/	/	/	一		三
		铜鼓岭近岸	一	一	一	一	二		一

续表

海域名称		测点名称	水质管理目标	水质类别					
				2010 年	2011 年	2012 年	2013 年	2014 年	2015 年
南部近岸海域	乐东	龙沐湾	一	/	/	/	二	二	一
		龙栖湾	一	/	/	/	二	二	一
		莺歌海	二	/	/	/	二	一	一
	陵水	黎安港	二	二	一	一	二	一	二
		土福湾	一	/	/	/	二	一	一
		香水湾	一	一	一	二	一	一	一
		新村港度假旅游区	二	/	/	/	二	一	一
	三亚	潮见桥	三	四	四	四	四	四	劣四
		大东海	二	一	一	一	一	一	一
		合口港近岸	一	一	一	一	一	一	一
		南山角	二	一	一	一	一	一	一
		三亚大桥	三	四	四	四	四	四	劣四
		三亚港	三	三	三	二	三	二	二
		三亚湾	二	一	一	一	一	一	一
		天涯海角	二	一	一	一	一	一	一
		西岛	一	/	/	/	一	一	一
		亚龙湾	一	一	一	一	一	一	一
西部近岸海域	昌江	昌化港口区	三	一	一	一	一	一	一
		昌江核电	二	/	/	/	二	一	一
		棋子湾度假旅游区	一	/	/	/	一	一	一
	儋州	儋洲白蝶贝自然保护区	四	一	一	一	一	一	一
		观音角	二	/	/	/	一	一	一
		海头港渔业养殖区	二	一	一	一	一	一	一
		头东村养殖区	二	一	二	一	一	一	一
		新三都海域	三	/	/	/	一	一	一
		新英湾养殖区	二	二	二	二	一	一	一
		洋浦港	四	/	/	/	一	二	一
	东方	八所港	二	一	二	一	一	一	一
		八所化肥厂外	三	一	一	二	一	一	一
		感恩养殖区	二	/	/	/	一	二	二
		黑脸琵鹭省级自然保护区	一	/	/	/	一	一	一
	临高	马袅区	二	一	二	二	一	一	一
		新美夏区	一	/	二	二	二	一	一

续表

海域名称	测点名称		水质管理目标	水质类别					
				2010 年	2011 年	2012 年	2013 年	2014 年	2015 年
北部近岸海域	澄迈	马村港	四	一	一	一	一	一	一
		桥头金牌	二	一	一	二	一	一	二
		盈滨半岛	二	/	/	/	一	一	一
	海口	东寨红树林	二	一	二	一	二	二	二
		桂林洋	二	一	一	二	一	二	二
		海口湾	二	/	/	/	一	一	一
		假日海滩	二	二	二	二	二	二	二
		三连村	二	二	一	一	二	二	二
		秀英港区	四	三	四	四	四	三	二

与"十一五"末相比,海南岛近岸海域水质整体无明显变化,万宁小海水质变化波动较大,三亚河入海口水质常年较差,三亚港和秀英港水质略有好转,其余监测点位水质均在一、二类之间波动。

2)功能区水质达标率变化

2011~2015 年,海南岛近岸海域环境功能区水质达标率基本保持稳定,2011、2012 年功能区达标率均为 92.5%,超标功能区均为临高白碟贝自然保护区、临高角珊瑚礁自然保护区、临高近岸珊瑚礁自然保护区近岸海域和小海养殖区近岸海域;2013 年功能区达标率为 94.1%,超标功能区为琼海龙湾-博鳌度假旅游区、乐东龙东锣西鼓-龙栖湾度假旅游区、龙沐湾旅游度假区和东方金月湾度假旅游区;2014、2015 年功能区达标率均为 97.1%,2014 年为乐东龙东锣西鼓-龙栖湾度假旅游区和龙沐湾旅游度假区,2015 年超标功能区为文昌清澜红树林自然保护区和万宁小海度假旅游区近岸海域(图 3.99)。

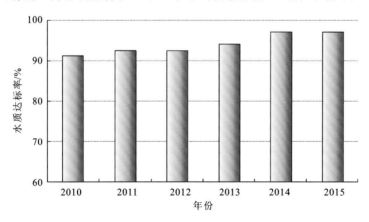

图 3.99　2010~2015 年海南岛功能区近岸海域水质类别比例变化

与"十一五"末相比,海南岛近岸海域环境功能区水质达标率呈逐年上升趋势。

3）主要污染物变化趋势分析

2011～2015年，海南岛近岸海域水质监测中，超二类标准的项目均为活性磷酸盐、无机氮、石油类和化学需氧量，2015年出现非离子氨超标的情况。其中，活性磷酸盐和无机氮均出现超三类标准，石油类和化学需氧量未出现超三类标准，但石油类超标率历年均高于化学需氧量，非离子氨仅在2015年出现超四类标准的情况。因此确定"十二五"期间，海南岛近岸海域主要污染物为活性磷酸盐、无机氮和石油类。

与"十一五"末相比，海南岛近岸海域主要污染物种类未发生改变，主要污染物浓度均值均保持稳定，无明显变化趋势（表3.49）。

表 3.49　2010～2015年海南岛主要污染物超标率

项目	年份	平均值	超一类标准 /%	超二类标准 /%	超三类标准 /%	超四类标准 /%
无机氮/(mg/L)	2015	0.127	19	5.6	5.2	5.2
	2014	0.107	16	5.9	5	0
	2013	0.114	18.1	7.3	5.2	0
	2012	0.151	21.8	7.4	6.9	1.1
	2011	0.130	23.8	7.8	6.8	0
	2010	0.126	20.4	8.7	6.1	0
活性磷酸盐/(mg/L)	2015	0.008	10.3	0.9	0.9	0.9
	2014	0.010	14.7	0.8	0.8	0
	2013	0.011	21.6	1.7	1.7	0.9
	2012	0.012	24.5	1.1	1.1	0
	2011	0.010	15.7	1	1	1
	2010	0.0107	20.9	1.0	1.0	0
石油类/(mg/L)	2015	<0.050	4.3	4.3	0	0
	2014	<0.050	6.1	6.1	0	0
	2013	<0.050	6	6	0	0
	2012	<0.050	8.5	8.5	0	0
	2011	<0.050	5.9	5.9	0	0
	2010	<0.050	5.1	5.1	0	0
化学需氧量/(mg/L)	2015	0.99	7.8	3.4	0	0
	2014	1.02	5.9	3	0	0
	2013	0.88	5.2	1.3	0	0
	2012	1.13	10.6	1.1	0	0
	2011	0.94	11.7	0.5	0	0
	2010	1.05	15.3	1.0	0	0

续表

项目	年份	平均值	超一类标准 /%	超二类标准 /%	超三类标准 /%	超四类标准 /%
非离子氨/(mg/L)	2015	0.004 8	1.3	1.3	1.3	1.3
	2014	0.003 5	0	0	0	0
	2013	0.003 3	0	0	0	0
	2012	0.003 2	0	0	0	0
	2011	0.002 7	0	0	0	0
	2010	0.002 21	0	0	0	0

　　(1)无机氮。2011～2015 年,海南岛近岸海域无机氮平均综合污染指数于 0.33～0.50 波动,2012 年最高,2014 年最低。所有测点和区域的无机氮污染指数均低于 0.9,污染程度较低(表 3.50)。秩相关分析结果表明,海南岛全部近岸海域海水的无机氮污染程度没有显著变化,总体处于低水平波动(图 3.100)。

表 3.50　2011～2015 年海南岛近岸海域无机氮污染指数年际变化

海域名称		测点名称	无机氮污染指数					秩相关系数 r_s	趋势评价
			2011 年	2012 年	2013 年	2014 年	2015 年		
北部近岸海域	澄迈县	马村港	0.34	0.45	0.53	0.40	0.53	0.616	无显著变化
		桥头金牌	0.55	0.68	0.35	0.25	0.62	−0.200	无显著变化
		盈滨半岛	/	/	0.35	0.31	0.32	/	/
		均值	0.45	0.56	0.41	0.32	0.49	−0.200	无显著变化
	海口市	东寨红树林	0.83	0.97	0.96	0.86	0.58	−0.400	无显著变化
		桂林洋	0.92	0.39	0.70	0.56	0.83	−0.100	无显著变化
		海口湾	0.64	0.76	0.69	0.81	0.77	0.800	无显著变化
		假日海滩	0.92	0.69	0.76	0.83	0.68	−0.600	无显著变化
		三连村	0.53	0.77	0.56	0.78	0.82	0.900	无显著变化
		秀英港区	/	/	0.87	0.77	0.63	/	/
		均值	0.77	0.72	0.76	0.77	0.72	−0.300	无显著变化
	北部近岸海域均值		0.68	0.67	0.64	0.62	0.64	−0.821	无显著变化

续表

海域名称	测点名称	无机氮污染指数					秩相关系数 r_s	趋势评价
		2011 年	2012 年	2013 年	2014 年	2015 年		
东部近岸海域	琼海市 博鳌湾	0.19	0.45	0.58	0.49	0.20	0.300	无显著变化
	青葛港	0.25	0.36	0.33	0.25	0.34	0.154	无显著变化
	琼海麒麟菜自然保护区	/	/	0.28	0.17	0.26	/	/
	均值	0.22	0.41	0.40	0.30	0.27	0.000	无显著变化
	万宁市 山钦湾度假旅游区	/	/	0.39	0.24	0.32	/	/
	石梅湾	0.24	0.28	0.27	0.20	0.32	0.300	无显著变化
	乌场	0.26	0.33	0.37	0.26	0.29	0.051	无显著变化
	小海	0.46	2.04	0.62	0.48	0.76	0.300	无显著变化
	均值	0.32	0.88	0.42	0.30	0.42	0.000	无显著变化
	文昌市 抱虎角	0.13	0.21	0.05	0.18	0.12	−0.300	无显著变化
	东郊椰林	0.13	0.23	0.08	0.09	0.19	−0.100	无显著变化
	冯家湾滨海娱乐区	0.08	0.04	0.04	0.06	0.07	−0.051	无显著变化
	清澜港	0.10	0.30	0.11	0.17	0.30	0.564	无显著变化
	清澜红树林自然保护区	0.76	0.70	0.23	0.18	0.51	−0.700	无显著变化
	铜鼓岭近岸	0.10	0.14	0.04	0.07	0.14	0.051	无显著变化
	均值	0.22	0.27	0.09	0.13	0.22	−0.100	无显著变化
	东部近岸海域均值	0.25	0.46	0.26	0.22	0.29	0.000	无显著变化
南部近岸海域	乐东县 龙沐湾	/	/	0.24	0.19	0.47	/	/
	龙栖湾	/	/	0.21	0.25	0.50	/	/
	莺歌海	/	/	0.26	0.14	0.29	/	/
	均值	/	/	0.23	0.19	0.42	/	/
	陵水县 黎安港	0.18	0.41	0.33	0.22	0.36	0.300	无显著变化
	土福湾	/	/	0.17	0.16	0.10	/	/
	香水湾	0.15	0.32	0.19	0.12	0.11	−0.700	无显著变化
	新村港度假旅游区	/	/	0.38	0.31	0.39	/	/
	均值	0.17	0.37	0.27	0.20	0.24	0.100	无显著变化
	三亚市 潮见桥	1.45	1.53	1.46	1.63	1.88	0.900	无显著变化
	大东海	0.18	0.31	0.29	0.24	0.26	0.100	无显著变化
	合口港近岸	0.20	0.29	0.22	0.19	0.21	−0.200	无显著变化
	南山角	0.24	0.20	0.22	0.23	0.21	−0.300	无显著变化
	三亚大桥	1.55	1.50	1.50	1.47	2.00	0.051	无显著变化
	三亚港	0.69	0.81	1.03	0.84	0.77	0.300	无显著变化
	三亚湾	0.18	0.32	0.29	0.32	0.37	0.821	无显著变化
	天涯海角	0.18	0.29	0.28	0.19	0.25	0.100	无显著变化
	西岛	0.22	0.17	0.20	0.17	0.16	−0.821	无显著变化
	亚龙湾	0.22	0.21	0.22	0.19	0.18	−0.821	无显著变化
	均值	0.51	0.56	0.57	0.55	0.63	0.700	无显著变化
	南部近岸海域均值	0.45	0.53	0.44	0.40	0.50	−0.200	无显著变化

续表

海域名称	测点名称	无机氮污染指数					秩相关系数 r_s	趋势评价
		2011 年	2012 年	2013 年	2014 年	2015 年		
西部近岸海域	昌江县							
	昌化港口区	0.16	0.16	0.18	0.12	0.30	0.359	无显著变化
	昌江核电	/	/	0.17	0.14	0.22	/	/
	棋子湾度假旅游区	/	/	0.14	0.17	0.23	/	/
	均值	0.16	0.15	0.16	0.15	0.25	0.300	无显著变化
	儋州市							
	儋洲白蝶贝自然保护区	0.47	0.47	0.09	0.28	0.14	−0.667	无显著变化
	观音角	/	/	0.13	0.16	0.12	/	/
	海头港渔业养殖区	0.34	0.48	0.19	0.09	0.30	−0.600	无显著变化
	头东村养殖区	0.32	0.32	0.12	0.13	0.19	−0.564	无显著变化
	新三都海域	/	/	0.17	0.38	0.15	/	/
	新英湾养殖区	0.56	0.45	0.08	0.34	0.19	−0.700	无显著变化
	洋浦港	0.33	0.51	0.18	0.10	0.06	−0.900	无显著变化
	均值	0.41	0.45	0.14	0.21	0.16	−0.600	无显著变化
	东方市							
	八所港	0.17	0.26	0.13	0.12	0.13	−0.718	无显著变化
	八所化肥厂外	0.14	0.25	0.10	0.19	0.16	0.100	无显著变化
	感恩养殖区	/	/	0.11	0.15	0.18	/	/
	黑脸琵鹭省级自然保护区	/	/	0.11	0.21	0.13	/	/
	均值	0.15	0.25	0.11	0.17	0.15	−0.300	无显著变化
	临高县							
	马袅区	0.24	0.51	0.37	0.33	0.28	0.000	无显著变化
	新美夏区	/	/	0.26	0.20	0.18	/	/
	均值	0.24	0.51	0.32	0.27	0.23	−0.400	无显著变化
西部近岸海域均值		0.30	0.38	0.16	0.20	0.18	−0.600	无显著变化
全省总体评价		0.40	0.50	0.35	0.33	0.38	−0.600	无显著变化

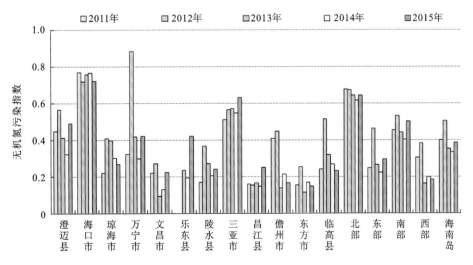

图 3.100　海南岛近岸海域无机氮污染指数年际变化

活性磷酸盐 2011～2015 年,海南岛近岸海域活性磷酸盐平均综合污染指数介于 0.27～0.37,自 2012 年起逐年下降,2012 年最高,2015 年最低。所有测点和区域的活性磷酸盐污染指数均低于 0.9,污染程度较低(图 3.101)。相关分析结果表明,海南岛绝大部分近岸海域海水的活性磷酸盐污染程度没有显著变化,总体处于低水平波动。大多数测点的污染程度基本稳定,仅陵水县黎安港受活性磷酸盐影响表现为显著上升趋势,但污染指数始终低于 0.6。潮见桥受活性磷酸盐影响表现为显著下降趋势,污染指数由 2011 年 0.78 下降为 2015 年 0.61(表 3.51)。

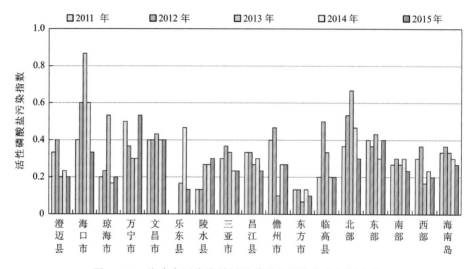

图 3.101　海南岛近岸海域活性磷酸盐污染指数年际变化

表 3.51　2011～2015 年海南岛近岸海域活性磷酸盐污染指数年际变化

海域名称		测点名称	活性磷酸盐污染指数					秩相关系数 r_s	趋势评价
			2011 年	2012 年	2013 年	2014 年	2015 年		
北部近岸海域	澄迈县	马村港	0.45	0.42	0.27	0.33	0.22	−0.900	无显著变化
		桥头金牌	0.23	0.34	0.22	0.08	0.18	−0.800	无显著变化
		盈滨半岛	/	/	0.15	0.32	0.19	/	/
		均值	0.33	0.40	0.20	0.23	0.20	0.718	无显著变化
	海口市	东寨红树林	0.50	0.85	0.92	0.47	0.43	−0.600	无显著变化
		桂林洋	0.20	0.44	0.59	0.34	0.28	0.100	无显著变化
		海口湾	0.56	0.53	0.62	0.62	0.29	−0.154	无显著变化
		假日海滩	0.48	0.58	0.89	0.68	0.36	−0.100	无显著变化
		三连村	0.23	0.55	0.82	0.56	0.38	0.300	无显著变化
		秀英港区	/	/	1.45	0.93	0.36	/	/
		均值	0.40	0.60	0.87	0.60	0.33	−0.205	无显著变化
	北部近岸海域均值		0.37	0.53	0.67	0.47	0.30	−0.300	无显著变化

海域名称	测点名称		活性磷酸盐污染指数					秩相关系数 r_s	趋势评价
			2011 年	2012 年	2013 年	2014 年	2015 年		
东部近岸海域	琼海市	博鳌湾	0.19	0.32	0.63	0.11	0.08	−0.600	无显著变化
		青葛港	0.23	0.15	0.70	0.23	0.29	0.462	无显著变化
		琼海麒麟菜自然保护区	/	/	0.30	0.12	0.24	/	/
		均值	0.20	0.23	0.53	0.17	0.20	−0.308	无显著变化
	万宁市	山钦湾度假旅游区	/	/	0.17	0.15	0.10	/	/
		石梅湾	0.17	0.22	0.17	0.18	0.12	−0.410	无显著变化
		乌场	0.18	0.22	0.32	0.28	0.20	0.300	无显著变化
		小海	1.14	0.64	0.61	0.59	1.67	0.000	无显著变化
		均值	0.50	0.37	0.30	0.30	0.53	0.051	无显著变化
	文昌市	抱虎角	0.21	0.28	0.32	0.28	0.28	0.447	无显著变化
		东郊椰林	0.23	0.43	0.48	0.45	0.45	0.667	无显著变化
		冯家湾滨海娱乐区	0.44	0.38	0.42	0.39	0.42	−0.205	无显著变化
		清澜港	0.54	0.48	0.52	0.48	0.50	−0.410	无显著变化
		清澜红树林自然保护区	0.75	0.56	0.52	0.49	0.50	−0.900	无显著变化
		铜鼓岭近岸	0.24	0.37	0.37	0.35	0.34	0.051	无显著变化
		均值	0.40	0.40	0.43	0.40	0.40	0.000	无显著变化
	东部近岸海域均值		0.40	0.37	0.43	0.30	0.40	−0.103	无显著变化
南部近岸海域	乐东县	龙沐湾	/	/	0.12	0.57	0.11	/	/
		龙栖湾	/	/	0.19	0.53	0.17	/	/
		莺歌海	/	/	0.17	0.32	0.12	/	/
		均值	/	/	0.17	0.47	0.13	/	/
	陵水县	黎安港	0.12	0.14	0.33	0.38	0.54	1.000	显著上升
		土福湾	/	/	0.12	0.22	0.09	/	/
		香水湾	0.12	0.12	0.18	0.17	0.08	−0.154	无显著变化
		新村港度假旅游区	/	/	0.39	0.32	0.49	/	/
		均值	0.13	0.13	0.27	0.27	0.30	0.949	显著上升
	三亚市	潮见桥	0.78	0.77	0.68	0.63	0.61	−1.000	显著下降
		大东海	0.14	0.22	0.24	0.15	0.15	0.154	无显著变化
		合口港近岸	0.18	0.27	0.27	0.18	0.23	0.000	无显著变化
		南山角	0.20	0.24	0.16	0.08	0.15	−0.800	无显著变化
		三亚大桥	0.56	0.68	0.55	0.46	0.41	−0.900	无显著变化
		三亚港	0.37	0.38	0.41	0.30	0.28	−0.600	无显著变化
		三亚湾	0.17	0.34	0.26	0.15	0.23	−0.200	无显著变化
		天涯海角	0.16	0.24	0.22	0.11	0.20	−0.200	无显著变化
		西岛	0.23	0.16	0.22	0.17	0.12	−0.700	无显著变化
		亚龙湾	0.17	0.21	0.17	0.15	0.08	−0.821	无显著变化
		均值	0.30	0.37	0.33	0.23	0.23	−0.667	无显著变化
	南部近岸海域均值		0.27	0.30	0.27	0.30	0.23	−0.316	无显著变化

续表

海域名称		测点名称	活性磷酸盐污染指数					秩相关系数 r_s	趋势评价
			2011年	2012年	2013年	2014年	2015年		
西部近岸海域	昌江县	昌化港口区	0.34	0.32	0.24	0.28	0.27	−0.700	无显著变化
		昌江核电	/	/	0.26	0.30	0.23	/	/
		棋子湾度假旅游区	/	/	0.30	0.33	0.19	/	/
		均值	0.33	0.33	0.27	0.30	0.23	−0.872	无显著变化
	儋州市	儋洲白蝶贝自然保护区	0.32	0.32	0.09	0.34	0.21	−0.154	无显著变化
		观音角			0.08	0.28	0.22		
		海头港渔业养殖区	0.38	0.47	0.11	0.16	0.24	−0.500	无显著变化
		头东村养殖区	0.17	0.41	0.14	0.18	0.21	0.200	无显著变化
		新三都海域	/	/	0.11	0.41	0.40		
		新英湾养殖区	0.55	0.61	0.08	0.38	0.29	−0.600	无显著变化
		洋浦港	0.57	0.50	0.11	0.18	0.20	−0.600	无显著变化
		均值	0.40	0.47	0.10	0.27	0.27	−0.564	无显著变化
	东方市	八所港	0.13	0.11	0.08	0.13	0.12	−0.051	无显著变化
		八所化肥厂外	0.16	0.17	0.12	0.18	0.12	−0.205	无显著变化
		感恩养殖区	/	/	0.08	0.10	0.13		
		黑脸琵鹭省级自然保护区	/	/	0.05	0.08	0.06		
		均值	0.13	0.13	0.07	0.13	0.10	−0.447	无显著变化
	临高县	马袅区	0.20	0.51	0.29	0.28	0.23	0.000	无显著变化
		新美夏区	/	/	0.37	0.11	0.18		
		均值	0.20	0.50	0.33	0.20	0.20	−0.335	无显著变化
西部近岸海域均值			0.30	0.37	0.17	0.23	0.20	−0.600	无显著变化
全省总体评价			0.33	0.37	0.33	0.30	0.27	−0.821	无显著变化

（2）石油类。2011～2015年,海南岛近岸海域石油类平均综合污染指数介于0.22～0.36,自2012年起逐年下降,2012年最高,2015年最低(图3.102)。所有测点和区域的活性磷酸盐污染指数均低于0.7,污染程度较低。秩相关分析结果表明,海南岛绝大部分近岸海域海水的石油类污染程度没有显著变化,总体处于低水平波动。大多数测点的污染程度基本稳定,仅海口市桂林洋受石油类影响表现为显著上升趋势,但污

指数始终低于 0.6;博鳌湾、抱虎角、清澜红树林自然保护区和南山角受石油类影响表现为下降趋势(表 3.52)。

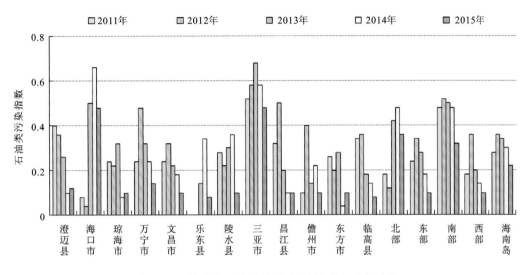

图 3.102　海南岛近岸海域石油类污染指数年际变化

表 3.52　2011～2015 年海南岛近岸海域石油类污染指数年际变化

海域名称		测点名称	石油类污染指数					秩相关系数 r_s	趋势评价
			2011 年	2012 年	2013 年	2014 年	2015 年		
北部近岸海域	澄迈县	马村港	0.44	0.32	0.25	0.07	0.12	−0.900	无显著变化
		桥头金牌	0.34	0.42	0.27	0.11	0.12	−0.800	无显著变化
		盈滨半岛	/	/	0.28	0.10	0.12	/	/
		均值	0.40	0.36	0.26	0.10	0.12	−0.900	无显著变化
	海口市	东寨红树林	0.04	0.04	0.27	0.60	0.40	0.872	无显著变化
		桂林洋	0.04	0.04	0.27	0.50	0.50	0.949	显著上升
		海口湾	0.13	0.04	0.27	0.48	0.58	0.900	无显著变化
		假日海滩	0.04	0.04	0.27	0.55	0.40	0.872	无显著变化
		三连村	0.15	0.04	0.27	0.52	0.45	0.800	无显著变化
		秀英港区	/	/	1.70	1.31	0.60	/	/
		均值	0.08	0.04	0.50	0.66	0.48	0.600	无显著变化
北部近岸海域均值			0.18	0.12	0.42	0.48	0.36	0.600	无显著变化

续表

海域名称	测点名称	石油类污染指数					秩相关系数 r_s	趋势评价
		2011年	2012年	2013年	2014年	2015年		
东部近岸海域	琼海市 博鳌湾	0.32	0.31	0.25	0.11	0.08	−1.000	显著下降
	青葛港	0.16	0.11	0.50	0.07	0.10	−0.600	无显著变化
	琼海麒麟菜自然保护区	/	/	0.18	0.06	0.10	/	
	均值	0.24	0.22	0.32	0.08	0.10	−0.600	无显著变化
	万宁市 山钦湾度假旅游区	/	/	0.33	0.16	0.12	/	/
	石梅湾	0.05	0.56	0.34	0.16	0.12	0.000	无显著变化
	乌场	0.40	0.44	0.26	0.32	0.20	−0.800	无显著变化
	小海	0.26	0.42	0.36	0.30	0.11	−0.400	无显著变化
	均值	0.24	0.48	0.32	0.24	0.14	−0.564	无显著变化
	文昌市 抱虎角	0.30	0.24	0.23	0.14	0.10	−1.000	显著下降
	东郊椰林	0.13	0.41	0.21	0.24	0.10	−0.300	无显著变化
	冯家湾滨海娱乐区	0.27	0.46	0.23	0.18	0.08	−0.900	无显著变化
	清澜港	0.30	0.44	0.24	0.20	0.08	−0.900	无显著变化
	清澜红树林自然保护区	0.26	0.23	0.20	0.20	0.10	−0.975	显著下降
	铜鼓岭近岸	0.13	0.16	0.23	0.12	0.12	−0.564	无显著变化
	均值	0.24	0.32	0.22	0.18	0.10	−0.900	无显著变化
	东部近岸海域均值	0.24	0.34	0.28	0.18	0.10	−0.700	无显著变化
南部近岸海域	乐东县 龙沐湾	/	/	0.12	0.31	0.08	/	/
	龙栖湾	/	/	0.12	0.43	0.09	/	/
	莺歌海	/	/	0.18	0.26	0.09	/	/
	均值	/	/	0.14	0.34	0.08	/	/
	陵水县 黎安港	0.24	0.24	0.24	0.42	0.10	−0.224	无显著变化
	土福湾	/	/	0.51	0.12	0.09	/	
	香水湾	0.33	0.20	0.24	0.46	0.12	−0.300	无显著变化
	新村港度假旅游区	/	/	0.24	0.46	0.10	/	
	均值	0.28	0.22	0.30	0.36	0.10	−0.100	无显著变化
	三亚市 潮见桥	0.99	1.11	1.58	1.54	0.94	−0.100	无显著变化
	大东海	0.42	0.44	0.40	0.20	0.20	−0.872	无显著变化
	合口港近岸	0.42	0.41	0.56	0.42	0.42	0.224	无显著变化
	南山角	0.27	0.22	0.14	0.12	0.10	−1.000	显著下降
	三亚大桥	0.70	1.75	2.27	1.98	1.99	0.700	无显著变化
	三亚港	1.26	0.80	0.72	0.52	0.54	−0.900	无显著变化
	三亚湾	0.28	0.28	0.30	0.24	0.12	−0.667	无显著变化
	天涯海角	0.27	0.14	0.19	0.16	0.10	−0.700	无显著变化
	西岛	0.18	0.22	0.24	0.18	0.14	−0.462	无显著变化
	亚龙湾	0.40	0.36	0.44	0.48	0.23	−0.100	无显著变化
	均值	0.52	0.58	0.68	0.58	0.48	−0.205	无显著变化
	南部近岸海域均值	0.48	0.52	0.50	0.48	0.32	−0.564	无显著变化

续表

海域名称	测点名称	石油类污染指数					秩相关系数 r_s	趋势评价
		2011 年	2012 年	2013 年	2014 年	2015 年		
西部近岸海域	昌江县 昌化港口区	0.33	0.50	0.18	0.12	0.09	−0.900	无显著变化
	昌江核电	/	/	0.27	0.04	0.11	/	
	棋子湾度假旅游区	/	/	0.17	0.10	0.10		
	均值	0.32	0.50	0.20	0.10	0.10	−0.872	无显著变化
	儋州市 儋洲白蝶贝自然保护区	0.17	0.19	0.10	0.22	0.08	−0.300	无显著变化
	观音角	/	/	0.13	0.11	0.10	/	
	海头港渔业养殖区	0.04	0.48	0.16	0.25	0.12	0.100	无显著变化
	头东村养殖区	0.08	0.32	0.17	0.49	0.12	0.300	无显著变化
	新三都海域	/	/	0.13	0.22	0.10		
	新英湾养殖区	0.15	0.42	0.12	0.10	0.11	−0.800	无显著变化
	洋浦港	0.06	0.54	0.16	0.10	0.10	0.051	无显著变化
	均值	0.10	0.40	0.14	0.22	0.10	−0.103	无显著变化
	东方市 八所港	0.24	0.18	0.30	0.04	0.08	−0.600	无显著变化
	八所化肥厂外	0.27	0.23	0.29	0.11	0.11	−0.600	无显著变化
	感恩养殖区	/	/	0.27	0.12			
	黑脸琵鹭省级自然保护区	/	/	0.30	0.04	0.09		
	均值	0.26	0.20	0.28	0.06	0.10	−0.600	无显著变化
	临高县 马袅区	0.33	0.37	0.23	0.08	0.08	−0.872	无显著变化
	新美夏区	/	/	0.13	0.20	0.08		
	均值	0.34	0.36	0.18	0.14	0.08	−0.900	无显著变化
西部近岸海域均值		0.18	0.36	0.20	0.14	0.10	−0.700	无显著变化
全省总体评价		0.28	0.36	0.34	0.30	0.22	−0.400	无显著变化

4）营养状况年际变化

2011～2015 年,海南岛近岸海域水质总体处于贫营养状态(图 3.103)。南部近岸海域富营养化指数维持在相对较高水平,接近 1;西部近岸海域富营养化指数维持在极低水平;北部近岸海域富营养化指数自 2012 年起呈下降趋势;东部近岸海域富营养化指数波动较大。12 个沿海市(县)中,三亚市、海口市和万宁市近岸海域富营养化指数明显高于其他市(县),三亚市近岸海域仅 2013 年呈贫营养状态,其余年份均呈轻度富营养状态;海口市近岸海域近 5 年均呈贫营养状态,且从 2012 年开始,富营养化指数开始下降;万宁市近岸海域富营养化指数波动较大,2013、2014 年处于贫营养状态,其余年份处于轻度或中度富营养状态。

与“十一五”末相比,海南岛近岸海域水质营养状况总体无明显变化,海南岛东、西、南、北四大近岸海域中,南部近岸海域富营养化指数明显升高;北部近岸海域富营养化指数除 2012 年明显高于“十一五”末外,其余年份近岸海域富营养化指数与 2012 年基本持平;东部近岸海域富营养化指数 2012 年和 2015 年明显高于"十一五"末,其余年份基本持平;西部近岸海域富营养化指数长期处于较低水平。各市(县)近岸海域中,三亚和万宁富营养化指数较"十一五"末有明显升高;海口富营养化指数呈"∧"形变化,2015 年较"十一五"末有所下降;其余市(县)近岸海域富营养化指数与"十一五"末相比均在较低水平波动。

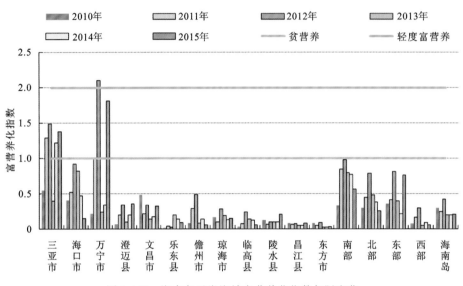

图 3.103 海南岛近岸海域富营养化指数年际变化

3. 水环境质量特征及变化原因分析

1)质量特征

海南岛近岸海域水环境质量总体良好。近岸海域以一、二类水质为主,三、四类海水主要集中在部分港口、个别养殖集中区和城市附近局部海域,主要受港口废水、养殖废水和城市生活污水影响。

近岸海域水质主要污染因子为无机氮、活性磷酸盐和石油类。单次检出值出现超二类海水标准的污染因子主要有活性磷酸盐、无机氮、石油类、化学需氧量、溶解氧、pH 值和非离子氨等,超一类标准的主要有铜、铅、大肠菌群、生化需氧量、硫化物、阴离子表面活性剂等因子。

近岸海域水质主要污染因子区域分布较为明显。无机氮影响广泛,主要城市近岸海域受其影响显著,北部海口近岸海域受其一定影响,但是年均值未出现超二类标准限值,南部三亚河入海口"十二五"期间受无机氮影响严重;活性磷酸盐影响广泛,尤其是海口秀英港和万宁小海,"十二五"期间个别年份出现年均值超二类标准限值的现象;石油类具有明显的区域性,三亚河入海口、三亚港和海口秀英港"十二五"期间受其影响显著,其余监测点位鲜有受其影响的情况。

"十二五"期间,海南岛近岸海域污染物结构保持稳定,无机氮对近岸海域水质的影响始终占据主导趋势,污染分担率呈波动变化;活性磷酸盐的影响基本保持稳定;石油类的影响相对较弱,污染分担率呈"∧"形变化(表 3.53)。

表 3.53　海南岛近岸海域水质主要污染指标分担率变化

污染因子	2011 年	2012 年	2013 年	2014 年	2015 年
无机氮	39.5%	40.9%	34.2%	35.7%	44.0%
活性磷酸盐	32.9%	29.8%	32.6%	32.2%	30.7%
石油类	27.6%	29.3%	33.2%	32.2%	25.3%

2）变化原因分析

（1）人口大量增加导致海南岛主要城市近岸海域受氮、磷影响显著。

2011～2015 年，全省主要城市（海口、三亚）近岸海域水质受氮、磷影响显著，如"十二五"期间海口市近岸海域无机氮平均综合污染指数在 0.72～0.77，活性磷酸盐平均综合污染指数在 0.33～0.87；三亚市近岸海域无机氮平均综合污染指数在 0.51～0.63，明显高于其他市（县）。尽管"十二五"期间全省大力推进城镇污水处理设施和污水收集管网建设，城市生活污水处理率有所上升，但随着国际旅游岛的不断开发，常住人口和旅游人口持续增加，现有污水处理能力难以满足人口增长的需求，加之全省污水处理设施主要去除废水中的化学需氧量，对氮、磷等营养盐的去除率不高，导致全省主要城市近岸海域受氮、磷影响显著。

（2）重要港口近岸局部海域受石油类影响减弱。

2011～2015 年，全省主要港口近岸局部海域受石油类影响减弱，海口秀英港石油类污染指数由 2013 年的 1.7 下降至 2015 年的 0.6；三亚港石油类污染指数由 2011 年 1.26 下降到 2015 年 0.54；文昌清澜港石油类污染指数由 2011 年 0.30 下降到 2015 年 0.08；东方八所港石油类污染指数由 2011 年 0.24 下降到 2015 年 0.08。主要原因在于"十二五"期间，全省继续推进港湾船舶污染物"零排放"计划，加强港口船舶管理，减少了石油类的排放。

4. 小结

2015 年海南岛近岸海域海水水质总体为优，绝大部分近岸海域处于清洁状态，海水优良率达 92.8%，三类海水出现在清澜红树林自然保护区；劣四类海水出现在万宁小海和三亚河入海口，万宁小海主要受养殖废水和城市生活污水影响；三亚河入海口主要受上游城市生活污水影响。

全省近岸海域功能区水质总体为优，2.9% 的功能区近岸海域水质超出水环境功能区管理目标要求，超标点位分别是文昌清澜红树林自然保护区和万宁小海。

2015 年，全省近岸海域上半年水质略好于下半年，表现在上半年水质优良率比下半年高 1.9 个百分点。从空间角度而言，西部近岸海域水质优于东、南、北部近岸海域，主要是因为全省近岸海域污染源主要来自城市生活污水，因此海口和三亚两大城市所在近岸海域水质略差。

2011～2015 年海南岛近岸海水水质基本保持稳定，水质优良率在 89.1%～94.6%，大部分监测点位水质在一、二类之间波动，三亚港近岸海域水质常年在二、三类之间波动；海口秀英港近岸海域水质近年来有改善，由四类上升为二类；三亚河入海口近岸海域水质较差，常年维持在四类，2015 年由四类下降为劣四类；万宁小海水质波动较大，在二类到劣四类之间波动;清澜红树林自然保护区近岸海域水质近三年在一到三类之间波动。各功能区近岸海域五年来达标率介于92.5%～97.1%,保持稳中有升的趋势。海南岛近岸海域主要污染物近五年为无机氮、活性磷酸盐、化学需氧量、石油类和非离子氨,主要来自城市生活污水、港口废水和养殖废水。

3.5.2 近岸海域沉积物质量

1. 沉积物质量状况

1) 总体状况

2015年开展了29个国控近岸海域站位沉积物质量监测。海南岛国控近岸海域沉积物环境质量总体一般,93.1%的监测海域沉积物质量优良,符合国家一类标准,6.9%的监测海域沉积物质量一般,符合国家二类标准,主要影响指标为铬、砷。

东部、南部和西部近岸海域沉积物质量为优,所有测点沉积物质量符合国家一类标准;北部近岸海域沉积物质量一般,60%的测点符合国家一级标准。

沿海12个市(县)中,文昌、琼海、万宁、陵水、三亚、东方、昌江、儋州和临高10个市(县)近岸监测海域沉积物环境质量优良,所有监测点位沉积物质量均为一类。海口和澄迈近岸海域沉积物质量总体一般,海口天尾角和澄迈桥头金牌沉积物质量为二类。

2) 主要污染物浓度

15个监测项目中,各测点多氯联苯和六六六均未检出;滴滴涕和硫化物检出率较低,总汞、大肠菌群和粪大肠菌群检出率在62.1%～96.4%;铬、石油类、砷、铜、锌、镉、铅和有机碳的检出率为100%。各项目中,除铬和砷有3.6%超出一类标准限值外,其他均符合一类标准。

与2013年相比,部分点位铬、砷浓度超一类标准,多氯联苯和六六六均未检出,石油类年均值持平,其余监测项目均有不同程度的下降(表3.54)。

表 3.54　2015 年度海南岛近岸海域沉积物质量监测结果统计

项目	样品数	检出率/%	2015 年均值	2013 年均值	监测范围	超一类标准/%
铬/(mg/kg)	28	100	35.6	44.3	4.4～80.1	3.6
石油类/(mg/kg)	28	100	10	10	5～26	0
砷/(mg/kg)	28	100	7.9	14.13	1.67～21.92	3.6
铜/(mg/kg)	28	100	7.9	10	1.2～20.0	0
锌/(mg/kg)	28	100	56.7	60.8	10.7～109.0	0
镉/(mg/kg)	28	100	0.033	0.036	0.010～0.072	0
铅/(mg/kg)	28	100	9.5	46.2	3.5～14.6	0
总汞/(mg/kg)	28	96.4	0.023	0.027	<0.004～0.066	0
有机碳/%	28	100	0.314	0.601	0.03～0.80	0
硫化物/(mg/kg)	29	44.8	1.5	6.1	<0.3～31.8	0
多氯联苯/(μg/kg)	29	0	<0.336	<0.336	<0.336	0

续表

项目	样品数	检出率/%	2015 年均值	2013 年均值	监测范围	超一类标准/%
六六六/(μg/kg)	29	0	<0.260	<0.260	<0.260	0
滴滴涕/(μg/kg)	29	3.5	<0.350	0.525	<0.350~4.280	0
大肠菌群/(个/g)	29	69.0	13	26	<2~130	0
粪大肠菌群/(个/g)	29	62.1	9	21	<2~74	0

注:带有"<"符号的数据表示未检出,其后面的数值为此项目的最低检出限。

铬监测值介于 4.4~80.1 mg/kg,均值为 35.6 mg/kg,低于一类标准限值。澄迈桥头金牌近岸海域沉积物年均值超一类标准,其余监测站位铬均符合一类标准。

砷监测值介于 1.67~21.92 mg/kg,均值为 14.13 mg/kg,低于一类标准限值。海口天尾角近岸海域沉积物年均值超一类标准,其余监测站位砷均符合一类标准。

3) 综合污染指数评价

选择沉积物中较易沉淀和富集的铅、砷、铬等重金属,以一类标准计算综合污染指数,对各个测站的综合污染程度进行评价。2015 年,海南岛近岸海域沉积物污染分担率排序为铬(44.6%)>砷(39.5%)>铅(15.9%)(图 3.104,表 3.55)。

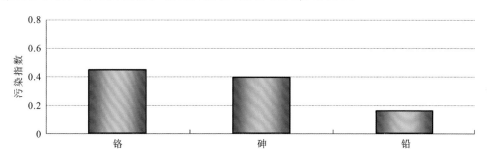

图 3.104　全岛近岸海域沉积物主要污染指标污染指数比较

表 3.55　2015 年海南岛近岸海域沉积物质量主要污染指标统计

海域名称		测点名称	铬		砷		铅		综合污染指数	平均综合污染指数
			污染指数	分担率	污染指数	分担率	污染指数	分担率		
北部近岸海域	澄迈	桥头金牌	1.00	0.56	0.57	0.32	0.22	0.12	1.79	0.60
		均值	1.00	0.56	0.57	0.32	0.22	0.12	1.79	0.60
	海口	海口湾	0.69	0.52	0.47	0.36	0.16	0.12	1.32	0.44
		铺前湾	0.51	0.54	0.25	0.26	0.19	0.20	0.95	0.32
		三连村	0.84	0.51	0.59	0.36	0.23	0.14	1.66	0.55
		天尾角	0.34	0.21	1.10	0.68	0.17	0.11	1.61	0.54
		均值	0.59	0.43	0.60	0.44	0.19	0.14	1.38	0.46
北部近岸海域均值			0.67	0.46	0.60	0.41	0.19	0.13	1.46	0.49

续表

海域名称		测点名称	铬		砷		铅		综合污染指数	平均综合污染指数
			污染指数	分担率	污染指数	分担率	污染指数	分担率		
东部近岸海域	琼海	博鳌湾	/	/	/	/	/	/	/	/
		潭门港湾	0.17	0.18	0.66	0.71	0.10	0.11	0.93	0.31
		均值	0.17	0.18	0.66	0.71	0.10	0.11	0.93	0.31
	万宁	大洲岛	0.27	0.36	0.32	0.43	0.15	0.20	0.74	0.25
		均值	0.27	0.36	0.32	0.44	0.15	0.21	0.74	0.25
	文昌	抱虎港湾	0.55	0.60	0.22	0.24	0.14	0.15	0.91	0.30
		抱虎角	0.06	0.15	0.28	0.70	0.06	0.15	0.40	0.13
		东郊椰林	0.18	0.35	0.25	0.48	0.09	0.17	0.52	0.17
		铜鼓岭近岸	0.21	0.26	0.51	0.62	0.10	0.12	0.82	0.27
		均值	0.25	0.38	0.31	0.48	0.10	0.15	0.66	0.22
东部近岸海域均值			0.24	0.33	0.37	0.52	0.11	0.15	0.72	0.24
南部近岸海域	陵水	陵水湾	0.69	0.51	0.44	0.32	0.23	0.17	1.36	0.45
		香水湾	0.32	0.42	0.30	0.39	0.15	0.19	0.77	0.26
		均值	0.50	0.47	0.37	0.35	0.19	0.18	1.06	0.35
	三亚	大东海	0.50	0.51	0.31	0.31	0.18	0.18	0.99	0.33
		合口港近岸	0.35	0.40	0.39	0.44	0.14	0.16	0.88	0.29
		坎秧湾近岸	0.56	0.55	0.28	0.27	0.18	0.18	1.02	0.34
		梅山镇近岸	0.20	0.18	0.75	0.67	0.17	0.15	1.12	0.37
		三亚湾	0.55	0.53	0.30	0.29	0.19	0.18	1.04	0.35
		天涯海角	0.38	0.52	0.20	0.27	0.15	0.21	0.73	0.24
		亚龙湾	0.19	0.50	0.08	0.21	0.11	0.29	0.38	0.13
		均值	0.39	0.44	0.33	0.38	0.16	0.18	0.88	0.29
南部近岸海域均值			0.42	0.45	0.34	0.37	0.17	0.18	0.92	0.31
西部近岸海域	昌江	昌江近岸	0.74	0.53	0.49	0.35	0.16	0.12	1.39	0.46
		均值	0.74	0.53	0.49	0.35	0.16	0.11	1.38	0.46
	儋州	兵马角	0.50	0.52	0.28	0.29	0.19	0.20	0.97	0.32
		儋洲白蝶贝自然保护区	0.17	0.30	0.30	0.54	0.09	0.16	0.56	0.19
		新英湾养殖区	0.35	0.43	0.28	0.35	0.18	0.22	0.81	0.27
		洋浦鼻	0.59	0.60	0.16	0.16	0.24	0.24	0.99	0.33
		均值	0.40	0.48	0.26	0.31	0.18	0.21	0.84	0.28
	东方	八所化肥厂外	0.52	0.43	0.52	0.43	0.17	0.14	1.21	0.40
		乐东-东方近岸	0.46	0.46	0.39	0.39	0.15	0.15	1.00	0.33

续表

海域名称		测点名称	铬		砷		铅		综合污染指数	平均综合污染指数
			污染指数	分担率	污染指数	分担率	污染指数	分担率		
西部近岸海域		均值	0.49	0.44	0.45	0.41	0.16	0.15	1.10	0.37
	临高	临高近岸	0.62	0.55	0.36	0.32	0.15	0.13	1.13	0.38
		均值	0.62	0.55	0.37	0.32	0.15	0.13	1.13	0.38
西部近岸海域均值			0.49	0.49	0.35	0.35	0.17	0.17	1.01	0.34
全省总体评价			0.45	0.45	0.40	0.40	0.16	0.16	1.00	0.33

铬各测点污染指数介于0.06~1.00,全岛平均污染指数为0.45。41.4%测点污染指数大于0.5,北部近岸海域平均污染指数大于0.5,东部、南部和西部近岸海域平均污染指数均小于0.5。

砷各测点污染指数介于0.08~1.10,全岛平均污染指数为0.40,20.7%测点污染指数大于0.5,海口天尾角近岸海域沉积物砷污染指数大于1.0,年均值超一类标准0.10倍。北部近岸海域平均污染指数相对较大。全岛近岸海域沉积物的平均综合污染指数为0.33,各测点的沉积物平均综合污染指数在0.13~0.60,未受污染,但10.3%的监测点位平均综合污染指数大于0.5,已受到重金属影响。

铅各测点污染指数介于0.06~0.24,全岛平均污染指数为0.16,处于极低水平。

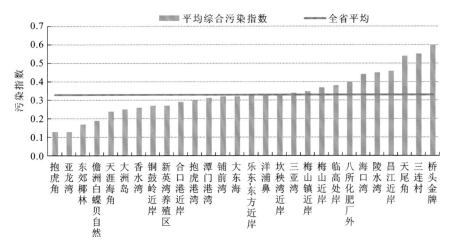

图3.105 2015年海南岛近岸海域沉积物平均综合污染指数比较

2. 沉积物质量变化趋势

1)年度变化分析

(1)沉积物类别。

2011年、2013年、2015年海南岛近岸海域沉积物质量总体略有波动,沉积物优良率分别为 100%、69.0% 和 93.1%。北部天尾角和桥头金牌近岸海域沉积物质量相对较差。与 2008 年相比,"十二五"期间,海南岛近岸海域沉积物优良率有所下降(表 3.56)。

表 3.56　2008、2011、2013、2015 年海南岛近岸海域沉积物环境质量状况

海域名称		测点名称	测点代码	2008 年	2011 年	2013 年	2015 年	2015 年二类标准项目
东部近岸海域	琼海	潭门港湾	HN9201	一	一	二	一	/
		博鳌湾	HN9202	一	一	二	一	/
	文昌	抱虎港湾	HN9501	一	一	二	一	/
		抱虎角	HN9502	一	一	二	一	/
		铜鼓岭近岸	HN9503	一	一	一	一	/
		东郊椰林	HN9504	一	一	一	一	/
	万宁	大洲岛	HN9601	一	一	二	一	/
南部近岸海域	三亚	合口港湾近岸	HN0201	一	一	一	一	/
		亚龙湾	HN0202	一	一	一	一	/
		坎秧湾近岸	HN0203	一	一	一	一	/
		大东海	HN0204	一	一	一	一	/
		三亚湾	HN0205	一	一	一	一	/
		天涯海角	HN0206	一	一	一	一	/
		梅山镇近岸	HN0207	一	一	一	一	/
	陵水	香水湾	HN3401	一	一	一	一	/
		陵水湾	HN3402	一	一	一	一	/
西部近岸海域	儋州	兵马角	HN9301	一	一	一	一	/
		新英湾养殖区	HN9302	一	一	一	一	/
		儋洲白蝶贝自然保护区	HN9303	一	一	一	一	/
		洋浦鼻	HN9304	一	一	一	一	/
	东方	八所化肥厂外	HN9701	一	一	一	一	/
		乐东-东方近岸	HN9702	一	一	一	一	/
	临高	临高近岸	HN2801	一	一	二	一	/
	昌江	昌江近岸	HN3101	一	一	一	一	/
北部近岸海域	海口	天尾角	HN0101	一	一	二	二	砷
		三连村	HN0102	一	一	一	一	/
		铺前湾	HN0103	一	一	一	一	/
		海口湾	HN0104	一	一	一	一	/
	澄迈	桥头金牌	HN2701	一	一	二	二	铬

（2）主要污染物浓度变化。

2011～2015 年,海南岛近岸海域沉积物监测项目均低于沉积物一类标准限值,在小范围内波动,主要污染指标铅、砷、铬 2013 年均浓度明显高于 2011 年和 2015 年(表 3.57)。

表 3.57　2011～2015 年海南岛近岸海域沉积物环境质量状况

监测项目	2011 年	2013 年	2015 年	一类标准限值
铬/(mg/kg)	28.8	44.3	35.6	80
石油类/(mg/kg)	38	10	10	500
砷/(mg/kg)	8.51	14.13	7.9	20
铜/(mg/kg)	11.3	10	7.9	35
锌/(mg/kg)	58.8	60.8	56.7	150
镉/(mg/kg)	<0.040	0.036	0.033	0.5
铅/(mg/kg)	25	46.2	9.5	60
总汞/(mg/kg)	0.025	0.027	0.023	0.2
有机碳/%	0.477	0.601	0.314	2.0
硫化物/(mg/kg)	11.9	6.1	1.5	300
多氯联苯/(μg/kg)	<0.336	<0.336	<0.336	20
六六六/(μg/kg)	<0.129	<0.260	<0.260	500
滴滴涕/(μg/kg)	0.251	0.525	<0.350	20
大肠菌群/(个/g 湿重)	26	26	13	200
粪大肠菌群/(个/g 湿重)	12	21	9	40

注:带有"<"符号的数据表示未检出,其后面的数值为此项目的最低检出限。

① 铅。2011～2015 年海南岛近岸海域沉积物中铅的污染指数波动较大,2013 年最高,2015 年最低。各市(县)近岸海域沉积物中,2015 年铅的污染指数均处于较低水平。与"十一五"末相比,2011、2013 年海南岛近岸海域铅的平均浓度有所升高,2015 年略有下降(图 3.106)。

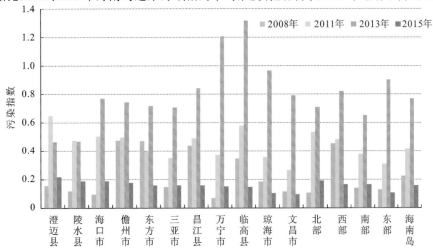

图 3.106　海南岛近岸海域铅污染指数年际变化

②砷。2011～2015年,海南岛近岸海域总体及东、西、南、北四大海域砷的平均污染指数均表现为2015年与2011年基本持平,2013年略高。各市(县)中东方、陵水和万宁近岸海域砷的污染指数基本保持稳定,其余市(县)均存在不同程度的波动,且2013年污染指数高于2011年和2015年。与"十一五"末相比,"十二五"期间,海南岛近岸海域砷的平均浓度有所升高(图3.107)。

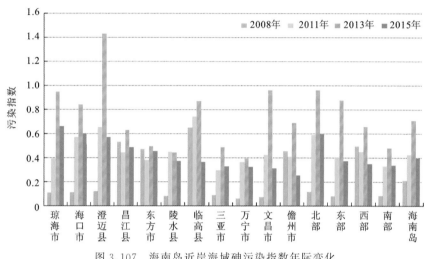

图3.107　海南岛近岸海域砷污染指数年际变化

③铬。2011～2015年,海南岛近岸海域沉积物铬的污染指数基本稳定。东部近岸海域沉积物铬的污染指数2013年明显高于2011年和2015年,其余三大海域铬的污染指数基本保持稳定。各市(县)近岸海域中,澄迈县近岸海域2011年和2015年受铬影响最重,儋州市、万宁市、文昌市和琼海市2013年受铬的影响较大,明显高于其他年份,其他市(县)近五年受铬的影响程度基本一致。与"十一五"末相比,海南岛近岸海域沉积物中铬的平均浓度有所升高(图3.108)。

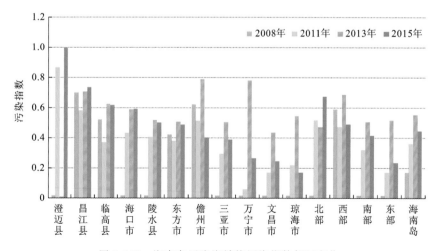

图3.108　海南岛近岸海域铬污染指数年际变化

3. 沉积物质量特征及变化原因分析

"十二五"期间,海南岛近岸海域沉积物质量总体优良,近岸海域沉积物质量以一类为主,2013、2015 年个别海域出现二类沉积物,无三类和劣三类沉积物。沉积物主要污染因子为铅、砷和铬,区域分布较为明显,北部近岸海域沉积物质量较差,天尾角 2013、2015 年沉积物均受到砷的影响质量为二类,桥头金牌 2013、2015 年沉积物质量均为二类,污染因子分别为砷和铬;东部近岸海域 2013 年 85.7% 的监测点位沉积物质量为二类,污染因子分别为铅和砷,2015 年沉积物质量好转,均为一类。

4. 小结

2015 年海南岛近岸海域沉积物质量总体优良,绝大多数近岸海域沉积物处于清洁状态,沉积物优良率达 93.1%,二类沉积物出现在海口天尾角和澄迈桥头金牌,前者受砷影响,后者受铬影响。

2011～2015 年海南岛近岸海域沉积物质量存在较大幅度的波动,2013 年沉积物质量明显劣于其他两年,主要受铅的影响。

3.5.3　近岸海域海洋生物

海洋生物评价包括浮游植物、大型浮游动物和底栖生物,采用《近岸海域环境监测规范》(HJ 442—2008),主要用 Shonnon-Weaver 生物多样性指数法对生物环境质量等级进行评价。

1. 海洋生物现状

2015 年 5～6 月,省中心站对 29 个国控近岸海域海洋生物(浮游植物、浮游动物和底栖生物)环境质量监测点位开展了监测。

1) 浮游植物

(1) 种类组成和群落结构。2015 年海南岛近岸海域共鉴定浮游植物 5 门 261 种(含变种和变型)。其中,硅藻门有 159 种,占 60.9%,甲藻门有 96 种,占 36.8%,蓝藻门有 4 种,占 1.5%,金藻门和绿藻门均有 1 种,各占 0.4%。本次监测浮游植物以硅藻和甲藻为主(图 3.109)。

(2) 数量组成。2015 年海南岛近岸海域浮游植物的丰度在 $0.5 \times 10^3 \sim 10.3 \times 10^3$ cell/L,均值为 2.0×10^3 cell/L。其中,丰度最高值和最低值均出现在东部近岸海域,点位分别为铜鼓岭近岸

图 3.109　2015 年 5～6 月海南岛近岸海域监测浮游植物种类组成及其占比

和大洲岛。海南岛东、西、南、北四大近岸海域,以东部近岸海域的浮游植物丰度最高,其均值为 3.1×10^3 cell/L,北部近岸海域浮游植物的丰度最低,其均值为 1.3×10^3 cell/L。

各个监测点位浮游植物的种类数在 30～93,均值为 63 种。其中,种类较多的点位为大洲岛(93 种)、香水湾(91 种)、铜鼓岭近岸(80 种)和东郊椰林(80 种)等,这些点位主要分布于东部近岸海域和南部近岸海域;种类较少的点位主要分布于西部近岸海域。海南

岛东、西、南、北四大近岸海域中,东部近岸海域浮游植物的种类最多,平均有 75 种,西部近岸海域最少,平均有 50 种(表 3.58)。

表 3.58　2015 年海南岛近岸海域浮游植物种类数、丰度及生态指数统计

区域	点位名称	点位代码	种类数	丰度 /×10³ cell/L	多样性指数	优势度	均匀度	生境质量
北部近岸海域	天尾角	HN0101	54	1.4	3.24	0.51	0.76	优良
	三连村	HN0102	69	1.6	3.87	0.39	0.82	优良
	铺前湾	HN0103	56	1.8	3.78	0.44	0.80	优良
	海口湾	HN0104	57	0.6	4.17	0.42	0.95	优良
	桥头金牌	HN2701	47	0.8	3.36	0.49	0.88	优良
南部近岸海域	合口港湾近岸	HN0201	41	1.6	2.72	0.62	0.71	一般
	亚龙湾	HN0202	59	2.3	2.96	0.58	0.66	一般
	坎秧湾近岸	HN0203	56	4.1	1.03	0.92	0.25	差
	大东海	HN0204	79	2.4	3.61	0.46	0.77	优良
	三亚湾	HN0205	71	1.1	3.97	0.30	0.88	优良
	天涯海角	HN0206	63	1.2	3.53	0.37	0.88	优良
	梅山镇近岸	HN0207	77	3.2	3.97	0.40	0.79	优良
	香水湾	HN3401	91	0.7	3.77	0.47	0.87	优良
	陵水湾	HN3402	64	0.6	3.58	0.34	0.92	优良
东部近岸海域	潭门港湾	HN9201	79	0.8	3.31	0.49	0.83	优良
	博鳌湾	HN9202	63	1.1	4.15	0.34	0.92	优良
	抱虎港湾	HN9501	56	1.8	3.97	0.46	0.85	优良
	抱虎角	HN9502	77	6.6	2.67	0.69	0.52	一般
	铜鼓岭近岸	HN9503	80	10.3	1.65	0.82	0.33	差
	东郊椰林	HN9504	80	0.7	3.92	0.28	0.94	优良
	大洲岛	HN9601	93	0.5	3.66	0.46	0.92	优良
西部近岸海域	临高近岸	HN2801	48	2.4	1.59	0.83	0.42	差
	昌江近岸	HN3101	73	1.6	3.73	0.40	0.82	优良
	兵马角	HN9301	54	1.0	1.99	0.83	0.52	差
	新英湾养殖区	HN9302	48	1.3	3.49	0.44	0.81	优良
	儋洲白蝶贝自然保护区	HN9303	57	0.8	3.59	0.48	0.83	优良
	洋浦鼻	HN9304	48	4.1	1.13	0.90	0.29	差
	八所化肥厂外	HN9701	43	0.6	2.55	0.68	0.65	一般
	乐东-东方近岸	HN9702	30	1.5	1.57	0.82	0.39	差

(3) 优势种。2015 年海南岛近岸海域各监测点位浮游植物的优势度在 0.28~0.92,

均值为 0.54。优势种类主要为硅藻门的佛朗梯形藻(*Climacodium frauenfelidianum*)、菱形海线藻(*Thalassionema nitzschioides*)、翼根管藻纤细变型(*Rhizosoleniaalata* f. *gracillima*)、畸形圆筛藻(*Coscinodiscus deformatus*)、圆筛藻 sp.(*Coscinodiscus* sp.)、甲藻门的海洋原甲藻(*Prorocentrum micans*)、墨西哥原甲藻(*Prorocentrum mexicanum*)、多甲藻 sp.(*Peridinium* sp.)以及蓝藻门的红海束毛藻(*Trichodesmium erythraeum*)、铁氏束毛藻(*Trichodesmium thiemautii*)等。

(4)多样性指数及均匀度。2015 年海南岛近岸海域各监测点位浮游植物多样性指数在 1.03~4.17,均值为 3.12。其中,北部的海口湾和东部的博鳌湾近岸海域浮游植物多样性指数较高,南部的坎秧湾浮游植物多样性指数最低。海南岛东、西、南、北四大近岸海域,北部近岸海域浮游植物多样性指数最高,均值为 3.68,南部与东部近岸海域浮游植物多样性指数较为接近,均值分别为 3.24 和 3.30,西部近岸海域浮游植物多样性指数最低,均值为 2.45。

各个监测点位浮游植物均匀度在 0.25~0.95,均值为 0.59。均匀度分布规律与多样性指数的分布规律相似,以北部的海口湾和东部的博鳌湾近岸海域较高,南部的坎秧湾近岸海域最低。海南岛东、西、南、北四大近岸海域中,浮游植物均匀度由高到低分别为北部近岸海域、东部近岸海域、南部近岸海域和西部近岸海域。

生境质量根据《近岸海域环境监测规范》(HJ 442—2008),2015 年海南岛近岸海域浮游植物的生境质量总体一般。各监测点位中浮游植物生境质量为优良的有 19 个,占 65.5%;一般的有 4 个,占 13.8%;差的有 6 个,占 20.7%。海南岛东、西、南、北四大近岸海域,北部近岸海域浮游植物的生境质量均为优良,南部和东部近岸海域浮游植物的生境质量较接近,优良率分别为 66.7% 和 71.4%,西部近岸海域的浮游植物生境质量最差,优良率仅为 37.5%。

2)浮游动物

(1)种类组成和群落结构。2015 年海南岛近岸海域共鉴定浮游动物 143 种。其中,桡足类 49 种,占 34.3%;水螅水母类 23 种,占 16.1%;浮游幼虫 22 种,占 15.4%;管水母类 9 种,占 6.3%;毛颚类 8 种,占 5.6%;浮游螺类 7 种,占 4.9%;被囊类 6 种,占 4.2%;原生动物、端足类、樱虾类和枝角类各 3 种,各占 2.1%,浮游多毛类和介形类各 2 种,各占 1.4%,十足类、连虫类和栉水母类各 1 种,各占 0.7%。本次监测浮游动物主要为桡足类、水螅水母类和浮游幼虫。

(2)数量组成。2015 年海南岛近岸海域浮游动物的丰度在 8.3 ~ 2470.0 ind./m³,均值为 136.7 ind./m³。其中,丰度最高值出现在西部的乐东-东方近岸,为 2470.0 ind./m³,该点位主要以长腹剑水蚤属(*Oithona* sp.)和强额拟哲水蚤(*Paracalanus crassirostris*)等个体较小的浮游动物为主;其次为东部的抱虎港湾和北部的铺前湾,丰度分别为 153.8 ind./m³ 和 138.1 ind./m³。丰度最低值出现在南部的香水湾,为 8.3 ind./m³。海南岛东、西、南、北四大近岸海域,西部近岸海域浮游动物的丰度最高,其均值为 358.9 ind./m³,东部和北部近岸海域浮游动物丰度较为接近,其均值分别为 71.2 ind./m³ 和 63.3 ind./m³,南部近岸海域浮游动物的丰度最低,为 30.8 ind./m³。

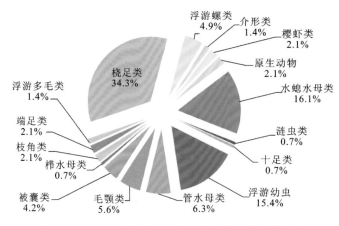

图 3.110　2015 年海南岛近岸海域浮游动物种类组成

各个监测点位浮游动物的种类数在 10～44 种,均值为 24 种。种类数最大值出现在西部的临高近岸,其次为东部的潭门港湾,有 41 种,南部的陵水湾、合口港湾近岸、坎秧湾近岸,东部的大洲岛、抱虎港湾以及西部的乐东-东方近岸等点位的浮游动物种类也较多,均有 30 余种。海南岛东、西、南、北四大近岸海域,东部、西部和南部近岸海域浮游动物种类较多,其均值分别为 28 种、26 种和 24 种,北部近岸海域浮游动物种类较少,平均有 19 种(表 3.59)。

表 3.59　2015 年海南岛近岸海域浮游动物种类数、丰度及生态指数统计

区域	测点名称	点位代码	种类数	丰度 /(ind./m³)	多样性 指数	优势度	均匀度	生境质量
北部近岸海域	天尾角	HN0101	29	45.0	3.45	0.40	0.71	优良
	三连村	HN0102	20	67.5	3.25	0.46	0.75	优良
	铺前湾	HN0103	17	138.1	2.73	0.56	0.67	一般
	海口湾	HN0104	15	33.3	3.35	0.40	0.86	优良
	桥头金牌	HN2701	14	32.5	3.27	0.38	0.86	优良
南部近岸海域	合口港湾近岸	HN0201	35	53.5	4.07	0.34	0.79	优良
	亚龙湾	HN0202	19	18.7	3.67	0.38	0.86	优良
	坎秧湾近岸	HN0203	32	35.2	3.92	0.39	0.78	优良
	大东海	HN0204	20	22.3	3.59	0.43	0.83	优良
	三亚湾	HN0205	20	23.5	3.83	0.43	0.89	优良
	天涯海角	HN0206	18	22.5	3.81	0.56	0.91	优良
	梅山镇近岸	HN0207	24	51.0	3.77	0.33	0.82	优良
	香水湾	HN3401	14	8.3	3.32	0.56	0.87	优良
	陵水湾	HN3402	36	42.3	4.30	0.32	0.83	优良

续表

区域	测点名称	点位代码	种类数	丰度 /(ind./m³)	多样性指数	优势度	均匀度	生境质量
东部近岸海域	潭门港湾	HN9201	41	41.5	4.56	0.22	0.85	优良
	博鳌湾	HN9202	10	9.5	3.12	0.53	0.94	优良
	抱虎港湾	HN9501	34	153.8	3.75	0.50	0.74	优良
	抱虎角	HN9502	31	98.1	3.94	0.38	0.80	优良
	铜鼓岭近岸	HN9503	25	43.3	3.40	0.54	0.73	优良
	东郊椰林	HN9504	17	52.0	3.46	0.42	0.85	优良
	大洲岛	HN9601	35	100.0	4.00	0.40	0.78	优良
西部近岸海域	兵马角	HN9301	28	64.5	3.49	0.47	0.73	优良
	新英湾养殖区	HN9302	11	66.7	3.21	0.65	0.93	优良
	儋洲白蝶贝自然保护区	HN9303	23	53.5	3.78	0.40	0.84	优良
	洋浦鼻	HN9304	29	46.5	3.72	0.38	0.77	优良
	八所化肥厂外	HN9701	16	50.0	3.58	0.34	0.89	优良
	乐东-东方近岸	HN9702	33	2470.0	3.08	0.52	0.61	优良
	临高近岸	HN2801	44	96.3	3.30	0.55	0.60	优良
	昌江近岸	HN3101	20	24.0	2.94	0.64	0.68	一般

（3）优势种。2015 年海南岛近岸海域各监测点位浮游动物的优势度在 0.22～0.65,均值为 0.44。主要的优势种为桡足类的达氏筛哲水蚤(*Cosmocalanus darwini*)、微刺哲水蚤(*Canthocalanus pauper*)、亚强真哲水蚤(*Eucalanus subcrassus*)、异尾宽水蚤(*Temora discaudata*)、锥形宽水蚤(*Temora turbinata*),毛颚类的肥胖箭虫(*Sagitta enflata*),枝角类的鸟喙尖头溞(*Penilia avirostris*),樱虾类的中型莹虾(*Lucifer intermedius*),水螅水母类(*Hydropolypse sp.*),浮游幼虫的短尾类溞状幼虫(Zoea larva(Brachyura))、鱼卵(Fish eggs)、长尾类糠虾幼虫(Mysidacea larvae)、桡足类幼体(Copepodite larva)。

（4）多样性指数及均匀度。2015 年海南岛近岸海域各监测点位浮游动物的多样性指数在 2.73～4.56,均值为 3.57。其中,北部的铺前湾和西部的昌江近岸的浮游动物多样性指数低于 3.00,分别为 2.73 和 2.94,其余监测点位的多样性指数均大于 3.00,尤其在南部的合口港湾近岸、陵水湾,东部的潭门港湾、大洲岛等监测点位,浮游动物多样性指数均大于 4.00。海南岛东、西、南、北四大近岸海域,浮游动物的多样性指数由高到低分别为南部近岸海域、东部近岸海域、西部近岸海域和北部近岸海域。

各监测点位浮游动物均匀度在 0.60～0.94,均值为 0.80。其最低值出现在西部的临高近岸,最高值出现在东部的博鳌湾。海南岛东、西、南、北四大近岸海域,南部近岸海域的均匀度均值最大,其次为东部近岸海域,而西部近岸海域浮游动物的均匀度均值最小。

（5）生境质量。2015 年海南岛近岸海域浮游动物的生境质量总体为优良,除北部的铺前湾和西部的昌江近岸浮游动物的生境质量为一般外,其余均为优良,优良率为 93.1%。

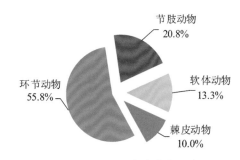

图 3.111　2015 年海南岛近岸
海域底栖生物种类组成

3）底栖生物

（1）种类组成和群落结构。2015 年海南岛近岸海域共鉴定底栖生物 120 种。其中，环节动物 67 种，占 55.8%；节肢动物 25 种，占 20.8%；软体动物 16 种，占 13.3%；棘皮动物 12 种，占 10.0%。本次监测底栖生物主要为环节动物和节肢动物（图 3.111）。

（2）数量组成。2015 年海南岛近岸海域各监测点位底栖生物的栖息密度在 5.0～2 800.0 ind./m²，均值为 155.3 ind./m²。其中，底栖生物栖息密度的最高值出现在西部的新英湾养殖区，为 2 800.0 ind./m²，该点位主要种类为光滑河蓝蛤（*Potamocorbula laevis*），其栖息密度为 2 600.0 ind./m²，其次为南部的合口港湾近岸和坎秧湾近岸，其栖息密度均为 160.0 ind./m²。最低值出现在北部的天尾角和南部的梅山镇近岸，其栖息密度均为 5.0 ind./m²，这两个点位仅监测到 1 种底栖生物。海南岛东、西、南、北四大近岸海域，底栖生物的栖息密度以西部近岸海域的最高，为 385.0 ind./m²；其次为南部近岸海域和东部近岸海域，其底栖生物的栖息密度分别为 86.7 ind./m² 和 70.0 ind./m²；北部近岸海域底栖生物的栖息密度最低，为 31.0 ind./m²。

各监测点位底栖生物的生物量在 0.05～241.80 g/m²，均值为 19.35 g/m²。其中，生物量最高值出现在西部的新英湾养殖区，为 241.80 g/m²；其次为东部的博鳌湾和南部的梅山镇近岸，分别为 107.66 g/m² 和 76.93 g/m²；最低值出现在西部的洋浦鼻，为 0.05 g/m²。此外，北部的天尾角，南部的大东海，东部的潭门港湾、抱虎港湾、抱虎角，西部的昌江近岸底栖生物的生物量也较低，其值均低于 1.00 g/m²。海南岛东、西、南、北四大近岸海域，以西部近岸海域底栖生物的生物量最高，均值为 40.27 g/m²；其次为东部近岸海域，其均值为 16.67 g/m²；北部近岸海域最低，均值仅有 3.87 g/m²。

各监测点位底栖生物的种类有 1～18 种，平均为 7 种。北部的天尾角和南部的梅山镇近岸底栖生物种类较少，仅 1 种。南部的香水湾与陵水湾种类较多，分别有 18 种和 16 种。此外，南部的合口港湾近岸和坎秧湾近岸，东部的大洲岛，西部的临高近岸和新英湾养殖区底栖生物种类也较多，均大于 10 种。海南岛东、西、南、北四大近岸海域，南部近岸海域底栖生物的种类最多，平均有 10 种；其次为东部近岸海域和西部近岸海域，均值均为 7 种；北部近岸海域底栖生物的种类最少，平均有 4 种（表 3.60）。

表 3.60　2015 年海南岛近岸海域底栖生物种类、密度、生物量及生态指数统计

区域	测点名称	点位代码	种类数	密度 /(ind./m²)	生物量 /(g/m²)	多样性指数	均匀度	优势度	生境质量
北部近岸海域	天尾角	HN0101	1	5.0	0.06	0.00	/	1.00	极差
	三连村	HN0102	4	30.0	1.16	1.92	0.96	0.92	差
	铺前湾	HN0103	2	25.0	10.71	0.97	0.97	1.00	极差
	海口湾	HN0104	3	15.0	4.39	1.58	1.00	0.89	差
	桥头金牌	HN2701	8	80.0	3.05	2.83	0.94	0.86	一般

续表

区域	测点名称	点位代码	种类数	密度/(ind./m²)	生物量/(g/m²)	多样性指数	均匀度	优势度	生境质量
南部近岸海域	合口港湾近岸	HN0201	12	160.0	8.54	3.23	0.90	0.65	优良
	亚龙湾	HN0202	9	110.0	3.59	2.78	0.88	0.65	一般
	坎秧湾近岸	HN0203	13	160.0	1.37	3.40	0.92	0.42	优良
	大东海	HN0204	5	50.0	0.81	2.17	0.93	0.81	一般
	三亚湾	HN0205	9	55.0	1.76	3.03	0.95	0.52	优良
	天涯海角	HN0206	9	45.0	1.16	3.17	1.00	0.85	优良
	梅山镇近岸	HN0207	1	5.0	76.93	0.00	/	1.00	极差
	香水湾	HN3401	18	105.0	5.31	4.01	0.96	0.70	优良
	陵水湾	HN3402	16	90.0	3.32	3.95	0.99	0.44	优良
东部近岸海域	潭门港湾	HN9201	6	35.0	0.95	2.52	0.98	0.58	一般
	博鳌湾	HN9202	7	140.0	107.66	2.81	1.00	0.99	一般
	抱虎港湾	HN9501	5	50.0	0.90	2.85	0.95	0.61	一般
	抱虎角	HN9502	5	50.0	0.28	2.05	0.88	0.59	一般
	铜鼓岭近岸	HN9503	4	50.0	3.70	1.92	0.96	0.68	差
	东郊椰林	HN9504	6	55.0	2.15	2.22	0.86	0.91	一般
	大洲岛	HN9601	12	110.0	1.04	2.98	0.83	0.78	一般
西部近岸海域	临高近岸	HN2801	12	75.0	3.10	3.51	0.98	0.63	优良
	昌江近岸	HN3101	4	30.0	0.21	1.79	0.90	0.68	差
	兵马角	HN9301	8	55.0	1.76	2.85	0.95	0.78	一般
	新英湾养殖区	HN9302	11	2800.0	241.80	0.59	0.17	0.86	极差
	儋洲白蝶贝自然保护区	HN9303	5	35.0	4.20	2.24	0.96	0.94	一般
	洋浦鼻	HN9304	2	10.0	0.05	1.00	1.00	1.00	差
	八所化肥厂外	HN9701	7	45.0	66.54	2.64	0.94	0.97	一般
	乐东-东方近岸	HN9702	5	30.0	4.53	2.25	0.97	0.91	一般

（3）优势种。2015 年海南岛近岸海域各点位底栖生物的优势度在 0.42～1.00。优势种主要为环节动物的背褶沙蚕（*Tambalagamia fauvli*）、节肢动物的尖额涟虫科（*Leuconidae spp.*）、菱蟹科（*Parthenopidae spp.*）和棘皮动物的阳遂足科（*Amphiuridae spp.*）。

（4）多样性指数与均匀度。2015 年海南岛近岸海域各监测点位的底栖生物多样性指数在 0.00～4.01，均值为 2.32。北部的天尾角和南部的梅山镇近岸仅有 1 种底栖生物，其多样性指数为 0，北部的天尾角、铺前湾和西部的新英湾养殖区的底栖生物多样性指数也较低，均小于 1.00。南部的香水湾和陵水湾底栖生物多样性指数较高，分别为

4.01和3.95。海南岛东、西、南、北四大近岸海域,以南部近岸海域底栖生物的多样性指数最高,其均值为2.86,北部近岸海域最低,平均值为1.46。

各个监测点位底栖生物的均匀度在0.17~1.00,均值为0.92。其中,北部的海口湾、南部的天涯海角、东部的博鳌湾、西部的洋浦鼻近岸海域底栖生物均匀度均为1.00,西部的新英湾养殖区均匀度最低,为0.17。此外,由于北部的天尾角和南部的梅山镇近岸仅有1种底栖生物,故其均匀度不可计算。海南岛东、西、南、北四大近岸海域,以北部近岸海域的均匀度最高,均值为0.97,西部近岸海域最低,均值为0.86。

(5)生境质量。2015年海南岛近岸海域底栖生物的生境质量总体一般。其中,底栖生物生境质量优良的监测点位有7个,占24.1%,主要分布于南部近岸海域;生境质量为一般的监测点位有13个,占44.8%,主要分布于东部和西部近岸海域;生境质量为差或者极差的监测点位有9个,占31.1%,主要分布于北部近岸海域。海南岛东、西、南、北四大近岸海域,以南部近岸海域底栖生物的生境质量最好,其优良比例为66.7%,而以北部近岸海域最差,其生境质量为差或极差的比例为80.0%。

2. 海洋生物变化趋势

"十二五"期间,海南岛近岸海域海洋生物共采样3次,采样年度分别为2011年、2013年和2015年。

1)"十二五"期间浮游植物变化趋势

"十二五"期间,海南岛近岸海域浮游植物的丰度呈逐年下降趋势,种类呈逐年增加趋势。2011年,近岸海域浮游植物的丰度最高,平均丰度为75.2×10^3 cell/L,种类数为193种。2015年浮游植物的丰度最低,仅为2.0×10^3 cell/L,但其种类最多,为261种。方差分析表明,2011年、2013年、2015年三年浮游植物的丰度差异不显著($F=3.02$,$p>0.05$)。

与2008年相比,"十二五"期间,海南岛近岸海域浮游植物的丰度和种类均有较大增加,其中2008年近岸海域浮游植物的种类为165种,平均丰度为0.5×10^3 cell/L(图3.112)。

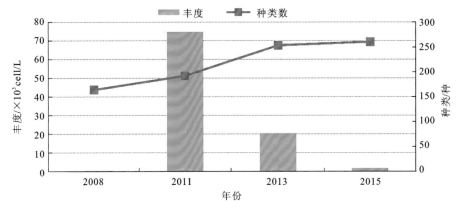

图3.112　2008年及"十二五"期间近岸海域浮游植物丰度及种类数变化

海南岛近岸海域浮游植物的优势度呈先增加后降低趋势,整体波动不大,其均值在 0.53～0.59,以 2013 年浮游植物的优势度最高,2011 年最低。方差分析表明,"十二五"期间,海南岛近岸海域浮游植物优势度变化不显著($F=0.65$,$p>0.05$)。与 2008 年的 0.65 相比,浮游植物的优势度有所降低。2011 年和 2013 年浮游植物的优势种主要为中肋骨条藻(*Skeletonema costatum*)、菱形海线藻(*Thalassionema nitzschioides*)和尖刺菱形藻(*Nitzschia pungens*)等硅藻,而 2015 年优势种有所变化,中肋骨条藻已不为优势种类,而菱形海线藻仍然为优势种类。

海南岛近岸海域浮游植物多样性指数呈增加趋势,其均值在 2.85～3.12。其中,2011 年和 2013 年多样性指数较为接近,2015 年多样性指数均值最高。方差分析表明,三个年度间浮游植物的多样性指数差异不显著($F=0.87$,$p>0.05$)。与 2008 年相比,"十二五"期间,海南岛近岸海域浮游植物的多样性指数呈增高趋势(图 3.113)。

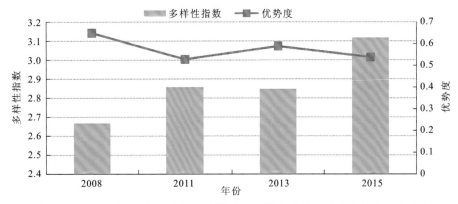

图 3.113　2008 年及"十二五"期间近岸海域浮游植物优势度及多样性指数变化

海南岛近岸海域浮游植物的生境质量优良率整体呈升高趋势,生境质量为优良的点位在增多,生境质量为一般的点位在减少,生境质量为差的点位在增多,生境质量为极差的点位仅在 2011 年出现。其中,2011 年浮游植物生境质量为优良的点位有 12 个,优良率为 41.4%;2013 年生境质量为优良的点位有 11 个,优良率为 37.9%;2015 年生境质量优良的点位有 19 个,优良率为 65.5%。"十二五"期间,海南岛近岸海域浮游植物的生境质量较 2008 年有所改善,生境质量为优良和一般的点位均在增多,生境质量为差和极差的点位在减少(图 3.114)。

2)"十二五"期间浮游动物变化趋势

"十二五"期间,海南岛近岸海域浮游动物的丰度先增加后降低,种类数呈增加趋势。2011 年浮游动物的丰度最低,均值为 0.9 ind./m³,其种类为 99 种;2013 年浮游动物的丰度较 2011 年有较大增加,种类数也有所增加;2015 年丰度有所降低,但种类数有所增加。方差分析表明,2011 年、2013 年、2015 年浮游动物的丰度变化极显著($F=8.03$,$p<0.01$)。与 2008 年相比,"十二五"期间,浮游动物的丰度和种类数整体呈增加趋势(图 3.115)。

浮游动物的优势度整体呈下降趋势,其均值在 0.42～0.57。其中,2011 年优势度最高,2013 年和 2015 年则比较接近。方差分析表明,"十二五"期间,浮游动物优势度差异

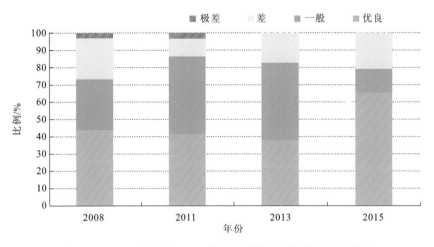

图 3.114　2008 年及"十二五"期间近岸海域浮游植物生境质量

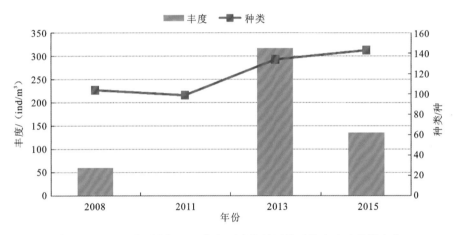

图 3.115　2008 年及"十二五"期间近岸海域浮游动物丰度及种类变化

极显著（$F=10.12$，$p<0.01$）。与 2008 年相比，"十二五"期间，浮游动物的优势度有所降低（图 3.116）。

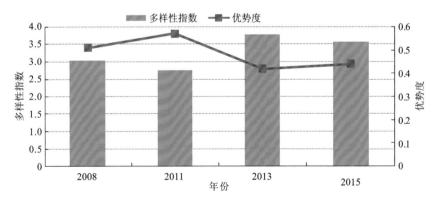

图 3.116　2008 年及"十二五"期间近岸海域浮游动物优势度及多样性指数变化

"十二五"期间,浮游动物优势种类有所变化,其中,2011 年浮游动物的优势种主要为肥胖箭虫(*Sagitta enflata*)、百陶箭虫(*Sagitta bedoti*)、鱼卵(Fish eggs)、中华哲水蚤(*Calanus sinicus*)、瘦新哲水蚤(*Neocalanus gracilis*)、半球杯水母(*Phialidium hemisphaerica*)等,2013 年优势种主要为肥胖箭虫、亚强真哲水蚤(*Eucalanus subcrassus*)、锥形宽水蚤(*Temora turbinata*)、微刺哲水蚤(*Canthocalanus pauper*)等,2015 年优势种主要为达氏筛哲水蚤(*Cosmocalanus darwini*)、微刺哲水蚤、亚强真哲水蚤、异尾宽水蚤(*Temora discaudata*)、锥形宽水蚤及肥胖箭虫等。

浮游动物多样性指数整体呈升高趋势,其均值在 2.76~3.77。其中,2013 年和 2015 年浮游动物的多样性指数均大于 3.00。方差分析表明,2011 年、2013 年、2015 年浮游动物多样性指数差异极显著($F=21.51, p<0.01$),其中,2011 年浮游动物的多样性指数显著性低于 2013 年和 2015 年。虽然 2011 年浮游动物的多样性指数低于 2008 年的,但整个"十二五"期间则高于 2008 年的。

"十二五"期间,海南岛近岸海域浮游动物的生境质量为优良的点位在增加,优良率在升高。一般和差的点位在减少,且 2015 年浮游动物的生境质量没有差等级。2011 年浮游动物生境质量的优良率为 24.1%,2013 年则为 82.8%,2015 年为 93.1%。与 2008 年的优良率 60.0% 相比,虽然 2011 年较 2008 年有较大下降,但整个"十二五"期间则有所提高(图 3.117)。

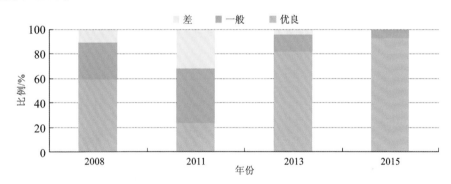

图 3.117 2008 年及"十二五"期间近岸海域浮游动物生境质量

3)"十二五"期间底栖生物变化趋势

"十二五"期间,海南岛近岸海域底栖生物的栖息密度呈先降低后升高的变化规律,整体呈升高趋势。其中,2015 年底栖生物的栖息密度最高,均值为 155.3 ind./m²,2013 年则最低,其均值为 88.5 ind./m²。方差分析表明,"十二五"期间,底栖生物栖息密度的年间差异不显著($F=0.33, p>0.05$)。与 2008 年相比,底栖生物的栖息密度在"十二五"期间有较大增加。

"十二五"期间,海南岛近岸海域底栖生物的生物量整体呈下降趋势。2011 年的生物量最高,为 36.47g/m²,2013 年和 2015 年则较为接近。方差分析表明,底栖生物的生物量在 2011 年、2013 年、2015 年的差异不显著($F=0.50, p>0.05$)。与 2008 年相比,"十二五"期间,底栖生物的生物量有所降低(图 3.118)。

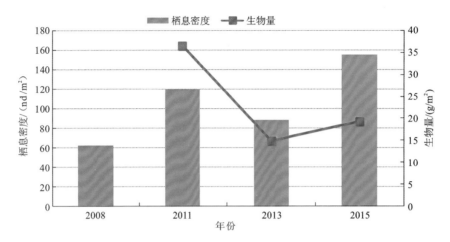

图 3.118　2008 年及"十二五"期间近岸海域底栖生物栖息密度与生物量变化

　　"十二五"期间,底栖生物的优势度呈逐年升高的趋势。其中,2011 年底栖生物的优势度最低,但其种类数则最高,为 161 种;2015 年的优势度最高,但其种类数则最低,为 120 种。方差分析表明,优势度的年度间差异达极显著水平($F = 19.40, p < 0.01$)。与 2008 年相比,仅 2015 年的优势度较高,整个"十二五"期间则略低。

　　"十二五"期间,底栖生物优势种类有所变化,2011 年主要为环节动物的多毛类(*Polychaeta sp.*),2013 年则主要为软体动物,如笋螺科(*Terebridae spp.*)、笔螺科(*Mitridae spp.*)、织纹螺科(*Nassarius spp.*)等,2015 年优势种主要为环节动物的背褶沙蚕(*Tambalagamia fauvli*)、节肢动物的尖额涟虫科(*Leuconidae spp.*)、菱蟹科(*Parthenopidae spp.*)。

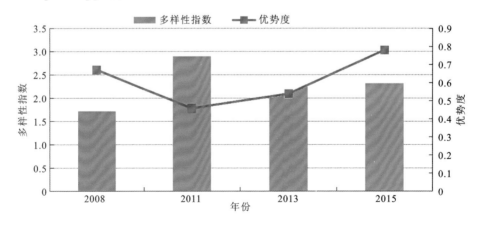

图 3.119　2008 年及"十二五"期间近岸海域底栖生物优势度及多样性指数变化

　　"十二五"期间,底栖生物的多样性指数呈逐年降低趋势,底栖生物的多样性指数均大于 2.00,其中,2011 年最高,其均值为 2.90。方差分析表明,2011 年、2013 年、2015 年多样性指数差异未达显著水平($F = 2.93, p > 0.05$)。与 2008 年相比,"十二五"期间,底栖生物的多样性指数有较大提高。

　　"十二五"期间,底栖生物的生境质量呈下降趋势。其中,2011 年底栖生物生境质量的优良率最高,为 55.2%,生境质量为差的点位较少,有 5 个,占 17.2%,2013 年生境质量的优良率为 37.9%,生境质量为差的点位较多,有 10 个,占 34.5%,2015 年生境质量的优良率为 24.1%,与 2011 年和 2013 年不同,2015 年出现了 4 个生境质量为极差等级的点位,占 13.8%。与 2008 年相比,"十二五"期间,底栖生物的生境质量出现较大改善,在 2008 年,底栖生物的生境质量没有优良等级,且极差等级的点位有 6 个,占 20.7%。

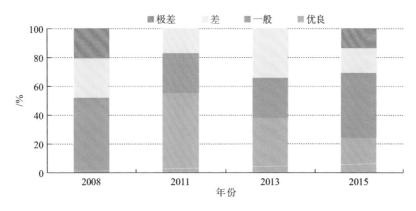

图 3.120　2008 年及"十二五"期间近岸海域底栖生物生境质量

3. 海洋生物特征及变化原因分析

　　海南岛近岸海域浮游植物主要以硅藻和甲藻等为主,其丰度和种类数表现为东部、南部近岸海域大于西部、北部近岸海域;浮游动物主要以桡足类、水螅水母类、毛颚类及浮游幼虫等为主,丰度表现为北部近岸海域大于南部近岸海域,种类数则表现为南部近岸海域大于北部近岸海域;底栖生物主要为环节动物和节肢动物,浮游动物的生境质量好于浮游植物和底栖生物,其栖息密度和生物量均为西部近岸海域最高,且主要由于新英湾养殖区点位的高栖息密度和生物量,种类则为南部近岸海域较多。

　　"十二五"期间,浮游植物的丰度呈逐年下降趋势,而种类数和物种多样性指数等则呈逐年增加趋势,生境质量的优良率呈升高趋势,但其丰度($F=3.02, p>0.05$)和多样性指数($F=0.87, p>0.05$)等生态指标的年间变化不显著;浮游动物的丰度先增加后降低,种类数呈增加趋势,其多样性指数整体呈升高趋势,生境质量整体呈改善趋势,丰度($F=8.03, p<0.01$)和多样性指数($F=21.51, p<0.01$)等生态指标的年间变化显著;底栖生物的栖息密度呈先降低后升高的变化规律,整体呈升高趋势,生物量整体呈下降趋势,多样性指数和生境质量呈逐年降低趋势,栖息密度($F=0.33, p>0.05$)和多样性指数($F=2.93, p>0.05$)等生态指标的年间变化不显著。

　　海洋生物的群落结构受海洋环境变化以及动物的捕食等因素的影响。"十二五"期间,海水温度的年均值升高,尤其 2015 年海水的平均温度为 28.1 ℃。水温的升高会抑制藻类的生长繁殖,因此,2011 年、2013 年、2015 年,近岸海域浮游植物的丰度呈下降趋势。

相关性分析也表明,浮游植物丰度与水温呈显著性负相关($r = -0.29$, $p < 0.01$)。浮游动物的丰度受到采样季节、温度、盐度、pH 值等因素的影响。随着海水温度的升高,浮游动物的丰度也随之增加($r = 0.25$, $p < 0.05$),且浮游动物一般在夏季具有较高的种类和丰度,而 2013 年和 2015 年采样时间处于夏季,这也是其丰度高于 2011 年的原因之一。底栖生物与盐度、悬浮物等因素有关。相关分析表明,底栖生物的栖息密度与盐度呈负相关($r = -0.27$, $p < 0.05$),与悬浮物呈正相关($r = 0.24$, $p < 0.05$)。

4. 小结

2015 年,海南岛近岸海域浮游植物共鉴定 261 种,主要以硅藻和甲藻为主,平均丰度为 2.0×10^3 cell/L,其生境质量总体为一般。鉴定浮游动物 143 种。主要为桡足类、水螅水母类和浮游幼虫等,平均丰度为 136.7 ind./m^3,其生境质量总体为优良。底栖生物 120 种,主要为环节动物和节肢动物,平均栖息密度为 155.3 ind./m^2,平均生物量为 19.35 g/m^2,生境质量总体一般。

"十二五"期间,海南岛近岸海域浮游植物的种类数逐年增加,但其丰度则逐年降低,其生境质量为优良的点位在增多,生境质量整体呈改善趋势。浮游动物的丰度呈先增加后降低趋势,种类数呈增加趋势,其生境质量的优良率逐年升高,生境质量呈改善趋势。底栖生物的栖息密度整体呈升高趋势,生物量和种类数整体呈下降趋势,其生境质量的优良率呈下降趋势。

3.6　城市(镇)声环境质量

2015 年全省昼间区域声环境质量总体较好,夜间噪声污染较大,声源主要来自生活噪声;道路交通声环境质量总体为好,个别城市(镇)夜间噪声污染尤为突出。城市功能区全省昼间总体达标率 98.1%,夜间总体达标率 69.2%,主要为 3 类、4 类功能区夜间达标率较低。

3.6.1　区域声环境质量

1. 区域噪声状况

2015 年,全省昼间区域环境噪声面积加权平均值为 53.0 dB(A),监测城市(镇)昼间面积加权平均值为 46.7~55.5 dB(A)。海口市区、五指山市、琼海市等 14 个市(县)符合 1 类区标准(55 dB(A)),占 77.8%;三亚市、文昌市、定安县、澄迈县 4 个市(县)符合 2 类区标准(60 dB(A)),占 22.2%。全省监测总面积为 194.13 km^2,网格测点总数 1713 个。定安县、万宁市、东方市等 13 个监测城市(镇)存在超标网格,超标网格面积占全省监测面积的 10.1%(图 3.121)。

全省有 9 个市(县)开展了夜间监测。夜间区域环境噪声面积加权平均值为 46.0 dB(A),监测城市(镇)夜间区域环境噪声面积加权平均值为 38.7~49.4 dB(A)。琼海市、白沙

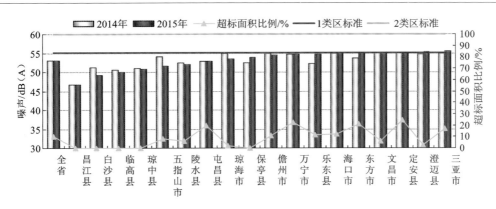

图 3.121 2014～2015 年城市(镇)昼间区域环境噪声

县、昌江县、琼中县 4 个市(县)符合 1 类区标准(45 dB(A)),占 44.4%;东方市、定安县、乐东县、临高县、澄迈县 5 个市(县)符合 2 类区标准(50 dB(A)),占 55.6%。全省监测总面积为 46.47 km², 网格测点总数 722 个。东方市、定安县、临高县等 6 个监测城市(镇)存在超标网格,超标网格面积占全省监测面积的 12.9%(图 3.122)。

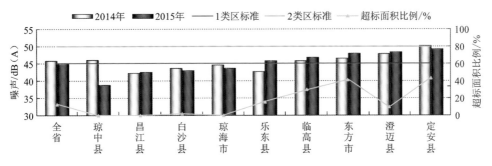

图 3.122 2014～2015 年城市(镇)夜间区域环境噪声

与 2014 年比较,全省区域声环境质量总体无明显变化,部分监测城市(镇)有所变化,其中,乐东县昼间、夜间区域声环境质量有所下降;白沙县、五指山市昼间区域声环境质量有所下降,琼中县、定安县夜间区域声环境质量有所上升,其余监测市(县)区域声环境质量无明显变化(表 3.61)。

表 3.61 2015 年城市(镇)区域噪声统计结果

城市(镇)名称	时间	监测面积 /km²	网格大小 /m×m	网格总数 /个	等效声级 /dB(A)	超标面积比例 /%	评价等级
海口市区	昼间	88.72	650 * 650	210	55.0	12.38	二级
三亚市区	昼间	11.11	330×330	102	55.5	16.67	三级
五指山市	昼间	3.38	130×130	200	51.6	8.50	二级
琼海市	昼间	9.99	300×300	111	53.5	1.80	二级
	夜间	9.99	300×300	111	43.8	0	二级

城市(镇)名称	时间	监测面积 /km²	网格大小 /m×m	网格总数 /个	等效声级 /dB(A)	超标面积比例 /%	评价等级
儋州市	昼间	7.00	250×250	112	54.5	10.71	二级
文昌市	昼间	7.36	270×270	101	55.2	5.94	三级
万宁市	昼间	4.08	200×200	102	54.6	22.55	二级
东方市	昼间	4.04	200×200	101	55.0	20.79	二级
	夜间	4.04	200×200	101	48.1	41.58	三级
定安县	昼间	2.59	160×160	101	55.2	24.75	三级
	夜间	2.59	160×160	101	49.4	43.56	三级
屯昌县	昼间	8.00	400×400	50	52.9	20.00	二级
澄迈县	昼间	4.00	200×200	100	55.3	3.00	三级
	夜间	4.00	200×200	100	48.4	9.00	三级
临高县	昼间	9.27	300×300	103	50.0	0	一级
	夜间	9.27	300×300	103	46.8	29.13	三级
白沙县	昼间	2.49	223×223	50	49.1	0	一级
	夜间	2.49	223×223	50	43.0	2.00	二级
昌江县	昼间	8.91	410×410	53	46.7	0	一级
	夜间	8.91	410×410	53	42.5	0	二级
乐东县	昼间	0.51	100×100	51	54.6	11.76	二级
	夜间	0.51	100×100	51	45.8	15.69	三级
陵水县	昼间	16.00	500×500	64	52.0	6.25	二级
保亭县	昼间	2.00	200×200	50	53.9	0	二级
琼中县	昼间	4.68	300×300	52	50.9	0	二级
	夜间	4.68	300×300	52	38.7	0	一级
全省	昼间	194.13	/	1713	53.0	10.13	二级
	夜间	46.47	/	722	45.2	12.90	三级

注:城市区域声环境质量等级"一级"至"五级"可分别对应评价为"好"、"较好"、"一般"、"较差"和"差"。按国家监测方案要求2015年未要求开展夜间监测,但有9个市(县)也开展了夜间监测。

2. 区域声环境质量评价

2015年,全省昼间区域声环境质量为二级,各监测城市(镇)昼间区域声环境质量主要处于一级和二级。其中3个城市(镇)区域声环境质量为一级,分别是临高县、白沙县、昌江县,占16.7%;11个城市(镇)为二级,分别是海口市区、五指山市、琼海市、儋州市、万宁市、东方市、屯昌县、乐东县、陵水县、保亭县、琼中县,占61.1%;4个城市(镇)为三级,分别是三亚市区、文昌市、定安县、澄迈县,占22.2%(图3.123(a))。与上年度相比,区域声环境质量为一级、三级的城市(镇)比例分别上升了11.1和16.6个百分点,二级的城市

(镇)比例下降了 27.7 个百分点。

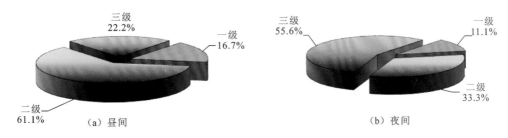

图 3.123　2015 年全省城市区域声环境质量分布比例

全省夜间区域声环境质量为三级,各监测城市(镇)夜间区域声环境质量绝大部分处于二级和三级。其中琼中县区域声环境质量为一级,占 11.1％;3 个城市(镇)为二级,分别是琼海市、白沙县、昌江县,占 33.3％;5 个城市(镇)为三级,分别是东方市、定安县、澄迈县、临高县、乐东县,占 55.6％(图 3.123(b))。

3. 年度对比分析

1) 声级变化趋势

2011～2015 年,全省城市(镇)昼间区域环境噪声面积加权平均值为 52.9～53.6 dB(A),区域声环境质量保持为二级,均低于 1 类区标准 55 dB(A)。采用秩相关系数法分析总体无显著变化。

大部分监测城市(镇)昼间区域声环境质量总体保持稳定。仅文昌市五年区域环境噪声面积加权平均值均高于 1 类区标准,海口市区、三亚市区、儋州市、定安县、屯昌县、澄迈县、保亭县 7 个监测城市(镇)个别年份超 1 类区标准,其余市(县)均低于 1 类区标准。采用秩相关系数法分析,五年来,三亚市区、昌江县总体呈上升趋势,其余监测城市(镇)无显著变化(表 3.62)。与"十一五"末相比,全省城市(镇)昼间区域声环境质量总体保持稳定(图 3.124)。

表 3.62　2010～2015 年监测城市(镇)昼间区域噪声年均等效声级变化

城市(镇)名称	2010 年	2011 年	2012 年	2013 年	2014 年	2015 年	r_s	趋势评价
全省	53.4	53.6	52.9	53.0	53.0	53.0	−0.615	无显著变化
海口市区	55.4	55.6	55.0	54.7	54.9	55.0	−0.611	无显著变化
三亚市区	54.6	53.9	54.2	54.6	54.9	55.5	0.991	显著上升
五指山市	54.5	54.3	54.3	54.3	54.0	51.6	−0.763	无显著变化
琼海市	55.0	54.8	54.1	54.5	54.8	53.5	−0.546	无显著变化
儋州市	53.0	54.6	54.2	55.2	54.8	54.5	0.17	无显著变化
文昌市	55.4	57.0	55.2	55.2	55.1	55.2	−0.716	无显著变化
万宁市	55.0	54.7	54.6	54.3	54.7	54.6	−0.096	无显著变化
东方市	53.8	53.9	54.1	54.7	53.7	55.0	0.518	无显著变化

城市(镇)名称	2010 年	2011 年	2012 年	2013 年	2014 年	2015 年	r_s	趋势评价
定安县	54.2	54.3	50.9	54.0	55.0	55.2	0.537	无显著变化
屯昌县	54.4	54.2	55.3	54.3	52.8	52.9	−0.767	无显著变化
澄迈县	56.4	54.0	52.3	52.1	54.6	55.3	0.549	无显著变化
临高县	51.5	51.8	48.6	52.8	50.7	50.0	−0.146	无显著变化
白沙县	44.1	52.3	52.0	48.2	51.2	49.1	−0.626	无显著变化
昌江县	45.9	45.8	46.2	46.5	46.7	46.7	0.949	显著上升
乐东县	/	51.7	51.8	51.8	52.2	54.6	0.795	无显著变化
陵水县	54.9	54.7	54.2	50.1	52.4	52.0	−0.618	无显著变化
保亭县	54.4	54.4	54.1	56.1	52.5	53.9	−0.319	无显著变化
琼中县	/	/	50.3	50.7	51.0	50.9	0.876	无显著变化

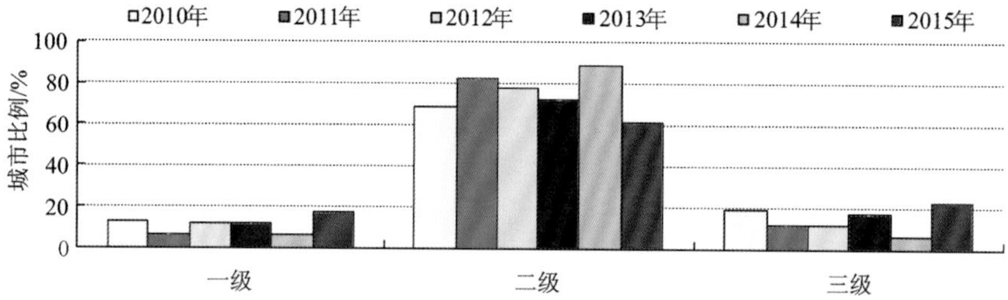

图 3.124　2010～2015 年监测城市(镇)区域声环境质量等级变化

2) 等级变化趋势

2015 年全省城市(镇)区域声环境质量等级比例有所下降,监测城市区域声环境质量处于一级和二级的比例,由 2011 年的 88.2%,下降到 77.8%,下降了 10.4 个百分比。与"十一五"末相比,全省区域声环境质量一级和二级的比例下降了 3.4 个百分比(表3.63)。

表 3.63　2010～2015 年监测城市(镇)区域声环境质量分布比例

年份	监测数量	一级比例/%	二级比例/%	三级比例/%
2010 年	16	12.5	68.7	18.8
2011 年	17	5.9	82.3	11.8
2012 年	18	11.1	77.8	11.1
2013 年	18	11.1	72.2	16.7
2014 年	18	5.6	88.8	5.6
2015 年	18	16.7	61.1	22.2

3.6.2　道路交通声环境质量

1. 道路交通噪声现状

2015 年,全省 18 个市(县)开展了城市(镇)昼间道路交通噪声监测。全省城市(镇)昼间道路交通噪声长度加权平均值为 66.9 dB(A),各市(县)昼间道路交通噪声长度加权平均值为 60.5～71.6 dB(A),有 17 个市(县)昼间道路交通噪声符合标准 70 dB(A),占总数的 94.4%。三亚市昼间道路交通噪声超出标准限值,占总数的 5.6%。全省监测总路长为 372.38 km,监测路段共 210 条,监测总测点 360 个,全省 28% 的测点超过标准,其中昌江县、乐东县、海口市区、定安县、陵水县、东方市、琼海市、儋州市、文昌市、三亚市区等 10 个城市(镇)分别有 6%、18%、22%、25%、25%、29%、31%、40%、45%、87% 的测点超过标准限值。

全省有 9 个市(县)开展了夜间监测。夜间道路交通噪声长度加权平均值为 55.7 dB(A),各监测市(县)夜间道路交通噪声长度加权平均值为 47.5～64.0 dB(A)。东方市、澄迈县、琼中县 3 个市(县)符合标准 55 dB(A),占 33.3%;琼海市、定安县、临高县、白沙县、昌江县、乐东县 6 个市(县)超出标准 55 dB(A),占 66.7%。全省监测总路长为 97.19 km,监测路段共 85 条,监测总测点 130 个,全省 55% 的测点超过标准,其中 8 个监测城市(镇)存在超标测点(表 3.64)。

表 3.64　2015 年城市(镇)道路交通噪声监测统计结果

城市(镇)名称	时间	监测路长/km	监测路段/条	测点/个	平均车流量/(辆/h)	等效声级/dB(A)	超标测点比例	评价等级
海口市区	昼间	148.79	52	114	2 984	68.3	22%	二级
三亚市区	昼间	35.65	13	26	1 758	71.6	87%	三级
五指山市	昼间	5.71	8	12	806	65.9	0%	一级
琼海市	昼间	18.96	10	26	2 177	68.9	31%	二级
	夜间	18.96	10	26	598	58.3	94%	一级
儋州市	昼间	13.28	11	18	1 294	69.7	40%	二级
文昌市	昼间	29.02	11	15	1 742	67.8	45%	一级
万宁市	昼间	13.70	8	16	1 749	67.0	0%	一级
东方市	昼间	18.60	12	12	1 871	65.9	29%	一级
	夜间	18.60	12	12	567	52.0	37%	一级
定安县	昼间	8.66	9	9	991	68.6	25%	二级
	夜间	8.66	9	9	465	64.0	100%	五级
屯昌县	昼间	7.93	4	6	4 140	66.1	0%	一级
澄迈县	昼间	6.27	8	13	537	67.1	0%	一级
	夜间	5.53	8	13	424	52.4	7%	一级

城市(镇)名称	时间	监测路长/km	监测路段/条	测点/个	平均车流量/(辆/h)	等效声级/dB(A)	超标测点比例	评价等级
临高县	昼间	5.49	5	13	3 783	65.7	0%	一级
	夜间	5.49	5	13	2 136	55.3	49%	一级
白沙县	昼间	2.10	7	10	759	64.3	0%	一级
	夜间	2.10	7	10	366	57.9	100%	二级
昌江县	昼间	17.22	13	17	668	65.3	6%	一级
	夜间	17.22	13	17	355	56.5	42%	一级
乐东县	昼间	17.87	17	22	1 916	67.6	18%	一级
	夜间	17.87	17	22	773	57.3	43%	一级
陵水县	昼间	11.67	8	13	1 788	69.1	25%	二级
保亭县	昼间	8.70	10	10	1 754	64.9	0%	一级
琼中县	昼间	2.75	4	8	2 210	60.5	0%	一级
	夜间	2.75	4	8	396	47.5	0%	一级
全省	昼间	372.38	210	360	2 240	66.9	28%	一级
	夜间	97.19	85	130	636	55.7	55%	一级

注:道路交通噪声强度等级"一级"至"五级"可分别对应评价为"好"、"较好"、"一般"、"较差"和"差"。按国家监测方案
   要求 2015 年未要求开展夜间监测,但有 9 个市(县)也开展了夜间监测。

全省昼间道路交通平均车流量为 2 240 辆/h,各监测城市(镇)平均车流量在 537～
4 140 辆/h。海口市区、琼海市、屯昌县、临高县、琼中县等平均车流量大于 2 000 辆/h。

与 2014 年比较,全省道路交通声环境质量总体无明显变化。部分监测城市(镇)有所
变化,其中,琼中县、五指山市昼间道路交通声环境质量有所下降;陵水县昼间道路交通声
环境质量略有上升;乐东县夜间道路交通声环境质量略有上升,琼中县夜间道路交通声环
境质量有所下降,其余监测市(县)道路交通声环境质量没有明显变化。

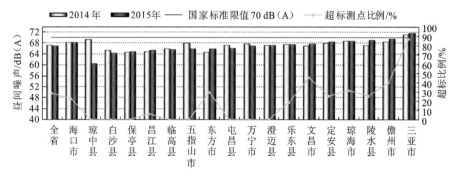

图 3.125　2014～2015 年城市(镇)昼间道路交通噪声比较

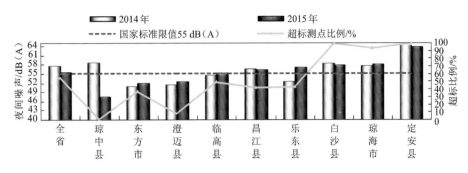

图 3.126 2014～2015 年城市(镇)夜间道路交通噪声比较

2. 道路交通声环境评价

全省昼间道路交通噪声强度为一级,各监测城市(镇)昼间道路交通噪声强度绝大部分处于一级和二级。其中 12 个城市(镇)道路交通噪声强度为一级,分别是五指山市、文昌市、万宁市、东方市、屯昌县、澄迈县、临高县、白沙县、昌江县、乐东县、保亭县、琼中县,占 66.7%;5 个城市(镇)道路交通噪声强度为二级,分别是海口市区、琼海市、儋州市、定安县和陵水县,占 27.8%;三亚市区道路交通噪声强度为三级,占 5.5%。与上年度相比,全省城市(镇)道路交通噪声强度的级别比例没有变化(图 3.127(a))。

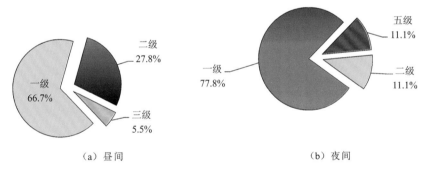

(a) 昼间　　　　　　　　　　(b) 夜间

图 3.127 2015 年全省城市道路交通噪声强度质量分布比例

监测夜间道路交通噪声强度为一级,各监测城市(镇)夜间道路交通噪声强度绝大部分处于一级和二级。其中 7 个城市(镇)夜间道路交通噪声强度为一级,分别是琼海市、东方市、澄迈县、临高县、昌江县、乐东县、琼中县,占 77.8%;白沙县为二级,占 11.1%;定安县为五级,占 11.1%(图 3.127(b))。

3. 年度对比分析

1) 声级变化趋势

2011～2015 年,全省城市(镇)昼间道路交通噪声长度加权平均值为 66.9～68.0 dB(A),道路交通噪声强度保持为一级。采用秩相关系数法分析总体无显著变化。

大部分监测城市(镇)道路交通声环境质量总体保持稳定。全省除三亚市区、儋州市个别年份长度加权平均值超标准 70 dB(A),绝大部分监测城市(镇)均低于标准。采用秩相关系数法分析,五年来乐东县总体呈下降趋势,海口市区、琼海市控制较差,呈上升趋势,但长度加权平均值均控制在标准限值内;其余监测城市(镇)无显著变化(表3.65)。与"十一五"末相比,全省城市(镇)昼间道路交通声环境质量总体保持稳定。

表3.65   2010～2015年监测城市(镇)道路交通年平均等效声级变化

城市(镇)名称	2010年	2011年	2012年	2013年	2014年	2015年	r_s	趋势评价
全省	67.1	67.3	67.4	68.0	67.3	66.9	−0.359	无显著变化
海口市区	67.7	67.7	68.0	67.9	68.2	68.3	0.927	显著上升
三亚市区	70.8	69.7	70.7	72.7	71.2	71.6	0.614	无显著变化
五指山市	67.2	67.7	69.7	68.3	67.9	65.9	−0.626	无显著变化
琼海市	67.7	67.7	67.9	67.9	68.9	68.9	0.911	显著上升
儋州市	67.6	67.8	67.4	71.0	68.5	69.7	0.526	无显著变化
文昌市	65.4	68.6	67.2	67.1	66.9	67.8	−0.435	无显著变化
万宁市	67.1	66.7	66.7	67.5	67.8	67.0	0.545	无显著变化
东方市	63.1	65.2	64.4	64.7	64.6	65.9	0.42	无显著变化
定安县	68.6	68.2	68.7	68.6	68.1	68.6	0.117	无显著变化
屯昌县	67.5	66.8	67.1	67.8	67.1	66.1	−0.361	无显著变化
澄迈县	67.3	64.1	67.5	67.4	67.1	67.1	0.619	无显著变化
临高县	69.1	69.9	66.4	69.3	65.9	65.7	−0.704	无显著变化
白沙县	63.3	65.4	65.5	67.4	65.4	64.3	−0.325	无显著变化
昌江县	68.3	63.4	63.6	65.4	64.9	65.3	0.847	无显著变化
乐东县	/	68.6	68.3	68.3	67.6	67.6	−0.938	显著下降
陵水县	67.3	67.4	67.3	68.2	67.2	69.1	0.646	无显著变化
保亭县	64.9	67.2	67.0	64.9	64.6	64.9	−0.873	无显著变化
琼中县	68.9	69.0	68.9	69.1	69.3	60.5	−0.684	无显著变化

2)等级变化趋势

2011～2015年,全省城市(镇)道路交通声环境质量等级比例略有下降,2011年监测城市道路交通声环境质量均处于一级和二级,2012年以后出现了三级,2013年甚至有5.6%为四级。与"十一五"末相比,全省道路交通声环境质量一级和二级的比例无明显变化(表3.66)。

表3.66   2010～2015年监测城市(镇)道路交通声环境质量分布比例

年份	监测数量	一级比例/%	二级比例/%	三级比例/%	四级比例/%
2010年	17	70.6	23.5	5.9	/
2011年	18	66.7	33.3	/	/
2012年	18	72.2	22.2	5.6	/
2013年	18	55.6	33.2	5.6	5.6
2014年	18	66.7	27.8	5.5	/
2015年	18	66.7	27.8	5.5	/

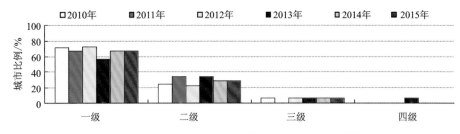

图 3.128　2010~2015 年城市(镇)道路交通声环境质量等级变化

3.6.3　功能区声环境质量

1. 功能区噪声现状

2015 年,地级以上城市海口、三亚开展了城市功能区声环境质量监测。海口市、三亚市 1 类至 4 类功能区昼间噪声能量平均值均低于对应功能区标准限值;海口市、三亚市 4 类功能区夜间噪声能量平均值均高于对应功能区标准限值,其他类功能区夜间噪声能量平均值均低于对应功能区标准限值。

与 2014 年比较,海口市 2 类、3 类功能区昼间噪声能量平均值有不同程度上升,3 类功能区增幅最大,上升了 2.2 dB(A);1 类区保持稳定;4 类区有所下降。夜间噪声能量平均值除 2 类功能区下降外,其他类功能区均有所上升,上升 0.2~1.1 dB(A)。三亚市昼间噪声能量平均值除 2 类功能区上升外,1 类、4 类功能区均略有下降,夜间噪声能量平均值除 2 类功能区保持稳定外,1 类、4 类功能区均有所上升,其中 4 类功能区由 54.4 dB(A)上升至 55.7 dB(A),已超过标准限值 55 dB(A)(表 3.67)。

表 3.67　2014~2015 年地级以上城市功能区声环境监测结果对比

统计指标		昼间/dB(A)				夜间/dB(A)			
		1 类区	2 类区	3 类区	4 类区	1 类区	2 类区	3 类区	4 类区
海口市	2015 年	48.9	54.9	61.3	65.8	42.7	48.0	53.6	61.8
	2014 年	48.9	54.3	59.1	66.3	41.6	48.9	53.4	61.0
	差值	0	0.6	2.2	−0.5	1.1	−0.9	0.2	0.8
三亚市	2015 年	47.7	53.8	/	60.5	40.0	46.9	/	55.7
	2014 年	47.9	53.2	/	60.8	39.3	46.9	/	54.4
	差值	−0.2	0.6	/	−0.3	0.7	0	/	1.3
标准限值		55	60	65	70	45	50	55	55

2. 功能区声环境质量评价

2015 年全省各类功能区共监测 104 点次,昼间、夜间各 52 点次。各类功能区昼间达标 51 点次,占昼间监测点次的 98.1%;夜间达标 36 点次,占夜间监测点次的 69.2%。可以看出,昼间达标率高于夜间(表 3.68)。

表 3.68　2015 年城市各类功能区监测点次达标率统计

功能区类别	总体		1 类区		2 类区		3 类区		4 类区	
	D	N	D	N	D	N	D	N	D	N
监测点次	52	52	12	12	24	24	4	4	12	12
达标点次	51	36	12	12	23	20	4	1	12	3
达标率/%	98.1	69.2	100	100	95.8	83.3	100	25.0	100	25.0

注:D 表示昼间,N 表示夜间。

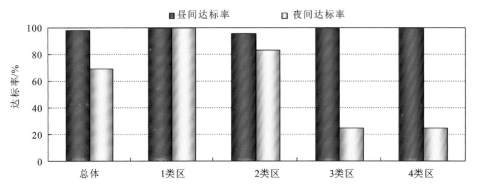

图 3.129　2015 年全省各类功能区监测点次达标率

　　海口市功能区声环境昼间总体达标率 100%,夜间总体达标率 56.3%,其中 1 类、2 类、3 类、4 类功能区夜间达标率分别为 100%、100%、25%、0%。三亚市功能区声环境昼间总体达标率 97.2%,夜间总体达标率 75.0%,其中 1 类、2 类、4 类功能区昼间达标率分别为 100%、95%、100%,夜间达标率分别为 100%、80%、37.5%。

　　与 2014 年相比,全省昼、夜间总体达标率分别下降了 1.9 和 7.7 个百分点。海口市昼间达标率保持 100%,2 类功能区夜间达标率由 75%上升至 100%,3 类功能区夜间达标率由 75%下降为 25%。三亚市 2 类功能区昼、夜间达标率均略有下降,4 类功能区夜间达标率由 62.5%下降为 37.5%(表 3.69)。

表 3.69　2014～2015 年 1～4 类功能区噪声监测点次达标率比较

统计指标		昼间达标率/%				夜间达标率/%					全省
		总体	1 类区	2 类区	3 类区	4 类区	总体	1 类区	2 类区	3 类区	4 类区	
海口市	2015 年	100.0	100.0	100.0	100.0	100.0	56.3	100.0	100.0	25.0	0.0	98.1
	2014 年	100.0	100.0	100.0	100.0	100.0	62.5	100.0	75.0	75.0	0.0	100
	差值	0.0	0.0	0.0	0.0	0.0	−6.2	0.0	25.0	−50.0	0.0	−1.9
三亚市	2015 年	97.2	100.0	95.0	/	100.0	75.0	100.0	80.0	/	37.5	69.2
	2014 年	100.0	100.0	100.0	/	100.0	83.3	100.0	85.0	/	62.5	76.9
	差值	−2.8	0.0	−5.0	/	0.0	−8.3	0.0	−5	/	−25	−7.7

3. 时空变化分析

从时间段分析,海口市、三亚市各功能区 24 小时噪声能量平均值变化规律基本相同,夜间 2:00～4:00 时间段噪声值基本为最低水平,海口市 2 类区 6:00 为最低水平,5:00～8:00 时间段缓慢上升,9:00 左右达到高峰,并维持到 19:00 左右,开始缓慢下降。各功能区噪声能量平均值,4 类区最高,3 类区、2 类区次之,1 类区最低。

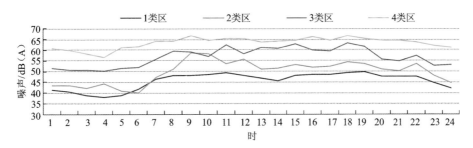

图 3.130　2015 年海口市功能区噪声 24 小时监测均值变化情况

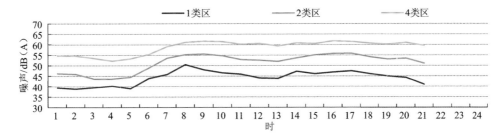

图 3.131　2015 年三亚市功能区噪声 24 小时监测均值变化情况

4. 年度对比分析

1) 声级变化

2011～2015 年,海口市 2 类功能区昼间噪声能量平均值呈逐步升高趋势,但都控制在标准限值内,4 类功能区夜间噪声能量平均值均高于标准限值,其他类功能区昼、夜间能量平均值无明显变化。采用秩相关系数法分析,海口市 2 类功能区昼间噪声控制较差,呈显著上升趋势;其余监测城市(镇)无显著变化。

与"十一五"末相比,海口市各类功能区昼、夜间噪声能量平均值无明显变化(表 3.70)。

表 3.70　2010～2015 年海口市功能区噪声能量平均值统计结果(单位:dB(A))

年份	昼间/dB(A)				夜间/dB(A)			
	1 类区	2 类区	3 类区	4 类区	1 类区	2 类区	3 类区	4 类区
2010	49.1	53.8	59.6	65.4	41.9	46.7	54.7	60.2
2011	49.5	53.1	59.4	66.1	40.4	47.1	54.4	60.0
2012	49.2	53.4	58.5	65.8	40.8	47.7	54.7	61.5
2013	48.5	53.5	58.9	65.2	42.5	48.1	55.1	61.8

续表

年份	昼间/dB(A)				夜间/dB(A)			
	1类区	2类区	3类区	4类区	1类区	2类区	3类区	4类区
2014	48.9	54.3	59.1	66.3	41.6	48.9	53.4	61.0
2015	48.9	54.9	61.3	65.8	42.7	48.0	53.6	61.8
r_s	−0.634	0.961	0.638	−0.038	0.843	0.725	−0.634	0.648
趋势评价	无显著变化	显著上升	无显著变化	无显著变化	无显著变化	无显著变化	无显著变化	无显著变化
标准限值	55	60	65	70	45	50	55	55

2）达标率变化

2011~2015年,海口市昼间功能区声环境质量好于夜间。昼间达标率保持100%,夜间达标率总体有所下降,其中4类功能区夜间达标率均为0,3类功能区夜间达标率有所波动,近两年上升为75%后有所下降,最低为2015年的25%。与"十一五"末相比,海口市各类功能区昼、夜间监测点次达标率均无明显变化(表3.71)。

表3.71 2010~2015年海口市功能区噪声监测点次达标率(单位:%)

年份	总体		1类		2类		3类		4类	
	昼间	夜间	昼间	夜间	昼间	夜间	昼间	夜间	昼间	夜间
2010	100	56.3	100	100	100	100	100	25	100	0
2011	100	62.5	100	100	100	100	100	50	100	0
2012	100	62.5	100	100	100	100	100	50	100	0
2013	100	68.8	100	100	100	100	100	75	100	0
2014	100	62.5	100	100	100	75	100	75	100	0
2015	100	56.3	100	100	100	100	100	25	100	0

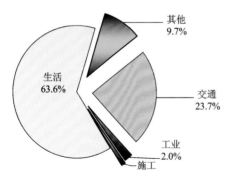

图3.132 2015年全省城市(镇)昼间区域环境噪声声源构成

3.6.4 环境噪声影响因素

1）声源构成

2015年全省城市(镇)昼间区域环境噪声以生活类声源为主,占63.6%;交通类声源次之,占23.7%;工业、施工和其他类声源所占比例较小(图3.132)。各监测城市(镇)生活噪声源影响范围最广,主要为商业、生活等社会活动噪声。

2）声源强度

2015年,施工声源强度对昼间区域声环境影响最大,主要对个别城市(镇)声环境影响较

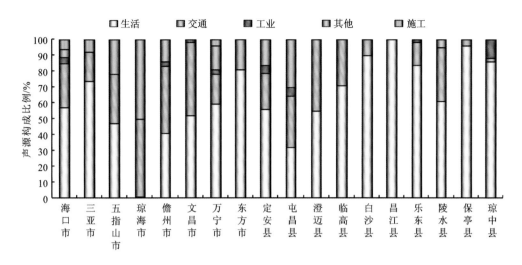

图 3.133 2015 年监测城市(镇)昼间区域环境噪声声源构成

大,道路交通声源强度次之,主要对局部城市(镇)声环境影响较大,其次为工业、其他、生活商业噪声源。

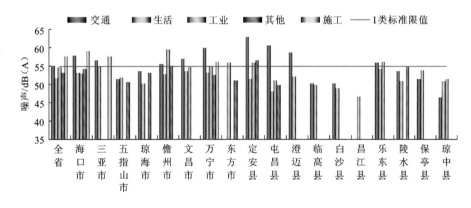

图 3.134 2015 年监测城市(镇)昼间区域环境噪声声源强度

3) 声源构成变化

2011~2015 年,全省受生活商业噪声源影响较大,即有六成以上受生活噪声源的影响,其次为交通噪声源,工业、施工、其他噪声影响范围始终控制在小范围内。与"十一五"末相比,全省仍然受生活类声源影响较大,其次是交通类声源(图 3.135)。

4) 声源源强变化

2011~2015 年,影响强度最大为施工和交通噪声源,施工噪声源强度在 2012 年、2015 年影响最大,交通噪声源强度始终控制在同一水平,工业噪声源近三年略有上升,生活、其他噪声源强度较小。与"十一五"末相比,交通噪声源始终影响强度最大,施工噪声源影响强度有所增加。

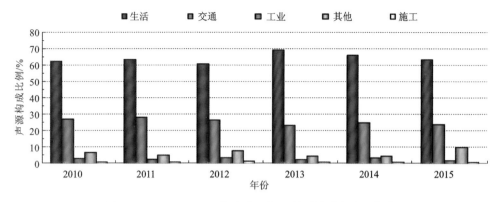

图 3.135　2010～2015 年全省昼间区域环境噪声声源构成

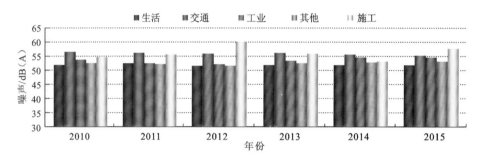

图 3.136　2010～2015 年全省昼间区域环境噪声声源强度

3.6.5　声环境质量变化原因分析

（1）城市（镇）声环境质量总体保持较好。

"十二五"期间,全省加强了城市（镇）道路交通建设和管理,新建扩建市区道路,严格控制道路开挖或占用道路行为。会同城管、环保、公安、工商、文体等多部门联合整治噪声污染。12369 环保投诉电话 24 小时专人值班,全天候受理噪声污染投诉,严厉查处噪声污染环境违法行为。有效制止建筑工地超时违法施工,露天烧烤园、歌舞厅等经营性文化娱乐场所和商业经营活动中使用高音喇叭产生噪声的行为,环境噪声污染得到一定控制。

（2）局部区域声环境污染依然较重。

虽然全省环境噪声污染得到一定控制,但局部区域、道路交通噪声污染依然较重,夜间尤为突出。由于噪声污染存在瞬时性、分散性等特点,噪声污染调查取证难。噪声的发生往往具有反复性,对于部分商业活动噪声治理效果不理想;对夜间施工扰民建筑工地多次现场责令整改,但是部分建筑商仍千方百计坚持作业。公共场所早间锻炼和晚间文娱活动噪声存在的不同理解往往让噪声监管处于两难境地。部分旅游城市夜间活动繁忙,夜市、大排档、露天歌舞厅等民众活动成为噪声污染的主要原因。这与全省城市（镇）建设规划普遍滞后于发展,城市(镇)功能区混乱,各类声源相互影响、治理困难,有着相当大的关系。环境噪声专项治理还未形成长效机制,现有法规不健全也是加重噪声监管难度的重要方面。民众声控意识淡薄,汽车、摩托乱鸣现象仍存在。随着城市基础设施建设加快、房地产开发及道路施工活动频发、机动车行驶带来的交通噪声对部分城市的噪声污染有所加大。近几年,三亚市机动车保有量和自驾游车辆不断增多,城市道路交通声环境质量有所下降。

3.6.6 小结

1. 区域噪声

2015 年,全省昼间区域环境噪声面积加权平均值为 53 dB(A),声环境质量为二级;夜间区域环境噪声面积加权平均值为 46 dB(A),声环境质量为三级。2011~2015 年,全省城市(镇)昼间区域声环境质量保持为二级,均低于 1 类区标准 55 dB(A)。

2. 道路交通噪声

全省城市(镇)昼间道路交通噪声长度加权平均值为 66.9 dB(A),夜间道路交通噪声长度加权平均值为 55.7 dB(A),昼间、夜间道路交通噪声强度均为一级。2011~2015 年,全省城市(镇)昼间道路交通噪声强度保持为一级。

3. 功能区噪声

2015 年,全省各类功能区共监测 104 点次,昼间、夜间各 52 点次。昼间达标 51 点次,占 98.1%;夜间达标 36 点次,占 69.2%。可以看出,昼间达标率高于夜间。2011~2015 年,海口市 2 类功能区昼间噪声能量平均值呈逐步升高趋势,但都控制在标准限值内,4 类功能区夜间噪声能量平均值均高于标准限值,其他类功能区昼间、夜间能量平均值无明显变化。

3.7 辐射环境质量

3.7.1 环境 γ 辐射水平

1. 连续 γ 辐射空气吸收剂量率

1) 状况分析

监测结果表明,2015 年,排除降水等自然因素影响,4 个自动站连续测得的 γ 辐射空气吸收剂量率年均值为 56.9~71.8 nGy/h,与上年相比无明显变化(表 3.72),且在《中国环境天然放射性水平调查研究报告》(1995 年)(以下图中简称《调查》)中海南调查结果范围(47.8~171.7 nGy/h)内。可见,2015 年自动站连续测得的 γ 辐射空气吸收剂量率维持在当地本底水平。

表 3.72 2010～2015 年 γ 辐射空气吸收剂量率监测数据统计

站点	连续 γ 辐射空气吸收剂量率年均值/(nGy/h)					
	2010 年	2011 年	2012 年	2013 年	2014 年	2015 年
海口市海南广场站	77.9	78.3	76.0	76.2	76.3	71.8
海口市红旗镇站	/	/	58.4	55.7	58.0	56.9
三亚市榆亚路站	/	/	68.8	70.3	78.5	70.7
三沙市永兴岛站	/	/	51.6	53.4	59.1	57.1

2）时空变化分析

2011～2015 年,各点位连续 γ 辐射空气吸收剂量率未见明显变化;海口市红旗镇站和三沙市永兴岛站监测结果与海口市海南广场站和三亚市榆亚路站相比较低,与站点所处环境有关。各点位各年份监测结果均在《中国环境天然放射性水平调查研究报告》(1995 年)中海南调查结果范围(47.8～171.7 nGy/h)内,且与范围最低值处于同一水平。与"十一五"末相比,海口市海南广场站监测结果无明显变化(图 3.137)。

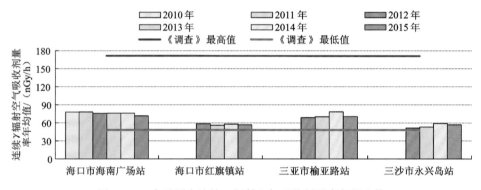

图 3.137 各监测点连续 γ 辐射空气吸收剂量率年际比较

2. 累积 γ 辐射空气吸收剂量率

1）状况分析

监测结果表明,2015 年,累积剂量测得的 γ 辐射空气吸收剂量率测值为 43.5～128.8 nGy/h,年均值为 49.2～117.9 nGy/h,与上年相比无明显变化(表 3.73),且在《中国环境天然放射性水平调查研究报告》(1995 年)中海南调查结果范围(47.8～171.7 nGy/h)内。可见,2015 年累积剂量测得的 γ 辐射空气吸收剂量率维持在当地本底水平。

表 3.73 2015 年 γ 辐射空气吸收剂量率监测数据统计

点位名称	累积 γ 辐射空气吸收剂量率/(nGy/h)(未扣除宇宙射线响应值)		
	测值范围	平均值	标准差
海口市金牛岭公园	58.2～81.2	66.8	8.9
海口市人民公园	78.2～109.4	92.9	11.2

点位名称	累积 γ 辐射空气吸收剂量率/(nGy/h)(未扣除宇宙射线响应值)		
	测值范围	平均值	标准差
海口市东寨港红树林保护区	61.6～98.2	82.5	14.0
三亚市鹿回头公园	96.5～119.8	112.2	9.2
三亚市三亚湾	101.6～128.8	117.9	10.0
三亚市白鹭公园	64.1～79.8	74.3	6.1
五指山市水满乡	87.7～109.5	102.1	8.5
东方市三角公园	88.9～110.2	96.3	9.9
琼海市博鳌论坛会址	67.2～80.9	76.1	6.3
儋州市峨蔓兵马角	43.5～61.6	51.4	7.6
昌江县棋子湾	77.1～101.3	86.2	10.7
三沙市永兴岛	43.7～52.3	49.2	3.9
全省 12 个监测点	43.5～128.8	84.0	8.9

2)时空变化分析

2011～2015 年,三亚市三亚湾、儋州市峨蔓兵马角、三沙市永兴岛测得的累积 γ 辐射空气吸收剂量率无明显变化(表 3.74),个别点位因周围环境变化、点位调整等原因略有上升但仍处于本底水平范围内。各点位各年份监测数据均在《中国环境天然放射性水平调查研究报告》(1995 年)中海南调查结果范围(47.8～171.7 nGy/h)内。

表 3.74　2010～2015 年累积 γ 辐射空气吸收剂量率年际比较

点位名称	累积 γ 辐射空气吸收剂量率/(nGy/h)(未扣除宇宙射线响应值)					
	2010 年	2011 年	2012 年	2013 年	2014 年	2015 年
海口市金牛岭公园	43.2	41.5	56.5	/	60.5	66.8
海口市人民公园	42.9	42.7	68.0	71.2	75.7	92.9
海口市东寨港红树林保护区	38.7	39.8	69.8	76.9	84.5	82.5
三亚市鹿回头公园	81.6	79.9	103.8	102.6	108.4	112.2
三亚市三亚湾	92.2	107.2	116.1	/	115.4	117.9
三亚市白鹭公园	43.4	44.9	48.5	/	67.6	74.3
五指山市水满乡	85.6	85.6	93.1	98.6	108.0	102.1
东方市三角公园	45.9	54.8	58.7	72.6	80.6	96.3
琼海市博鳌论坛会址	52.4	51.0	55.7	71.4	76.8	76.1
儋州市峨蔓兵马角	32.1	36.1	/	45.8	47.9	51.4
昌江县棋子湾	113.6	116.3	100.2	77.7	67.5	86.2
三沙市永兴岛	/	40.4	27.0	41.9	45.0	49.2
全省平均	61.1	61.7	72.5	68.0	78.2	84.0

与"十一五"末相比,除昌江县棋子湾和三沙市永兴岛外,其他点位因点位调整、城市发展等原因,累积γ辐射空气吸收剂量率均略有上升,但仍处于本底水平范围内(图3.138)。

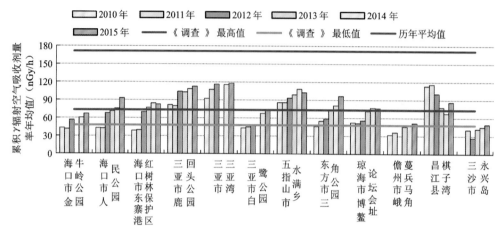

图3.138 各监测点累积γ辐射空气吸收剂量率年际比较

3.7.2 大气放射性水平

1. 气溶胶

1) 状况分析

监测结果表明,2015年,气溶胶中天然放射性核素铍-7活度浓度为1.23~2.11 mBq/m³,与上年相比无明显变化;铀-238(钍-234)、钍-232(锕-228)、镭-226、钾-40均未检出。人工放射性核素碘-131、铯-134、铯-137均未检出,检出人工放射性核素锶-90,各监测点活度浓度为29.9~58.4 μBq/m³。

2) 时空变化分析

2013~2015年,各点位气溶胶中天然放射性核素铀-238(钍-234)、钍-232(锕-228)、镭-226、钾-40和人工放射性核素碘-131、碘-133、铯-134、铯137均未检出,天然放射性核素铍-7无明显变化(表3.75)。

表3.75 各监测点气溶胶放射性活度浓度年际比较(单位:μBq/m³)

监测点位	年份	放射性活度浓度									
		^{7}Be (mBq/m³)	^{238}U (^{234}Th)	^{232}Th (^{228}Ac)	^{226}Ra	^{40}K	^{131}I	^{133}I	^{134}Cs	^{137}Cs	^{90}Sr
海口市海南广场站	2013	2.76	<329	<22.7	<16.8	<157	<5.7	<6.4	<7.1	<4.8	/
	2014	3.09	<166	<11.5	<12.0	<101	<4.3	<4.2	<4.8	<4.7	/
	2015	1.94	<110	<16.4	<11.9	<76.1	<5.0	<5.3	<4.7	<4.5	58.4

续表

监测点位	年份	放射性活度浓度									
		^7Be (mBq/m^3)	^{238}U (^{234}Th)	^{232}Th (^{228}Ac)	^{226}Ra	^{40}K	^{131}I	^{133}I	^{134}Cs	^{137}Cs	^{90}Sr
海口市 红旗镇站	2013	1.04	<100	<5.2	<5.1	<47.8	<2.9	<1.6	<1.3	<1.9	/
	2014	1.24	<194	<14.7	<7.8	<73.0	<3.5	<4.0	<3.3	<3.1	/
	2015	0.89	<191	<17.0	<9.1	<67.8	<3.8	<2.9	<3.7	<4.2	33.0
三亚市 榆亚路站	2013	0.65	<352	<28.0	<17.8	<198	<4.7	<6.8	<5.7	<7.0	/
	2014	1.19	<166	<9.9	<13.0	<125	<5.6	<6.3	<4.2	<3.7	/
	2015	1.31	<117	<16.0	<10.2	<89.1	<4.8	<5.2	<4.2	<4.2	34.4
三沙市 永兴岛站	2013	1.24	<308	<22.8	<14.3	<147	<3.9	<6.3	<3.6	<5.1	/
	2014	2.57	<154	<10.1	<8.6	<74	<3.2	<3.0	<3.4	<3.3	/
	2015	1.23	<121	<16.8	<9.9	<72.9	<4.9	<4.6	<4.4	<4.6	29.9

注:"/"表示根据当年全国辐射环境监测方案,该年度未开展该项目监测,以下同。

2. 沉降物

1) 状况分析

监测结果表明,2015 年,海口市海南广场站沉降物中天然放射性核素铍-7 日沉降量为 1.06 Bq/(m^3 · d),与上年相比无明显变化;铀-238(钍-234)、钍-232(锕-228)、镭-226、钾-40 均未检出。人工放射性核素碘-131、铯-134、铯-137 均未检出,检出人工放射性核素锶-90,放射性日沉降量为 3.0 mBq/(m^3 · d)(表 3.76)。降水中氚未检出。

表 3.76　海口市海南广场站沉降物放射性活度浓度年际比较 (单位:mBq/(m^2 · d))

年份	放射性活度浓度										
	^3H (Bq/L)	^7Be (Bq/m^2 · d)	^{238}U (^{234}Th)	^{232}Th (^{228}Ac)	^{226}Ra	^{40}K	^{131}I	^{133}I	^{134}Cs	^{137}Cs	^{90}Sr
2013	/	1.77	<212	<59.3	<37	<123	<7.7	<8.3	<8.3	<8.3	/
2014	/	1.27	<172	<15.0	<10	<172	<1.8	<2.3	<2.0	<1.8	/
2015	<0.93	1.06	<81.5	<6.0	<4.2	<26.1	<1.9	<2.5	<2.0	<1.8	3.0

2) 时空变化分析

2013~2015 年,海口市海南广场站沉降物中天然放射性核素铀-238(钍-234)、钍-232(锕-228)、镭-226、钾-40 和人工放射性核素碘-131、碘-133、铯-134、铯 137 均未检出,天然放射性核素铍-7 无明显变化。

3. 空气氚化水

监测结果表明,2015 年,海口市海南广场站空气氚化水未检出。2013~2015 年,海口市海南广场站空气中氚化水均未检出(表 3.77)。

表 3.77　海口市海南广场站空气氚化水年际比较

监测点位	水汽氚/(mBq/m³)		
	2013 年	2014 年	2015 年
海口市海南广场站	<21.5	<25.4	<21.5

4. 气态碘

监测结果表明,2015 年,海口市红旗镇站气态碘-131 和碘-125 均未检出(表 3.78)。

表 3.78　2015 年海口市红旗镇站气态碘监测数据统计

监测点位	^{131}I/(mBq/m³)	^{125}I/(mBq/m³)
海口市红旗镇站	<0.78	<18.9

3.7.3 水体放射性水平

1. 水库水

1)状况分析

监测结果表明,2015 年,儋州市松涛水库的总 α/β 放射性、天然放射性核素(铀、钍、镭-226)和人工放射性核素(铯-137、锶-90)监测结果与上年相比,无明显变化(表 3.79)。其中,总 α 和总 β 监测结果低于《生活饮用水卫生标准》(GB 5749—2006)中规定的放射性指标指导值,天然放射性核素活度浓度与《中国环境天然放射性水平调查研究报告》(1995 年)中海南调查结果在同一水平。

表 3.79　2015 年儋州市松涛水库监测数据统计表

点位名称	统计类别	总 α /(Bq/L)	总 β /(Bq/L)	U /(µg/L)	Th /(µg/L)	^{226}Ra /(mBq/L)	^{137}Cs /(mBq/L)	^{90}Sr /(mBq/L)
儋州市 松涛水库	测值范围	0.01~0.02	0.03~0.04	0.04~0.05	0.16~0.26	0.67~2.24	0.15~0.25	1.47~1.66
	测值均值	0.02	0.04	0.04	0.21	1.46	0.20	1.56
中国环境天然放射性 水平调查研究报告	/	/	0.03~0.04	0.11~0.15	3.18~5.70	/		

2)时空变化分析

2013~2015 年,儋州市松涛水库的总 α/β 放射性、天然放射性核素(铀、钍、镭-226、钾-40)和人工放射性核素(铯-137、锶-90)监测结果无明显变化(表 3.80)。其中,总 α 和总 β 监测结果均低于《生活饮用水卫生标准》(GB 5749-2006)中规定的放射性指标指导值,天然放射性核素活度浓度与《中国环境天然放射性水平调查研究报告》(1995 年)中海南调查结果在同一水平。

表 3.80　儋州市松涛水库放射性水平年际比较

监测点位	年份	总 α /(Bq/L)	总 β /(Bq/L)	U /(μg/L)	Th /(μg/L)	^{226}Ra /(mBq/L)	^{40}K /(mBq/L)	^{90}Sr /(mBq/L)	^{137}Cs /(mBq/L)
儋州市 松涛水库	2013	0.03	0.14	0.48	0.08	5.30	22	1.30	0.29
	2014	0.04	0.08	0.19	0.09	7.50	46	1.30	0.30
	2015	0.02	0.04	0.04	0.21	1.46	/	1.56	0.20

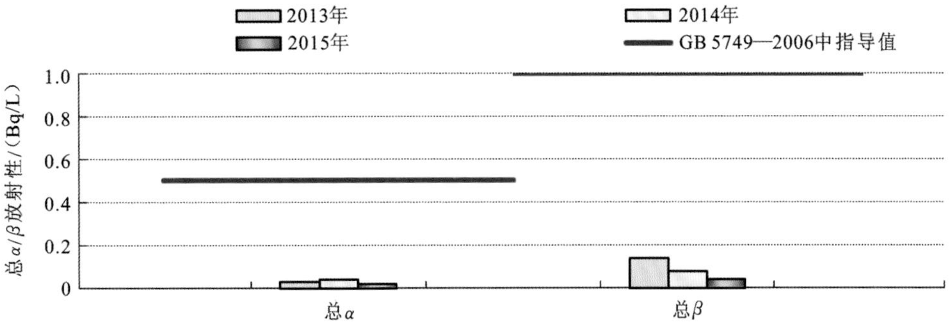

图 3.139　儋州市松涛水库总 α/β 放射性年际比较

2. 饮用水水源地水

1）状况分析

监测结果表明,2015 年,海口市龙塘饮用水水源地的总 α/β 放射性、天然放射性核素（铀、钍、镭-226）和人工放射性核素（铯-137、锶-90）监测结果与上年相比,无明显变化（表 3.81）。各水源地水中总 α 和总 β 监测结果低于《生活饮用水卫生标准》（GB 5749—2006）中规定的放射性指标指导值。

表 3.81　2015 年饮用水水源地水监测数据统计表

点位名称	类别	总 α /(Bq/L)	总 β /(Bq/L)	U /(μg/L)	Th /(μg/L)	^{226}Ra /(mBq/L)	^{137}Cs /(mBq/L)	^{90}Sr /(mBq/L)
海口市龙塘 饮用水水源地	测值范围	0.04~0.10	0.11~0.17	0.49~0.68	0.37~0.43	12.8~17.5	0.09~0.26	0.78~1.90
	测值均值	0.07	0.14	0.58	0.40	15.2	0.18	1.34
海口永庄水库 饮用水水源保护区	测值范围	0.003~0.01	0.05~0.06	/	/	/	/	/
	测值均值	0.006	0.06	/	/	/	/	/
三亚水源池水库 饮用水水源保护区	测值范围	0.01~0.06	0.07~0.12	/	/	/	/	/
	测值均值	0.04	0.10	/	/	/	/	/
三亚大隆水库 饮用水水源保护区	测值范围	0.01~0.02	0.07~0.07	/	/	/	/	/
	测值均值	0.02	0.07	/	/	/	/	/

续表

点位名称	类别	总 α/(Bq/L)	总 β/(Bq/L)	U/(μg/L)	Th/(μg/L)	^{226}Ra/(mBq/L)	^{137}Cs/(mBq/L)	^{90}Sr/(mBq/L)
三亚赤田水库饮用水水源保护区	测值范围	0.02~0.03	0.09~0.10	/	/	/	/	/
	测值均值	0.02	0.10	/	/	/	/	/
三亚半岭水库饮用水水源保护区	测值范围	0.01	0.08	/	/	/	/	/
	测值均值	0.01	0.08	/	/	/	/	/
海口秀英水厂	测值范围	0.01	0.08	/	/	/	/	/
	测值均值	0.01	0.08	/	/	/	/	/

注:除海口市龙塘饮用水水源地外,其他点位均从2015年起监测。

2）时空变化分析

2011~2015年,海口市龙塘饮用水水源地的总 α/β 放射性、天然放射性核素(铀、钍、镭-226、钾-40)和人工放射性核素(铯-137、锶-90)监测结果无明显变化(表3.82)。其中,总 α 和总 β 监测结果均低于《生活饮用水卫生标准》(GB 5749—2006)中规定的放射性指标指导值。与"十一五"末相比,海口龙塘饮用水水源地总 α/β 放射性和天然放射性核素监测结果无明显变化(图3.140,图3.141)。

表 3.82　2010~2015 年饮用水水源地放射性水平年际比较

点位名称	年份	总 α/(Bq/L)	总 β/(Bq/L)	U/(μg/L)	Th/(μg/L)	^{226}Ra/(mBq/L)	^{40}K/(mBq/L)	^{137}Cs/(mBq/L)	^{90}Sr/(mBq/L)
海口市龙塘饮用水水源地	2010	0.05	0.06	0.41	<0.07	17.7	47	/	/
	2011	0.003	0.16	0.23	0.08	11.4	133	/	/
	2012	0.03	0.08	0.10	/	11.1	117	/	/
	2013	0.03	0.09	0.35	0.07	4.2	83	0.13	1.90
	2014	0.04	0.11	0.47	0.09	10.3	81	0.50	1.70
	2015	0.07	0.14	0.58	0.40	15.2	/	0.18	1.34

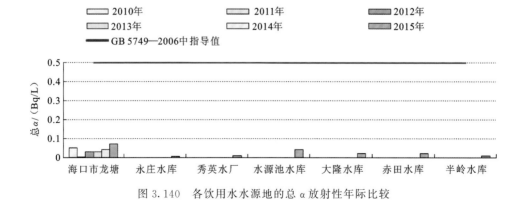

图 3.140　各饮用水水源地的总 α 放射性年际比较

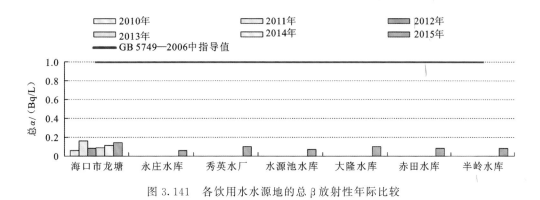

图 3.141　各饮用水水源地的总 β 放射性年际比较

3. 地下水

1）状况分析

监测结果表明,2015 年,海口市省环科院地下水中总 α/β 放射性和天然放射性核素（铀、钍、镭-226）监测结果与上年相比,无明显变化。其中,总 α 和总 β 监测结果低于《地下水质量标准》（GB/T 14848—19993）中规定的 III 类标准值。

2）时空变化分析

2013～2015 年,海口市省环科院地下水中总 α/β 放射性和天然放射性核素（铀、钍、镭-226、钾-40）监测结果无明显变化。其中,总 α 和总 β 监测结果均低于《地下水质量标准》（GB/T 14848—19993）中规定的 III 类标准值（图 3.142）。

表 3.83　海口市省环科院地下水放射性水平年际比较

监测点位	年份	总 α /(Bq/L)	总 β /(Bq/L)	U /(μg/L)	Th /(μg/L)	226Ra /(mBq/L)	40K /(mBq/L)
海口市 省环科院	2013	0.01	0.09	0.56	0.06	7.45	144
	2014	0.04	0.20	1.19	0.04	14.3	218
	2015	0.05	0.22	0.31	0.19	5.80	/

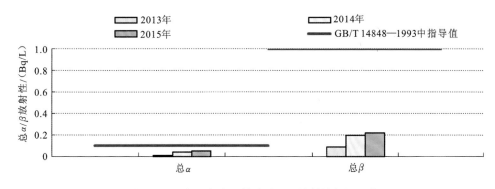

图 3.142　海口市省环科院总 α/β 放射性年际比较

3.7.4　近岸海域放射性水平

1. 海水

1）状况分析

监测结果表明，2015年，各监测点近岸海域海水中天然放射性核素（铀、钍、镭-226）和人工放射性核素（锶-90、铯-137）监测结果与上年相比，无明显变化。其中，人工放射性核素铯-137和锶-90监测结果远低于《海水水质标准》（GB 3097—19997）中规定的限值。

2）时空变化分析

2011～2015年，各监测点近岸海域海水中天然放射性核素（铀、钍、镭-226）和人工放射性核素（锶-90、铯-137）监测结果无明显变化。其中，人工放射性核素锶-90和铯-137监测结果均远低于《海水水质标准》（GB 3097—19997）中规定的限值。与"十一五"末相比，儋州市峨蔓兵马角和文昌市铜鼓岭近岸海域海水中的天然放射性核素活度浓度无明显变化（表3.84）。

表 3.84　2010～2015 年海水放射性水平年际比较

监测点位	年份	U /(μg/L)	Th /(μg/L)	^{226}Ra /(mBq/L)	^{90}Sr /(mBq/L)	^{137}Cs /(mBq/L)
儋州市峨蔓兵马角	2010	3.33	<0.05	5.2	/	/
	2011	1.07	0.33	6.0	/	/
	2012	7.14	0.15	6.7	/	/
	2013	1.20	0.07	9.2	1.01	<0.34
	2014	4.47	0.03	1.7	1.50	0.79
	2015	3.00	0.21	2.6	1.17	0.70
三沙市永兴岛	2010	/	/	/	/	/
	2011	1.75	0.07	3.6	/	/
	2012	3.79	0.30	5.1	/	/
	2013	1.50	0.05	2.4	0.64	<0.82
	2014	3.38	0.03	1.9	1.40	0.90
	2015	2.20	0.16	1.2	1.24	1.31
文昌市铜鼓岭	2010	1.50	0.06	4.0	/	/
	2011	3.33	0.27	4.7	/	/
	2012	7.59	0.27	7.6	/	/
	2013	1.94	0.10	4.7	0.71	<1.21
	2014	6.21	0.08	1.6	1.40	<0.40
	2015	2.30	0.17	1.5	1.28	0.84
GB 3097—19997 中的限值		/	/	/	4000	700

2. 海洋生物

监测结果表明,2015 年,海洋生物中人工放射性核素钴－60 未检出,镭-226、铯-137 和锶-90 监测结果均远低于《食品中放射性物质限制浓度标准》(GB 14482—19994)中规定的放射性核素限制浓度。其中,铯-137 和锶-90 监测结果与上年相比,无明显变化(表 3.85)。

表 3.85 　海洋生物放射性水平年际比较

点位名称 (生物种类)	年份	^{60}Co /(Bq/kg 鲜)	^{226}Ra /(Bq/kg 鲜)	^{137}Cs /(Bq/kg 鲜)	^{90}Sr /(Bq/kg 鲜)
儋州兵马角 (古鱼)	2014	/	/	0.02	0.06
	2015	<0.03	0.26	0.15	0.06
三沙永兴岛 (石斑鱼)	2014	/	/	0.04	0.23
	2015	<0.03	0.19	0.05	0.13
文昌铜鼓岭 (炮弹鱼)	2014	/	/	0.03	0.05
	2015	<0.02	<0.05	0.22	0.04
GB 14482—19994 中限制浓度		/	38	800	290

3.7.5 　土壤放射性水平

1) 状况分析

监测结果表明,土壤中天然放射性核素(铀-238、钍-232、镭-226、钾-40)和人工放射性核素铯-137 监测结果与上年相比,无明显变化(表 3.86)。其中,天然放射性核素铀-238、钍-232、镭-226 和钾-40 监测结果与《中国环境天然放射性水平调查研究报告》(1995 年)中海南调查结果在同一水平。

表 3.86 　2010～2015 年土壤放射性水平年际比较

监测点位	年份	^{238}U /(Bq/kg)	^{232}Th /(Bq/kg)	^{226}Ra /(Bq/kg)	^{40}K /(Bq/kg)	^{137}Cs /(Bq/kg)
海口市金牛岭公园	2010	27.3	43.6	27.7	95.1	/
	2011	25.9	39.6	26.5	87.1	/
	2012	11.8	45.5	27.6	74.2	1.40
	2013	17.6	50.0	31.6	123.1	1.30
	2014	17.8	42.4	28.7	140.2	0.40
	2015	20.2	42.1	29.9	86.3	2.23
海口市东寨港红树林保护区	2010	29.6	33.5	15.9	52.5	/
	2011	32.8	26.3	14.5	47.9	/
	2012	11.0	34.2	16.7	49.7	0.50
	2013	<13.8	30.3	18.4	39.2	1.10
	2014	20.0	31.4	18.6	38.6	0.15
	2015	16.8	40.9	27.3	54.2	<0.73

监测点位	年份	^{238}U /(Bq/kg)	^{232}Th /(Bq/kg)	^{226}Ra /(Bq/kg)	^{40}K /(Bq/kg)	^{137}Cs /(Bq/kg)
三亚市三亚湾	2010	57.2	76.1	38.6	1465.3	/
	2011	52.7	69.7	31.3	1559.4	/
	2012	46.2	93.7	43.0	1246.0	0.30
	2013	30.6	43.6	27.3	456.2	0.70
	2014	32.2	41.5	32.0	159.2	0.40
	2015	62.4	85.8	60.3	740.7	<0.77

2）时空变化分析

2011~2015 年,除三亚市三亚湾受人工施肥影响钾-40 监测结果波动较大,土壤中天然放射性核素(铀-238、钍-232、镭-226、钾-40)和人工放射性核素铯-137 监测结果无明显变化。其中,天然放射性核素铀-238、钍-232、镭-226 和钾-40 监测结果均与《中国环境天然放射性水平调查研究报告》(1995 年)中海南调查结果在同一水平。与"十一五"末相比,土壤中的天然放射性核素活度浓度无明显变化(图 3.143~图 3.146)。

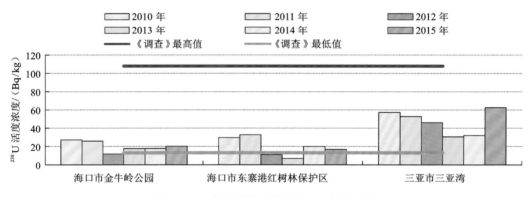

图 3.143 各监测点土壤中铀-238 年际比较

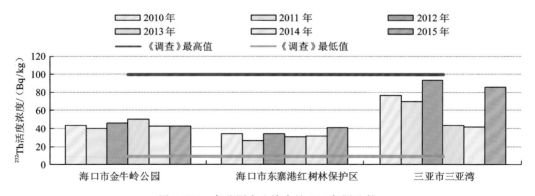

图 3.144 各监测点土壤中钍-232 年际比较

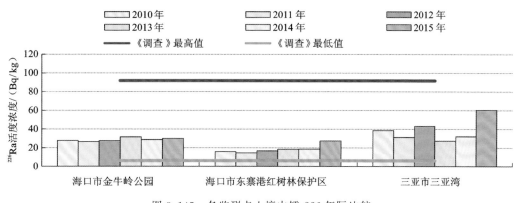

图 3.145　各监测点土壤中镭-226 年际比较

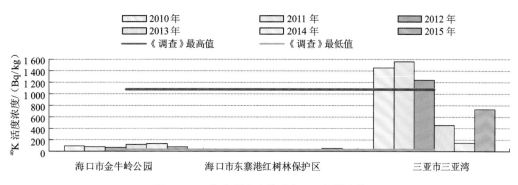

图 3.146　各监测点土壤中钾-40 年际比较

3.7.6　电磁辐射水平

1. 环境电磁辐射

2011～2015 年,海口市人民公园和三亚市海月广场的射频电场强度监测结果年际无明显变化(表 3.87),均低于《电磁环境控制限值》(GB 8702—2014)中规定的公众曝露控制限值,与"十一五"末相比无明显变化。

表 3.87　2010～2015 年环境电磁辐射监测数据年际比较

监测点位	电场强度/(V/m)					
	2010 年	2011 年	2012 年	2013 年	2014 年	2015 年
海口市人民公园	0.95	0.96	0.86	0.75	0.74	0.97
三亚市海月广场	0.88	0.78	0.80	0.75	0.60	0.79
公众曝露控制限值	12					

2. 电磁设施外围环境电磁辐射

2011～2015年,海口市中波发射台外围射频电场和海口市海甸岛110 kV 变电站外围工频电场、磁感应强度监测结果年际无明显变化(表3.88,表3.89),均低于《电磁环境控制限值》(GB 8702—2014)中规定的公众曝露控制限值,与"十一五"末相比无明显变化。

表 3.88 2010～2015 年海口市中波发射台外围环境电磁辐射监测数据年际比较

设施名称	监测点位	射频电场强度/(V/m)					
		2010 年	2011 年	2012 年	2013 年	2014 年	2015 年
海口市中波发射台	周围篮球场	9.35	10.13	13.58	13.43	13.28	13.34
	周围菜地	4.72	4.73	5.21	4.36	4.72	4.70
公众曝露控制限值		40					

表 3.89 2010～2015 年海口市海甸岛 110 kV 变电站外围环境电磁辐射监测数据年际比较

设施名称	监测点位	年份	工频电场强度/(V/m)	工频磁场强度/μT
海口市海甸岛 110 kV 变电站	围墙外最近处	2010	19.70	0.08
		2011	18.53	0.07
		2012	15.62	0.24
		2013	18.92	0.22
		2014	18.86	0.26
		2015	18.43	0.28
	进线处围墙外	2010	1.96	0.09
		2011	2.02	0.10
		2012	1.72	0.08
		2013	1.66	0.07
		2014	4.36	0.07
		2015	4.44	0.16
公众曝露控制限值			4 000	100

3.7.7 小结

2011～2015年,全省辐射环境质量总体良好。

(1)γ辐射空气吸收剂量率年际无明显变化,均在《中国环境天然放射性水平调查研究报告》(1995 年)中海南调查结果范围内,维持在当地本底水平。

(2)气溶胶中放射性核素活度浓度和沉降灰放射性核素沉降量年际无明显变化。空气中氚化水、气态碘-131 和碘-125 均未检出。

(3) 监测的饮用水水源地水、地下水和松涛水库水中放射性核素活度浓度年际无明显变化。其中,饮用水水源地水和松涛水库水中总 α 和总 β 监测结果均低于《生活饮用水卫生标准》(GB 5749—2006)中规定的放射性指标指导值,地下水中总 α 和总 β 监测结果低于《地下水质量标准》(GB/T 14848—19993)中规定的 III 类标准值。

(4) 近岸海域海水中放射性核素活度浓度年际无明显变化,人工放射性核素铯-137 和锶-90 活度浓度远低于《海水水质标准》(GB 3097—19997)中规定的限值。海洋生物中放射性核素活度浓度年际无明显变化,人工放射性核素铯-137 和锶-90 活度浓度均远低于《食品中放射性物质限制浓度标准》(GB 14482—19994)中规定的放射性核素限制浓度。

(5) 土壤中放射性核素活度浓度年际无明显变化,其中天然放射性核素与《中国环境天然放射性水平调查研究报告》(1995 年)中海南调查结果在同一水平。

(6)各监测点电磁辐射水平年际无明显变化,均低于《电磁环境控制限值》(GB 8702—2014)中规定的公众曝露控制限值。

3.8 生态环境质量

3.8.1 生态环境状况

1. 森林、植被

1) 森林资源状况

2015 年,全省森林面积达到 $3\,199\times10^4$ 亩,与“十一五”末相比增加 188×10^4 亩;森林覆盖率 62%,与“十一五”末相比提高 1.8 个百分点;森林蓄积量为 1.5×10^8 m³,与“十一五”末相比增加 0.3×10^8 m³;重点公益林(地)保有量 $1\,266\times10^4$ 亩,与“十一五”末相比增加 71×10^4 亩,森林生态效益补偿基金投资达到 82 065.36 万元;建设湿地类型自然保护区 11 处,其中国家级 1 处、省级 4 处、市(县)级 6 处。

2) 变化原因

(1) “十二五”期间,全省完成“绿化宝岛”大行动造林面积 181.7×10^4 亩;启动建设森林公园 32 个、城镇公园 92 个、水上公园 50 个,观光果园 98 个;绿化村庄 10 140 个。总计投入资金 100 多亿元。

(2) 加强公益林保护建设。成立省生态公益林管理中心,完成公益林新规划落界工作,开展了海南省公益林生态系统服务功能价值评估;出台了《海南省人民政府关于加强天然林资源保护工程二期建设的意见》,全面规范天然林工程建设管理。2011 年以来,全省公益林的生态系统服务功能逐年提升,2012 年的总价值量为 1 262.41 亿元,占当年全省 GDP 的 44.21%,2013 年总价值量已达 1 316.07 亿元,同比增长了 55.66 亿元,增长 4.25%,占当年全省 GDP 的 41.83%。

(3)湿地保护工作不断完善。"十二五"期间,完成全省湿地资源调查工作,掌握了全省湿地资源情况。开展退塘还林工作,恢复、补植红树林共约 6 000 多亩;争取到中央及省级湿地补助资金 5 440 万元,用于红树林等湿地保护与恢复工作。

2. 生物多样性

1)生物多样性现状

"十二五"期间,全省开展了生物多样性保护战略与行动计划编制工作,提出了近、中、远期的目标指标和战略任务,从空间布局上明确了 4 大优先区域,确定了 8 大优先领域、16 项优先行动、29 个优先项目,是未来一段时期内全省生物多样性保护纲领性的文件。根据规划,全省森林植被带谱完整,逾 100 个植被集群,生态系统丰富多样。其中热带(典型)雨林、热带珊瑚礁海岸林等 2 个植被型为海南省特有。全省记录到的野生及栽培的维管植物共计 5860 种,其中,木本植物 2 268 种,草本植物 2 718 种,藤本植物 474 种。海南岛的陆栖脊椎动物有 35 目 114 科 329 属 603 种。其中,两栖动物已知 43 种,陆生爬行动物已知 115 种,鸟类 364 种,哺乳动物 81 种。

2)存在问题

生物多样性整体认知水平低,保护措施缺乏针对性。海南省生物多样性本底不清,目前仍处于"摸家底"阶段,三沙海域海洋生物及珊瑚礁、海草床及海南岛主要河流、水域淡水水生生物等生态资源的系统调查不够充分,对海洋、岛屿及淡水水生生物多样性认知有待进一步加强。其次,认知程度仍处于表面,缺乏部分珍稀濒危物种活动范围、栖息环境及种群发育等资料,西南中沙群岛、麒麟菜、白蝶贝等部分自然保护区保护对象、保护范围、保护措施等缺乏科学认识及论证,保护区实际管控能力不足,保护区建设后未能有效发挥保护功能。目前,海南生物多样性保护措施主要为建立保护区、迁地保护及保护性开发等,保护措施依然较少。

自然保护区体系尚未完善,保护成效不高。海南省现有的陆地自然保护区 41 个,平均面积仅为 59 km²,陆地自然保护区面积占全省陆地总面积不足 7%。且各保护区分布相对孤立,自然保护区之间相互隔离,保护区"孤岛"现象普遍。一些重要生态系统、典型生态系统和物种多样性丰富的地区没有建立自然保护区,生物多样性保护体系尚待完善。现有保护区建设管理不规范,保护管理经费严重不足。全省还有 1/4 的自然保护区尚未建立专门的管理机构,尤其是部分省级海洋类型自然保护区迄今还是没有管理机构、没有办公场所和没有管理人员的"三无"保护区。除国家级自然保护区有中央财政的资金投入外,地方各级政府列入财政计划的自然保护区经费较少,近一半的省级自然保护区没有财政拨款,各市(县)基本未将自然保护区建设管理经费列入财政经费。

保护区外生物及种质资源保护不足,极小种群及本土资源丢失严重。海南保护区外珍稀动植物、重要遗传资源的极小种群保护严重不足。目前发现的野生稻资源分布点中,建成原生境保护点只占总分布点的 3.9%,相对于海南野生稻的总数和丰富的遗传多样性,已有保护点远远不能满足保存现有资源的需要,且大多数保护点无观测设施和人员看护。已列入了《中国珍稀濒危保护植物名录》的农作物遗传资源野生荔枝、野生龙眼、野生芭蕉,本土农家作物狗尾粟、红小豆、木豆等尚未开展保护;加上人类活动、自然灾害以及优质高产品种推广造成的遗传冲刷等原因,重要的遗传资源正面临严重流失问题。

经费匮乏,人才缺乏,制约生物多样性保护工作开展。经费匮乏,是制约海南省生物多样性保护有效、持续开展的重要因素之一。如自然保护区特别是市(县)级自然保护区经费不足,无法获得稳定的财政支持,不能有效开展保护区的日常监督管理。中央和海南省政府部门虽在生物多样性保护某些方向设立一些项目,但仍缺乏系统性和可持续性,项目开展也多与管理脱节,未能很好起到支持生物多样性保护的效果。其次,人才缺乏是海南省生物多样性保护发展的另一瓶颈。生物多样性保护是一项专业的技术工作,专业的人才队伍在提升区域生物多样性保护质量上作用显著。但海南由于底子薄,生物多样性专业人员缺乏,相应的硬件建设落后,人才的引进与培养均受到一定限制。

3.8.2　生态环境质量评价

1. 数据来源

1) 土地利用/覆被数据

海南省土地利用/覆被数据由国家环境监测总站统一分发 Landsat TM、ZY02C、Landsat8 OLI 遥感影像解译得出,完全覆盖海南省需 6 景影像。本书采用的是 2010～2014 年 5 年的遥感影像数据。土地利用/覆被数据采用全国土地二级分类系统:一级分为 6 大类,包括林地、耕地、水域、草地、建设用地和未利用地;二级分为 25 个类型,其中耕地包括水田、旱地;林地包括有林地、灌木林地、疏林地、其他林地;草地包括高覆盖度草地、中覆盖度草地、低覆盖度草地;水域包括河渠、湖泊、水库坑塘、永久性冰川雪地、滩涂、滩地;建设用地包括城镇建设用地、农村居民点及其他建设用地;未利用地包括沙地、戈壁、盐碱地、沼泽地、裸土地、裸岩石砾及其他未利用地。

2) 河流长度、湖库面积

河流长度和湖库面积由遥感解译获取。

3) 土壤侵蚀数据

有关土壤侵蚀情况的数据来源于 2000 年全国第二次土壤侵蚀遥感调查。

4) 水资源量和降水量数据

各市(县)和全省水资源量及降水量数据来源于海南省水务厅《水资源公报》。

5) 环境统计数据

各市(县)及全省的二氧化硫、化学需氧量(COD)和固体废物排放量等污染物排放数据,来源于海南省环境监测中心站。

2. 评价指标与方法

1) 评价指标

根据评价技术规定,参评指标主要有生物丰度指数、植被覆盖指数、水网密度指数、土地退化指数、环境质量指数和生态环境状况指数(EI)。

生物丰度指数:指通过单位面积上不同生态系统类型在生物物种数量上的差异,间接地反映被评价区域内生物丰度的丰贫程度。

植被覆盖指数:表征评价区域植被覆盖的程度,以不同土地利用类型加权计算所得,其参与计算的土地利用类型与生物丰度指数的差别在于生物丰度指数需考虑水域湿地的面积。

水网密度指数:指被评价区域内河流总长度、水域面积和水资源量占被评价区域面积的比例,用于反映被评价区域水的丰富程度。水网密度指数越大,表明评价区域内的水资源越丰富。

环境质量指数:指被评价区域内受纳污染物负荷,用于反映评价区域所承受的环境污染压力。环境质量指数数值越高,表明环境污染程度越低,环境质量越好;单项污染物的权重在环境质量指数中所占的比例越大,其对环境污染程度的影响越大。

生态环境状况指数:反映被评价区域生态环境质量状况,由上述 5 个单项指标计算得出,指数越高表明生态环境状况越好,反之越差。

2) 评价方法

海南省生态环境监测主要使用卫星遥感监测技术手段。该监测技术是在建立典型土地利用类型遥感解译标志数据库的基础上,利用卫星影像资料对土地利用类型进行遥感解译,结合野外核查查明海南省省域范围内土地利用现状,并通过每年的遥感监测掌握土地利用及土地覆盖的动态变化。依据原国家环保总局颁布的《生态环境状况评价技术规范(试行)》(HJ/T 192—2006),以地市级和县(市)级为单元,通过构建生物丰度指数、植被覆盖指数、水网密度指数、土地退化指数和环境质量指数 5 个指标来计算各市(县)生态环境质量状况,并根据生态环境质量指数 EI 值,将生态环境质量分为五级,即优、良、一般、较差和差。由于生态环境状况评价所需数据源获取原因,每一年度生态环境状况评价内容为上一年度数据,所以"十二五"生态环境状况评价具体时间段为 2010～2014 年。

(1) 指标计算方法。

① 生物丰度指数。

生物丰度指数$=A_{\text{bio}} \times$(0.35×林地+0.21×草地+0.28×水域湿地+0.11×耕地+0.04×建设用地+0.01×未利用地)/区域面积

上式中,A_{bio}为生物丰度指数的归一化系数。

计算分权重见表 3.90。

表 3.90　生物丰度指数分权重

	林地			草地			水域、湿地			耕地		建设用地			未利用地			
权重	0.35			0.21			0.28			0.11		0.04			0.01			
结构类型	有林地	灌木林地	疏林地和其他林地	高覆盖度草地	中覆盖度草地	低覆盖度草地	河流	湖泊水库	滩涂湿地	水田	旱地	城镇建设用地	农村居民点	其他建设用地	沙地	盐碱地	裸土地	裸岩石砾
分权重	0.6	0.25	0.15	0.6	0.3	0.1	0.1	0.3	0.6	0.6	0.4	0.3	0.4	0.3	0.2	0.3	0.3	0.2

② 植被覆盖指数。

植被覆盖指数＝A_{veg}×(0.38×林地＋0.34×草地＋0.19×耕地＋0.07×建设用地＋0.07×建设用地＋0.02×未利用地)/区域面积

式中：A_{veg} 为覆盖指数的归一化系数。

计算分权重见表 3.91。

表 3.91　植被覆盖指数分权重

	林地			草地			耕地		建设用地			未利用地			
权重	0.38			0.34			0.19		0.07			0.02			
结构类型	有林地	灌木林地	疏林地和其他林地	高覆盖度草地	中覆盖度草地	低覆盖度草地	水田	旱地	城镇建设用地	农村居民点	其他建设用地	沙地	盐碱地	裸土地	裸岩石砾
分权重	0.6	0.25	0.15	0.6	0.3	0.1	0.7	0.3	0.3	0.4	0.3	0.2	0.3	0.3	0.2

③ 水网密度指数。

水网密度指数＝(A_{riv}×河流长度/区域面积＋A_{lak}×湖库(近海)面积/区域面积＋A_{res}×水资源量/区域面积)/3

式中：A_{riv} 为长度的归一化系数；A_{lak} 为湖库面积的归一化系数；A_{res} 为水资源量的归一化系数。

④ 土地退化指数。

土地退化指数＝A_{ero}×(0.05×轻度侵蚀面积＋0.25×中度侵蚀面积＋0.7×重度侵蚀面积)/区域面积

式中：A_{ero} 为土地退化指数的归一化系数。

土地退化指数分权重见表 3.92。

表 3.92　土地退化指数分权重

土地退化类型	轻度侵蚀	中度侵蚀	重度侵蚀
权重	0.05	0.25	0.7

⑤ 环境质量指数。

环境质量指数＝$0.4\times(100-A_{so_2}\times SO_2$ 排放量/区域面积$)+0.4\times(100-A_{COD}\times$ COD 排放量/区域年均降水量$)+0.2\times(100-A_{sol}\times$固体废物排放量$)$/区域面积

上式中,A_{so_2}为 SO_2 的归一化系数,A_{COD}为 COD 的归一化系数,A_{sol}为固体废物的归一化系数。

环境质量指数的分权重见表 3.93。

表 3.93　环境质量指数分权重

类型	二氧化硫(SO_2)	化学需氧量(COD)	固体废物
权重	0.4	0.4	0.2

⑥ 生态环境状况指数(EI)。

EI＝$0.25\times$生物丰度指数＋$0.2\times$植被覆盖指数＋$0.2\times$水网密度指数$/3+0.2\times(100-$土地退化指数$)+0.15\times$环境质量指数

(2) 生态环境状况分级。

根据生态环境状况指数,将生态环境分为五级,即优、良、一般、较差和差(表 3.94)。

表 3.94　生态环境状况分级

级别	优	良	一般	较差	差
指数	EI≥75	55≤EI<75	35≤EI<55	20≤EI<35	EI<20
状态	植被覆盖度高,生物多样性丰富,生态系统稳定,最适合人类生存	植被覆盖度较高,生物多样性较丰富,基本适合人类生存	植被覆盖度中等,生物多样性一般水平,较适合人类生存,但有不适人类生存的制约性因子出现	植被覆盖较差,严重干旱少雨,物种较少,存在着明显限制人类生存的因素	条件较恶劣,人类生存环境恶劣

生态环境状况变化幅度分为 4 级,即无明显变化、略有变化(好或差)、明显变化(好或差)、显著变化(好或差)(表 3.95)。

表 3.95　生态环境状况变化度分级

级别	无明显变化	略有变化	明显变化	显著变化
变化值	$|\Delta EI|\leq2$	$2<|\Delta EI|\leq5$	$5<|\Delta EI|\leq10$	$|\Delta EI|>10$
描述	生态环境状况无明显变化	如果 $2<\Delta EI\leq5$,则生态环境状况略微变好;如果$-2>\Delta EI\geq-5$,则生态环境状况略微变差	如果 $5<\Delta EI\leq10$,则生态环境状况明显变好;如果$-5>\Delta EI\geq-10$,则生态环境状况明显变差	如果 $\Delta EI>10$,则生态环境状况显著变好;如果$\Delta EI<-10$,则生态环境状况显著变差

3. 2014 年海南省生态环境质量

1）生物丰度指数

2014 年全省的生物丰度指数为 86.57，较 2013 年上升了 1.75。各市（县）的生物丰度指数值介于 40.02～91.92，琼中县生物丰度值最高，达到 91.92，海口市值最低，为 40.02。各市（县）生物丰度指数情况见图 3.147 和表 3.96。

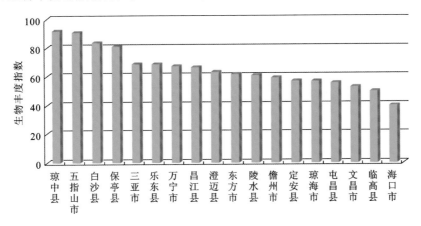

图 3.147　2014 年各市（县）生物丰度指数情况

表 3.96　海南省生态环境状况指数表

市（县）名称	生物丰度指数	植被覆盖度指数	水网密度指数	土地退化指数	环境质量指数	EI	生态环境质量类型
全省	86.57	87.7	69.97	0.437	97.06	87.64	优
琼中县	91.92	91.52	59.69	0.003	99.82	88.19	优
五指山市	90.83	90.11	47.69	0.022	99.83	85.24	优
万宁市	67.35	71.07	85.26	0.132	99.36	82.98	优
白沙县	83.61	84.83	48.24	0.005	99.73	82.47	优
保亭县	80.87	82.82	47.10	0.011	99.69	81.15	优
琼海市	56.92	63.94	88.31	0.038	99.26	79.56	优
三亚市	68.74	70.05	66.79	0.174	99.02	79.37	优
陵水县	60.89	64.51	77.81	0.195	99.54	78.58	优
澄迈县	63.29	67.98	65.44	0.153	99.11	77.36	优
文昌市	52.97	54.24	92.18	0.261	98.58	77.26	优
昌江县	66.52	68.30	56.17	0.448	99.44	76.35	优
乐东县	68.69	69.09	51.94	0.400	99.30	76.19	优

续表

市（县） 名称	生物丰度 指数	植被覆盖度 指数	水网密度 指数	土地退化 指数	环境质量 指数	EI	生态环境 质量类型
儋州市	59.32	62.09	57.20	0.460	97.81	73.27	良
定安县	57.04	62.49	56.93	0.069	99.44	73.04	良
屯昌县	55.75	59.79	60.56	0.030	99.64	72.95	良
东方市	61.69	60.66	51.92	0.647	98.91	72.65	良
临高县	49.99	59.52	64.99	0.032	99.39	72.30	良
海口市	40.02	50.51	63.54	0.011	99.88	67.80	良

注：全省生态环境状况指数按全国统一的省级归一化指数计算，市（县）级生态环境状况指数按全国统一的市（县）级归一化指数计算。

2）植被覆盖指数

2014 年全省的植被覆盖指数为 87.70，较 2013 年上升了 0.38。各市（县）的植被覆盖度指数介于 50.51～91.52，琼中县植被覆盖度值最高，为 91.52，海口市植被覆盖指数值最低，为 50.51。各市（县）生物丰度指数情况见图 3.148 和表 3.96。

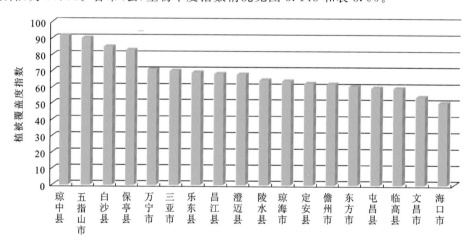

图 3.148　2014 年各市（县）植被覆盖度指数情况

3）水网密度指数

2014 年全省年平均降水量 1 993.0 mm，折合降水总量 680.7×10⁸ m³，属偏丰水年，比多年平均值（常年）多 13.9%，比上年少 16.7%。全省地表水资源量 383.5×10⁸ m³，比多年平均值偏多 24.7%，比上年偏少 23.6%。

2014 年海南省水网密度指数为 69.97，比 2013 年下降 11.39，各市（县）的水网密度指数介于 47.10～92.18，文昌市水网密度指数最高，为 92.18，保亭县值最低，为 47.10。各市（县）水网密度指数情况见图 3.149 和表 3.96。

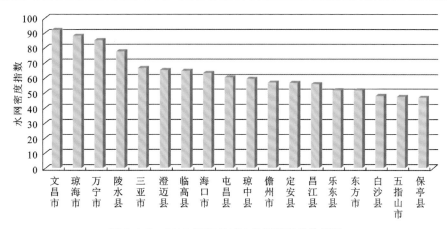

图 3.149　2014 年各市（县）水网密度指数情况

4）土地退化指数

国家有关部门每五年进行一次土壤侵蚀调查，但 2005 年至今尚未有更新数据，因此采用 2000 年土地退化指数。

5）环境质量指数

2014 年全省的环境质量指数为 97.06，较 2013 年稳中略有下降，下降了 0.41，各市（县）环境质量亦保持在优，环境质量指数均介于 97.81～99.88，其中海口市环境质量指数最高，为 99.88，儋州市环境质量指数最低，为 97.81。各市（县）环境质量指数情况见图 3.150 和表 3.96。

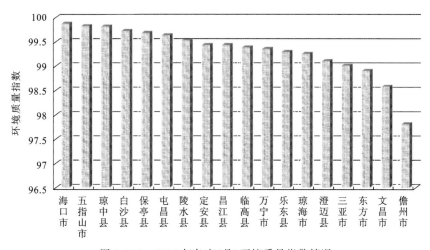

图 3.150　2014 年各市（县）环境质量指数情况

6）生态环境状况指数

2014 年全省生态环境状况继续保持"优"，生态环境状况指数（EI）为 87.64，比 2013 年下降 2.10；18 个市（县）的 EI 值介于 67.80～88.19，其中 EI 值前三名的市（县）分别为琼中县、五指山市和万宁市，EI 值分别为 88.19、85.24 和 82.98。18 个市（县）生态环境

质量除海口市、临高县、东方市、屯昌县、定安县和儋州市为"良"外,其他 12 个市(县)生态
环境质量均为 "优"(图 3.151)。在面积比例上,生态环境质量为"优"的市(县)占海南省
陆域面积的 66.19％,"良"的市(县)占海南省陆域面积的 33.81％。各市(县)生态环境质
量指数情况见图 3.151、图 3.152 和表 3.96。

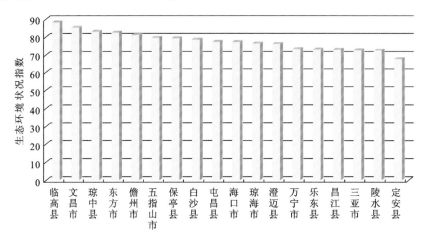

图 3.151　海南省各市(县)生态环境质量状况分布

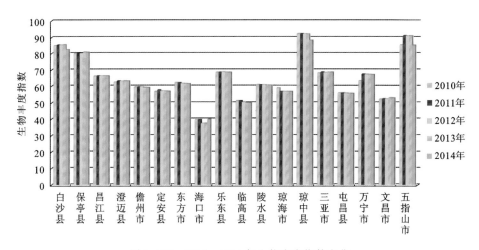

图 3.152　2010～2014 年生物丰度指数变化

4. 2010～2014 年五年生态环境质量变化分析

1) 2010～2014 年生物丰度指数变化

2010～2014 年全省生物丰度指数呈上升趋势,年平均生物丰度指数为 86.68,最低年
份为 2013 年(85.89),最高年份为 2014 年(87.64)。各市(县)年平均生物丰度指数介于
38.88～91.30,其中年平均生物丰度指数最高的三位依次是琼中县(91.30)、五指山市
(88.66)、白沙县(84.69),最低的三位依次是海口市(38.88)、临高县(50.59)、文昌市
(52.64)(表 3.97、图 3.152)。

表 3.97 2010～2014 年生物丰度指数计算表

市（县）名称	2010 年	2011 年	2012 年	2013 年	2014 年	年平均生物丰度指数
全省	86.46	86.78	86.65	85.89	87.64	86.68
白沙县	84.89	85.31	85.32	85.44	82.47	84.69
保亭县	79.91	80.28	80.22	80.89	80.87	80.43
昌江县	66.40	66.53	66.54	66.57	66.52	66.51
澄迈县	62.59	63.28	63.25	63.35	63.29	63.15
儋州市	59.57	59.64	59.68	59.33	59.32	59.51
定安县	56.89	57.81	57.26	57.11	57.04	57.22
东方市	62.38	62.31	61.87	61.73	61.69	62.00
海口市	39.65	39.73	37.52	37.49	40.02	38.88
乐东县	68.69	68.71	68.99	68.70	68.69	68.76
临高县	51.24	51.24	50.44	50.02	49.99	50.59
陵水县	61.21	60.98	61.12	60.88	60.89	61.02
琼海市	59.02	56.86	56.92	56.89	56.92	57.32
琼中县	92.23	92.13	92.06	91.90	88.19	91.30
三亚市	68.30	68.74	68.55	68.73	68.74	68.61
屯昌县	56.08	55.95	55.95	55.76	55.75	55.90
万宁市	63.54	67.57	67.52	67.41	67.35	66.68
文昌市	52.25	52.47	52.47	53.02	52.97	52.64
五指山市	85.36	90.94	90.92	90.83	85.24	88.66

注：2014 年生物丰度指数依据《生态环境状况评价技术规范（试行）》（HJ/T 192—2006）计算得出。

2）2010～2014 年植被覆盖度指数变化

2010～2014 五年全省植被覆盖度指数基本不变，年平均植被覆盖度指数为 87.61，最低年份为 2013 年（87.31），最高年份为 2011 年（89.03）。各市（县）年平均植被覆盖度指数介于 50.28～89.10，其中年平均植被覆盖度指数最高的三位依次是琼中县（91.63）、五指山市（89.10）、白沙县（85.93），最低的三位依次是海口市（50.28）、文昌市（53.95）、屯昌县（59.97）（表 3.98、图 3.153）。

表 3.98 2010～2014 年植被覆盖度指数计算表

市（县）名称	2010 年	2011 年	2012 年	2013 年	2014 年	年平均植被覆盖度指数
全省	87.47	87.81	87.73	87.32	87.70	87.61
白沙县	85.9	86.28	86.29	86.33	84.83	85.93
保亭县	81.87	82.29	82.21	82.84	82.82	82.41
昌江县	67.93	68.16	68.29	68.36	68.3	68.21
澄迈县	67.26	67.91	67.89	68.04	67.98	67.82
儋州市	62.23	62.3	62.4	62.09	62.09	62.22

续表

市(县)名称	2010 年	2011 年	2012 年	2013 年	2014 年	年平均植被覆盖度指数
定安县	63.11	63.04	62.66	62.54	62.49	62.77
东方市	61.24	61.16	61.03	60.68	60.66	60.95
海口市	49.96	50	50.49	50.46	50.51	50.28
乐东县	68.83	69	69.12	69.11	69.09	69.03
临高县	60.74	60.74	60.64	59.54	59.52	60.24
陵水县	64.85	64.55	64.72	64.48	64.51	64.62
琼海市	65.96	63.87	63.93	63.85	63.94	64.31
琼中县	91.79	91.73	91.65	91.48	91.52	91.63
三亚市	69.41	69.95	69.8	70.04	70.05	69.85
屯昌县	60.15	60.05	60.05	59.8	59.79	59.97
万宁市	70.85	70.93	70.89	71.1	71.07	70.97
文昌市	53.65	53.79	53.79	54.29	54.24	53.95
五指山市	84.78	90.26	90.24	90.11	90.11	89.10

注:2014 年植被覆盖度指数依据《生态环境状况评价技术规范(试行)》(HJ/T 192—2006)计算得出。

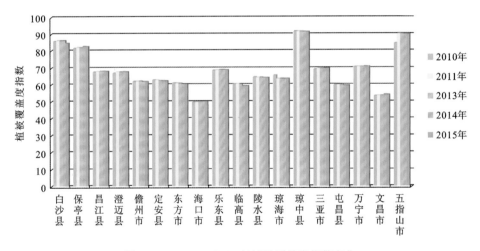

图 3.153　2010~2014 年植被覆盖度指数变化

3) 2010~2014 年水网密度指数变化

2010~2011 年全省水网密度指数变化不大,2012~2014 年水网密度指数变化较大,年平均水网密度指数为 75.70,最低年份为 2012 年(68.24),最高年份为 2013 年(81.36)。各市(县)年平均水网密度指数介于 46.66~97,其中年平均水网密度指数最高的三位依次是陵水县(97)、文昌市(94.52)、万宁市(93),最低的三位依次是白沙县(46.66)、昌江县(53.54)、东方市(55.31)(见表 3.99、图 3.154)。

表 3.99　2010～2014 年水网密度指数计算表

市(县)名称	2010 年	2011 年	2012 年	2013 年	2014 年	年平均水网密度指数
全省	79.27	79.64	68.24	81.36	69.97	75.70
白沙县	44.65	38.34	50.49	51.59	48.24	46.66
保亭县	63.03	61.45	45.58	70.51	47.10	57.53
昌江县	40.43	64.73	54.77	51.61	56.17	53.54
澄迈县	67.64	43.77	57.92	73.29	65.44	61.61
儋州市	56.64	67.80	55.13	59.67	57.20	59.29
定安县	66.70	66.83	46.68	59.00	56.93	59.23
东方市	45.39	58.99	67.59	52.65	51.92	55.31
海口市	87.94	66.61	65.49	68.47	63.54	70.41
乐东县	44.68	68.26	54.48	60.97	51.94	56.07
临高县	68.52	112.23	57.75	71.46	64.99	74.99
陵水县	116.97	103.63	80.47	106.14	77.81	97.00
琼海市	98.75	78.86	70.28	93.52	88.31	85.94
琼中县	79.02	77.55	54.51	82.26	59.69	70.61
三亚市	84.23	89.37	73.79	88.61	66.79	80.56
屯昌县	66.76	86.95	47.62	74.46	60.56	67.27
万宁市	106.80	88.41	78.01	106.53	85.26	93.00
文昌市	112.90	87.21	88.36	91.94	92.18	94.52
五指山市	57.35	65.55	49.61	71.05	47.69	58.25

注:2014 年水网密度指数依据《生态环境状况评价技术规范(试行)》(HJ/T 192—2006)计算得出。

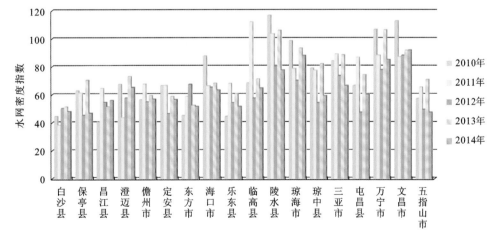

图 3.154　2010～2014 年水网密度指数变化

4) 2010～2014 年环境质量指数变化

2010～2014 五年全省环境质量指数呈下降趋势,年平均环境质量指数为 97.32,最低年份为 2012 年(96.96),最高年份为 2010 年(98)。各市(县)年平均环境质量指数介于

97.87～99.86,其中年平均环境质量指数最高的三位依次是五指山市(99.86)、琼中县 (99.84)、保亭县(99.77),最低的三位依次是儋州市(97.87)、文昌市(98.73)、海口市(99.21) (表3.100、图3.155)。

表 3.100　2010～2014 年环境质量指数计算表

市(县)名称	2010 年	2011 年	2012 年	2013 年	2014 年	年平均环境质量指数
全省	98.00	97.13	96.96	97.47	97.06	97.32
白沙县	99.81	99.75	99.73	99.74	99.73	99.75
保亭县	99.86	99.86	99.66	99.78	99.69	99.77
昌江县	99.50	99.10	99.41	99.39	99.44	99.37
澄迈县	99.49	99.20	99.05	99.34	99.11	99.24
儋州市	98.46	97.49	97.60	98.00	97.81	97.87
定安县	99.70	99.74	99.43	99.49	99.44	99.56
东方市	99.39	99.16	99.85	99.84	98.91	99.43
海口市	99.46	98.84	98.95	98.92	99.88	99.21
乐东县	99.56	99.48	99.64	99.45	99.30	99.49
临高县	99.61	99.43	99.25	99.46	99.39	99.43
陵水县	99.87	99.72	99.59	99.72	99.54	99.69
琼海市	99.80	99.18	99.08	99.34	99.26	99.33
琼中县	99.85	99.83	99.82	99.86	99.82	99.84
三亚市	99.77	99.30	99.11	99.32	99.02	99.30
屯昌县	99.82	99.67	99.58	99.69	99.64	99.68
万宁市	99.79	99.44	99.37	99.6	99.36	99.51
文昌市	99.77	98.38	98.28	98.65	98.58	98.73
五指山市	99.89	99.85	99.85	99.87	99.83	99.86

注:2014 年环境质量指数依据《生态环境状况评价技术规范(试行)》(HJ/T 192—2006)计算得出。

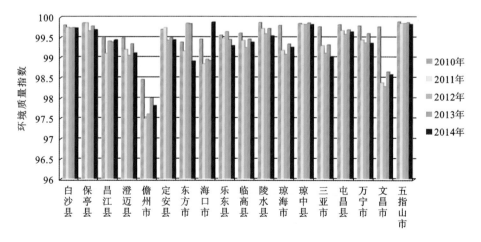

图 3.155　2010～2014 年环境质量指数变化

5) 2010～2014 年生态环境状况指数变化

2010～2014 五年全省生态环境状况指数呈略有下降趋势,年平均生态环境状况指数为 88.80,最低年份为 2012 年(87.31),最高年份为 2013 年(89.74)。年平均生态环境状况指数为优的市(县)共有 12 个,占 66.67%(EI≥75 为优),良的为 6 个,占 33.33%(55≤EI<75 为良),其中年平均 EI 最高的三位依次是琼中县(90.43)、五指山市(86.89)、万宁市(84.57),最低的三位依次是海口市(68.74)、东方市(73.55)、定安县(73.72)(表3.101,图 3.156)。

表 3.101　2010～2014 年生态环境状况指数及类型表

	2010 年		2011 年		2012 年		2013 年		2014 年	
	EI	生态环境状况	EI	生态环境状况	EI	生态环境状况	EI	生态环境状况	EI	生态环境状况
全省	89.65	优	89.67	优	87.31	优	89.74	优	87.64	优
白沙县	82.30	优	81.21	优	83.65	优	83.90	优	82.47	优
保亭县	83.94	优	83.78	优	80.56	优	85.86	优	81.15	优
昌江县	73.11	良	77.98	优	76.07	优	75.45	优	76.35	优
澄迈县	77.52	优	73.00	良	75.80	优	78.99	优	77.36	优
儋州市	73.34	良	75.46	优	72.97	良	73.79	良	73.27	良
定安县	75.37	优	75.32	优	71.08	良	73.77	良	73.04	良
东方市	71.70	良	74.35	良	76.10	优	72.94	良	72.65	良
海口市	72.41	良	68.08	良	67.42	良	67.99	良	67.80	良
乐东县	74.73	良	79.47	优	76.83	优	78.03	优	76.19	优
临高县	73.60	良	82.31	优	71.34	良	73.62	良	72.30	良
陵水县	86.61	优	83.80	优	79.22	优	84.26	优	78.58	优
琼海市	82.66	优	77.63	优	75.93	优	80.59	优	79.56	优
琼中县	92.20	优	91.86	优	87.22	优	92.70	优	88.19	优
三亚市	82.73	优	83.91	优	80.69	优	83.78	优	79.37	优
屯昌县	74.37	良	78.33	优	70.45	良	75.74	优	72.95	良
万宁市	87.37	优	83.65	优	81.54	优	87.29	优	82.98	优
文昌市	81.29	优	76.03	优	76.24	优	77.25	优	77.26	优
五指山市	84.75	优	88.87	优	85.67	优	89.92	优	85.24	优

5. 生态环境状况变化趋势及原因分析

1) 各市(县)生物丰度指数变化

2010～2014 年五年间生物丰度指数变化量介于-4.04～3.81,其中保亭县、文昌市、

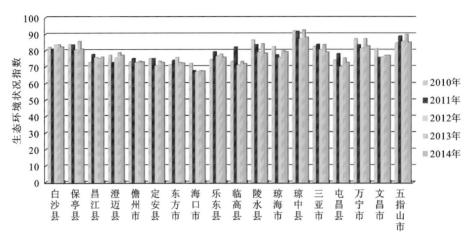

图 3.156　2010~2014 年各市(县)生态环境状况指数变化

澄迈县和三亚市等 7 个市(县)生物丰度指数变化略微变好,万宁市明显变好;临高县、东方市、屯昌县和陵水县等 6 个市(县)生物丰度指数略微变差,琼海市、白沙县和琼中县 3 个市(县)明显变差;乐东县维持不变(表 3.102、图 3.157)。

表 3.102　各项指数五年变化量表

市(县)名称	△生物丰度 指数	△植被覆盖度 指数	△水网密度 指数	△环境质量 指数	ΔEI	生态环境状况 变化度分级
昌江县	0.12	0.37	15.74	−0.06	3.24	略微变好
乐东县	0.00	0.26	7.26	−0.26	1.46	无明显变化
东方市	−0.69	−0.58	6.53	−0.48	0.95	无明显变化
五指山市	−0.12	5.33	−9.66	−0.06	0.49	无明显变化
白沙县	−2.42	−1.07	3.59	−0.08	0.17	无明显变化
儋州市	−0.25	−0.14	0.56	−0.65	−0.07	无明显变化
澄迈县	0.70	0.72	−2.20	−0.38	−0.16	无明显变化
临高县	−1.25	−1.22	−3.53	−0.22	−1.30	无明显变化
屯昌县	−0.33	−0.36	−6.20	−0.18	−1.42	无明显变化
定安县	0.15	−0.62	−9.77	−0.26	−2.33	略微变差
保亭县	0.96	0.95	−15.93	−0.17	−2.79	略微变差
琼海市	−2.10	−2.02	−10.44	−0.54	−3.10	略微变差
三亚市	0.44	0.64	−17.44	−0.75	−3.36	略微变差
琼中县	−4.04	−0.27	−19.33	−0.03	−4.01	略微变差
文昌市	0.72	0.59	−20.72	−1.19	−4.03	略微变差

续表

市(县)名称	△生物丰度指数	△植被覆盖度指数	△水网密度指数	△环境质量指数	ΔEI	生态环境状况变化度分级
万宁市	3.81	0.22	−21.54	−0.43	−4.39	略微变差
海口市	0.37	0.55	−24.40	0.42	−4.61	略微变差
陵水县	−0.32	−0.34	−39.16	−0.33	−8.03	明显变差

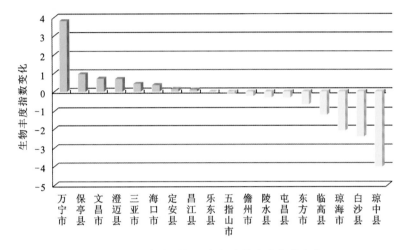

图 3.157　各市(县)五年间生物丰度指数变化

2) 各市(县)植被覆盖度指数变化

2010~2014 年五年间植被覆盖度指数变化量介于−2.02~5.33,其中保亭县、文昌市、澄迈县和三亚市等 8 个市(县)植被覆盖度指数变化略微变好,五指山市明显变好;临高县、白沙县、定安县和东方市等 8 个市(县)生物丰度指数略微变差,琼海市明显变差(表3.102、图 3.158)。

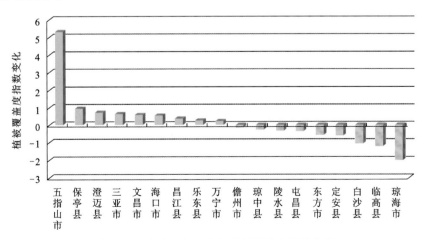

图 3.158　各市(县)五年间植被覆盖度指数变化

3）各市（县）水网密度指数变化

2010～2014 年五年间水网密度指数变化量介于－39.16～15.74,其中昌江县、乐东县、东方市、白沙县和儋州市 5 个市（县）水网密度指数变大;陵水县、海口市、万宁市等 13 个市（县）水网密度指数变小,陵水县减少最多,为 39.16,海口市减少 24.4,万宁市减少 21.54,文昌市减少 20.72(表 3.102、图 3.159)。

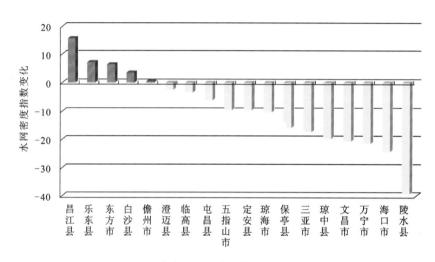

图 3.159　各市（县）五年间水网密度指数变化

4）各市（县）五年环境质量指数变化

2010～2014 年五年间环境质量指数变化量介于－1.19～0.42,其中海口市环境质量指数增加 0.42,其他 17 个市（县）环境质量指数均减少,除文昌市减少 1.19 外,其余 16 个市（县）减少量均小于1(表 3.102)。

5）各市（县）生态环境状况变化

（1）大部分市（县）生态环境状况 5 年变化不明显。

18 个市（县）有 8 个市（县）的 $\Delta EI \leqslant 2$,说明有 44.44% 的市（县）生态环境状况变化不明显,主要分布在海南的西部沿海市（县）和中部山区,包括澄迈县、临高县、乐东县、东方市、白沙县、儋州市和屯昌县,占海南省陆域面积的 47.51%;海南省有 55.56% 的市（县）生态环境状况有不同程度的变化,分布在海口的北部和东部沿海市（县）,占海南省陆域面积的 52.49%。

（2）局部地区生态环境状况略有变化,但趋势不显著。

18 个市（县）有 9 个市（县）的 $2 < \Delta EI \leqslant 5$,生态环境状况略有变化,但变化趋势不显著。其中昌江县生态环境状况略微变好;定安县、保亭县、琼海市、三亚市、琼中县、海口市、文昌市、万宁市 8 个市（县）的生态环境状况略有变差。

（3）极少数地区生态环境状况明显变化。

18 个市（县）只有陵水县的 $5 < \Delta EI \leqslant 10$,说明生态环境状况 5 年变化显著。陵水县

ΔEI 为－8.03,表明该地区生态环境状况明显变差。

　　6) 原因分析

　　将各市(县)生物丰度指数、植被覆盖度指数、水网密度指数、环境质量指数的变化和生态环境状况指数变化作逐步回归分析,发现 4 项指标的变化对 EI 变化均有影响,水网密度指数则是 4 个指标中对 EI 变化影响相对较大的。

　　水网密度指数受河流长度、湖库(近海)面积、水资源量变化的影响。由于河流长度与湖库(近海)面积年际变化不大,因此水资源量的变化是影响水网密度指数的主要因子,是 EI 值变化影响最显著因子。陵水县 2014 年水资源量为 $1\,024\times10^{6}\,m^{3}$,2010 年水资源量为 $2\,530\times10^{6}\,m^{3}$,2014 水资源量比 2010 年减少 $1\,506\times10^{6}\,m^{3}$,生物丰度指数、植被覆盖度指数和环境质量指数变化不显著,生态环境状况指数降低 8.03,可见陵水县生态环境质量变化主要原因是水资源量的减少。海口市和万宁市 2014 年较 2010 年水资源量均显著减少,减少量分别为 $1\,933\times10^{6}\,m^{3}$ 和 $1\,383\times10^{2}\,m^{3}$,海口市生物丰度指数、植被覆盖指数和环境质量指数均略有增加,但生态环境状况指数下降 4.61,万宁市生物丰度指数、植被覆盖指数有所增加,环境质量指数略有下降,但生态环境状况指数下降 4.39(表 3.102,图 3.160)。

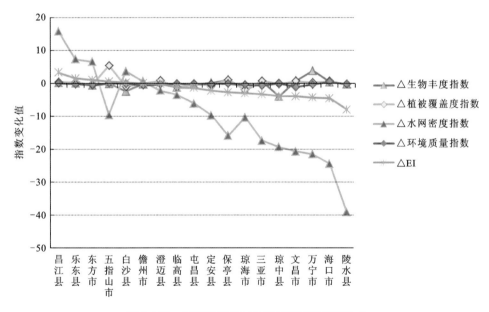

图 3.160　海南省各市(县)各项指数五年变化量

6. 小结

　　2014 年全省生态环境状况继续保持"优",生态环境状况指数(EI)值为 87.64,比 2013 年下降 2.10。18 个市(县)生态环境质量除海口市、临高县、东方市、屯昌县、定安县和儋州市为"良"外,其他 12 个市(县)生态环境质量均为"优"。

　　变化幅度上分析,2010～2014 五年全省生态环境状况指数变化不明显,整体呈轻微下降趋势。全省 18 个市(县)有 8 个市(县)的生态环境状况变化不明显,主要分布在海南的西部沿海市(县)和中部山区,包括五指山市、澄迈县、临高县、乐东县、东方市、白沙县、儋州市和屯昌县。局部地区生态环境状况略有变化,但趋势不显著。18 个市(县)有 9 个市(县)的 2＜ΔEI≤5,生态环境状况略有变化,但变化趋势不显著。其中昌江县生态环境状况略微变好;定安县、保亭县、琼海市、三亚市、琼中县、海口市、文昌市、万宁市 8 个市(县)的生态环境状况略有变差。极少数地区生态环境状况明显变化。陵水县的 ΔEI 为 −8.03,生态环境状况明显变差。

　　分析各指数变化,各市(县)生态环境质量变化结果主要受区域水资源量变化影响。水资源量的变化是导致 EI 变化的主要因子。水网密度指数则是 4 个指标中对 EI 变化影响相对较大的。各市(县)生物丰度指数、植被覆盖度指数和环境质量指数均比较稳定。

第4章　环境质量与经济发展相关分析

4.1　污染物排放与社会经济发展关系分析

"十二五"期间,省委省政府坚定不移地推进污染减排工作,维护生态平衡,保障环境安全支撑海南国际旅游岛建设,坚持科学发展,实现绿色崛起。在省委省政府的正确领导和各市(县)、各相关部门的共同努力下,在经济发展的同时,全省污染物排放总量得以控制,"十二五"及2015年度主要污染物总量减排任务圆满完成。

4.1.1　水污染物排放与社会经济发展

(1)全面实施减排,经济发展的同时污染物总量得到控制。

GDP与全省污染物"十二五"期间全省经济快速发展,人口不断增加,由于全省不断提高城镇生活污水处理能力,加强工业源污染减排,使得全省废水、废水中COD和氨氮排放量总体保持稳定,2015年明显下降。Pearson相关性分析结果表明,GDP与全省废水排放量、废水中COD和氨氮排放量均不存在显著的相关关系。2015年全省生产总值达到3702.80亿元,比2011年增长46.8%,而全省废水排放量仅比2011年增长了8.0%,COD和氨氮排放量则分别下降了6.0%和7.5%(表4.1,图4.1)。

表 4.1　全省经济发展与废水及主要污染物排放变化情况

指标	2011 年	2012 年	2013 年	2014 年	2015 年	相关系数
GDP/亿元	2 522.66	2 855.54	3 146.46	3 500.70	3 702.80	—
废水排放量/$\times 10^4$ t	35 725.15	37 103.31	36 156.05	39 351.07	38 586.81	0.84
COD 排放量/t	199 918.38	197 355.34	194 379.58	196 000.88	18 7938.18	−0.85
氨氮排放量/t	22 742.85	22 482.54	22 627.09	22 927.08	21 048.02	−0.56

注:当 $N=4,\alpha=0.05$ 时,相关系数 r 的临界值为 0.950;当 $N=5,\alpha=0.05$ 时,r 的临界值为 0.878。下同。

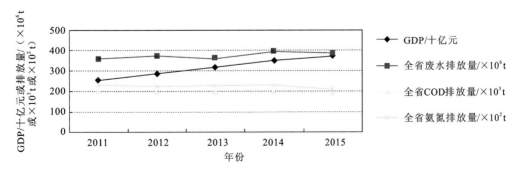

图 4.1　废水及污染物排放与经济发展对比

2015 年全省工业完成增加值 485.85 亿元,比 2011 年增长 2.3%,而全省工业废水排放量、工业 COD 和氨氮排放量比 2011 年分别下降了 7.3%、29.2% 和 41.0%。Pearson 相关性分析结果表明,全省工业废水排放量、废水中 COD 和氨氮排放量与工业增加值均不存在显著的相关关系(表 4.2,图 4.2)。

表 4.2　全省工业发展与工业废水主要污染物排放变化情况

指标	2011 年	2012 年	2013 年	2014 年	2015 年	相关系数
工业增加值/亿元	475.04	521.15	551.11	514.40	485.85	—
工业废水排放量/×10⁴ t	6 820.12	7 464.85	6 744.25	7 955.83	6 322.77	0.28
工业 COD 排放量/t	12 499.57	12 542.62	12 526.00	10 783.77	8 846.78	0.40
工业氨氮排放量/t	811.88	883.24	913.19	981.89	478.77	0.58

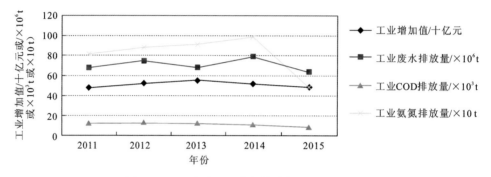

图 4.2　工业废水及污染物排放与工业发展对比

人口与生活污染物 2015 年全省城镇人口达到 501.72 万人,比 2011 年增长 13.2%。生活废水排放量比 2011 年增长了 11.6%,COD 和氨氮排放量则分别下降了 0.6% 和 2.8%。Pearson 相关性分析结果表明,全省生活废水排放量与全省人口增长存在显著的相关关系,生活废水排放量随着人口的增长而增加;生活废水中 COD 和氨氮排放量与全省人口增长均不存在显著的相关关系(表 4.3,图 4.3)。

表 4.3　全省人口增长与生活废水主要污染物排放变化情

指标	2011 年	2012 年	2013 年	2014 年	2015 年	相关系数
城镇人口/万人	443.07	458.20	472.22	485.41	501.72	—
生活废水排放量/×10⁴ t	28 858.35	29 586.94	29 374.05	31 360.81	32 205.94	0.93
生活 COD 排放量/t	78 857.76	80 233.49	79 315.73	83 602.21	78 421.45	0.16
生活氨氮排放量/t	12 364.63	12 275.80	12 960.46	13 284.24	12 019.71	0.07

(2)加强污染治理和环境准入,排放强度呈下降趋势。

2011～2015 年,全省经济运行整体呈现"稳中有进、稳中向好"态势,GDP 增长迅速,全省单位 GDP 废水及其污染物排放强度均呈逐年递减的下降趋势。与 2011 年相比,2015 年废水排放强度由 14.16 t/万元下降到 10.42 t/万元,COD 排放强度由 7.92 kg/万元

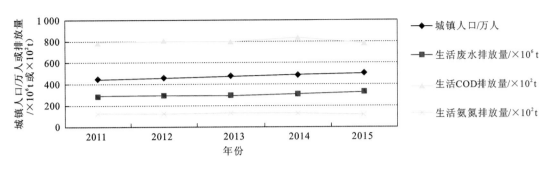

图 4.3　生活废水及污染物排放与人口对比

下降到 5.08 kg/万元,氨氮排放强度由 0.90 kg/万元下降到 0.57 kg/万元,分别下降了 26.4%、35.9% 和 36.7%(表 4.4)。

表 4.4　全省废水及主要污染物排放强度变化情况

指标	2011 年	2012 年	2013 年	2014 年	2015 年
废水排放强度/(t/万元)	14.16	12.99	11.49	11.24	10.42
COD 排放强度/(kg/万元)	7.92	6.91	6.18	5.60	5.08
氨氮排放强度/(kg/万元)	0.90	0.79	0.72	0.65	0.57

2011~2015 年,全省工业经济持续平稳增长,工业增加值波动相对较大,单位工业增加值工业废水及工业氨氮排放强度总体呈波动式下降,工业 COD 排放强度逐年下降(图 4.4)。与 2011 年相比,2015 年工业增加值废水排放强度由 14.36 t/万元下降到 13.01 t/万元,COD 排放强度由 2.63 kg/万元下降到 1.82 kg/万元,氨氮排放强度由 0.17 kg/万元下降到 0.10 kg/万元,分别下降了 9.4%、30.8% 和 41.2%(表 4.5,图 4.4)。

表 4.5　工业废水及主要污染物排放强度变化情况

指标	2011 年	2012 年	2013 年	2014 年	2015 年
工业废水排放强度/(t/万元)	14.36	14.32	12.24	15.47	13.01
工业 COD 排放强度/(kg/万元)	2.63	2.41	2.27	2.10	1.82
工业氨氮排放强度/(kg/万元)	0.17	0.17	0.17	0.19	0.10

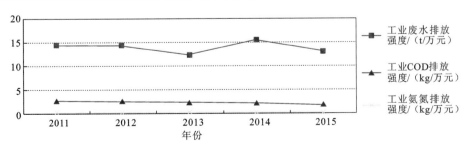

图 4.4　工业废水及污染物排放强度变化情况

2011～2015 年,全省人口持续增加,2015 年全省城镇人口比 2011 年增长了 13.2%。生活污水中主要污染物 COD、氨氮人均排放量在 2011～2014 年呈波动式下降,2015 年降幅较大。2015 年生活污水人均排放量、COD 人均排放量和氨氮人均排放量较 2011 年分别下降 1.5%、12.2% 和 14.0%(表 4.6,图 4.5)。

表 4.6　生活污水及主要污染物排放强度变化情况

指标	2011 年	2012 年	2013 年	2014 年	2015 年
人均生活污水排放量/(t/人)	65.13	64.57	62.20	64.61	64.19
人均 COD 排放量/(kg/人)	17.80	17.51	16.80	17.22	15.63
人均氨氮排放量/(kg/人)	2.79	2.68	2.74	2.74	2.40

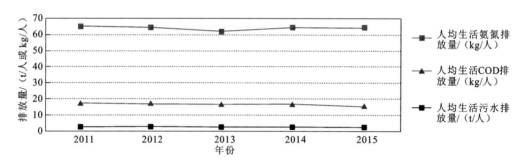

图 4.5　人均生活废水及污染物排放量变化

4.1.2　废气污染物排放与社会经济发展

1. 社会经济高速发展,废气污染物排放有升有降

(1) GDP 与全省污染物。"十二五"期间全省积极推进污染减排,对燃煤电厂实施脱硝、水泥行业实施脱硫脱硝,使得全省在经济快速发展,工业煤炭消费量不断增加的同时,二氧化硫和氮氧化物排放总量得到控制。

Pearson 相关性分析结果表明,全省废气中二氧化硫排放量、氮氧化物排放量、烟粉尘排放量与 GDP 均不存在显著的相关关系。2015 年全省生产总值比 2011 年增长 46.8%,废气中二氧化硫、氮氧化物排放量分别比 2011 年下降 0.8% 和 6.2%,废气中烟粉尘则上升 28.2%(表 4.7,图 4.6)。

表 4.7　全省经济发展与废气主要污染物排放变化情况

指标	2011 年	2012 年	2013 年	2014 年	2015 年	相关系数
GDP/亿元	2 522.66	2 855.54	3 146.46	3 500.70	3 702.80	—
二氧化硫排放量/t	32 572.39	34 136.86	32 414.15	32 563.92	32 300.06	−0.42
烟粉尘排放量/t	15 817.53	16 601.05	18 003.18	23 171.24	20 277.31	0.86
氮氧化物排放量/t	95 385.19	103 396.27	100 248.59	95 001.90	8 9518.05	−0.56

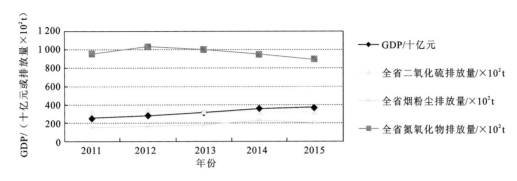

图 4.6　废气污染物排放与经济发展对比

　　(2) 工业增加值与工业污染物。2015 年全省工业完成增加值 485.85 亿元,比 2011 年增长 10.8%,而全省工业二氧化硫、工业烟粉尘排放量比 2011 年分别上升了 2.0%、44.6%。工业氮氧化物则比 2011 年下降了 8.2%。Pearson 相关性分析结果表明,工业二氧化硫、工业烟粉尘及工业氮氧化物排放量与工业增加值均不存在显著的相关关系(表 4.8,图 4.7)。

表 4.8　全省工业发展与工业废气主要污染物排放变化情况

指标	2011 年	2012 年	2013 年	2014 年	2015 年	相关系数
工业增加值/亿元	475.04	521.15	551.11	514.40	485.85	—
工业二氧化硫排放量/t	31 058.02	33 035.96	31 652.37	31 854.57	31 683.28	0.42
工业烟粉尘排放量/t	11 053.73	10 660.11	14 029.21	18 853.87	15 982.30	0.10
工业氮氧化物排放量/t	65 449.17	71 850.30	66 830.52	64 851.59	60 108.03	0.50

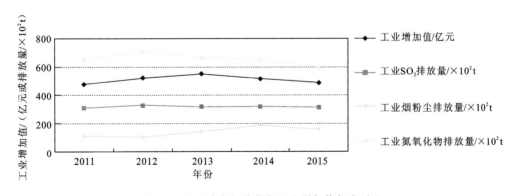

图 4.7　工业废气污染物与工业增加值年度对比

　　(3) 工业能源消耗与工业污染物。Pearson 相关性分析结果表明,工业二氧化硫排放量、工业烟粉尘排放量、工业氮氧化物排放量与工业能源消耗均不存在显著的相关关系(表 4.9,图 4.8)。

表 4.9　全省工业能耗与工业废气主要污染物排放变化情况

指标	2011 年	2012 年	2013 年	2014 年	2015 年	相关系数
工业能源消耗/(万 t 标煤)	882.13	919.34	984.22	1 059.17	1 103.51	—
工业二氧化硫排放量/t	31 058.02	33 035.96	31 652.37	31 854.57	31 683.28	−0.06
工业烟粉尘排放量/t	11 053.73	10 660.11	14 029.21	18 853.87	15 982.30	0.88
工业氮氧化物排放量/t	65 449.17	71 850.30	66 830.52	64 851.59	60 108.03	−0.71

注:2011~2014 年能源消耗来源于各年度《海南统计年鉴》,2015 年能源消耗来源于《海南省环境统计年报》。

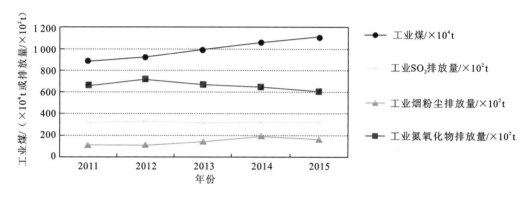

图 4.8　工业废气污染物与工业煤耗年度对比

2. 加强污染治理和结构调整,废气排放强度呈下降趋势

2011~2015 年,全省单位 GDP 的二氧化硫排放强度和氮氧化物排放强度呈逐年显著下降的趋势,烟粉尘排放强度呈波动式下降趋势。2015 年二氧化硫、氮氧化物和烟粉尘排放强度分别比 2011 年下降了 32.6%、36.0% 和 12.7%(表 4.10,图 4.9)。

表 4.10　全省废气中主要污染物排放强度变化情况

指标	2011 年	2012 年	2013 年	2014 年	2015 年
二氧化硫排放强度/(kg/万元)	1.29	1.20	1.03	0.93	0.87
氮氧化物排放强度/(kg/万元)	3.78	3.62	3.19	2.71	2.42
烟粉尘排放强度/(kg/万元)	0.63	0.58	0.57	0.66	0.55

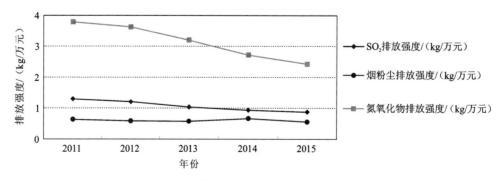

图 4.9　全省废气污染物排放强度年度对比

　　2011～2015 年,工业二氧化硫和氮氧化物排放强度呈波动式下降,2015 年分别比 2011 年下降 0.3% 和 10.2%,工业烟粉尘排放强度则呈波动式上升,2015 年比 2011 年上升了 41.2%(表 4.11,图 4.10)。

表 4.11　全省工业废气中主要污染物排放强度变化情况

指标	2011 年	2012 年	2013 年	2014 年	2015 年
工业二氧化硫排放强度/(kg/万元)	6.54	6.34	5.74	6.19	6.52
工业氮氧化物排放强度/(kg/万元)	13.78	13.79	12.13	12.61	12.37
工业烟粉尘排放强度/(kg/万元)	2.33	2.05	2.55	3.67	3.29

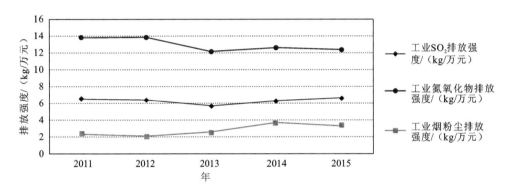

图 4.10　全省工业废气污染物排放强度年度对比

4.2　环境空气质量与社会经济发展关系分析

　　(1) 经济快速增长同时,环境空气质量依然保持优良态势。

　　"十二五"期间,全省经济快速增长。2015 年全省地区生产总值(GDP)3 702.76 亿元,其中,第一产业增加值 855.82 亿元,第二产业增加值 875.13 亿元,第三产业增加值 1 971.81 亿元,较 2010 年同比分别增长约 79.4%、58.5%、53.3% 和 106.8%(图 4.11)。2011～2015 年,全省强化大气污染防治,严控大气污染物排放,全省环境空气综合污染指数为 1.26～1.49,无明显年际变化。Pearson 相关性分析结果表明,全省环境空气综合污染指数与全省 GDP、第一产业、第二产业和第三产业的相关系数分别为 0.238、0.105、0.025 和 0.307,不存在显著的相关关系(表 4.12)。"十二五"期间,全省虽然第一产业、第二产业和第三产业产值增长较快,但未给环境空气质量带来明显影响,全省环境空气质量依然保持优良态势。主要原因一是海南岛自然条件优越,大气环境容量大,污染物容易扩散;二是全省严格执行《海南省"十二五"节能减排总体实施方案》《海南省"十二五"主要污染物总量减排工作方案》《海南省大气污染防治行动计划实施细则》等文件,不断加强节能减排和大气污染防治工作。"十二五"期间,全省共否决或暂缓审批 13 个高耗能高污染

的固定资产投资项目;累计完成 84 家企业清洁生产审核评估,完成了 12 台燃煤机组、10
条水泥熟料生产线、2 座玻璃窑炉和 1 座石油炼化催化裂化装置脱硫、脱硝、除尘设施改
造;完成了 7 台燃气机组低氮燃烧技术改造;全省共关闭橡胶加工厂 17 家、机立窑水泥厂
8 家、实心黏土砖厂 131 家、炼钢厂 1 家、造纸厂 2 家,关停燃煤发电机组 1 台,淘汰燃煤
锅炉 63 台。大气污染防治得到了有效加强。

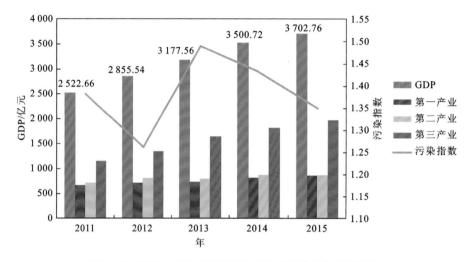

图 4.11　2011～2015 年海南省 GDP 与污染指数年际变化

表 4.12　2011～2015 年社会经济发展与污染指数相关性分析

年份	GDP/万元	第一产业/万元	第二产业/万元	第三产业/万元	污染指数
2011	2 522.66	659.23	714.50	1 148.93	1.38
2012	2 855.54	711.54	804.47	1 339.53	1.26
2013	3 177.56	736.03	797.39	1 644.14	1.49
2014	3 500.72	809.52	875.97	1 815.23	1.43
2015	3 702.76	855.82	875.13	1 971.81	1.35
与污染指数的相关系数	0.238	0.105	0.025	0.307	/

(2) 严控大气污染物排放总量,环境空气主要污染物浓度总体保持较低水平。

"十二五"期间,全省积极推进污染减排,严控大气污染物排放总量,全省各类大气污
染物排放总量得到有效控制,环境空气主要污染物浓度总体保持较低水平,海口连续 3 年
在全国 74 个重点城市中空气质量排名第一。

2011～2015 年,全省二氧化硫排放量保持在 3.2×10^4 t 左右,全省城市(镇)二氧化
硫年均浓度值保持在较低水平线下,3～5 μg/m³ 无显著波动。烟粉尘排放量自 2014 年
呈下降趋势,由 2.32×10^4 t 下降到 2015 年的 2.04×10^4 t;2014 年后工业烟粉尘排放量
逐年减少;全省城市(镇)环境空气可吸入颗粒物年平均浓度 2013 年后亦呈轻微幅度的下

降,由 39 $\mu g/m^3$ 下降到 2015 年的 35 $\mu g/m^3$(表 4.13)。

表 4.13 2011～2015 年各污染物排放量与各污染物浓度相关性分析

| | | 2011 年 | 2012 年 | 2013 年 | 2014 年 | 2015 年 | 相关系数 | | |
							与二氧化硫浓度	与氮氧化物浓度	与烟(粉)尘浓度
全省	二氧化硫排放量/×10⁴ t	3.26	3.41	3.24	3.25	3.23	−0.921	/	/
	氮氧化物排放量/×10⁴ t	9.54	10.34	10.02	9.50	8.95	/	0.042	/
	烟(粉)尘排放量/×10⁴ t	1.58	1.66	1.80	2.32	2.04	/	/	0.466
二氧化硫浓度/($\mu g/m^3$)		4	3	5	5	5	/	/	/
二氧化氮浓度/($\mu g/m^3$)		12	10	9	10	9	/	/	/
可吸入颗粒物浓度/($\mu g/m^3$)		35	34	39	38	35	/	/	/

Pearson 相关性分析结果表明,海南省二氧化硫排放量值与全省城市(镇)二氧化硫年均浓度值,两者间存在显著的负相关关系,相关系数为−0.921。虽然存在显著负相关关系,但由于全省二氧化硫浓度值很低,因此,相关系数不具有明显说服力。

Pearson 相关性分析结果表明,海南省氮氧化物排放量值与全省城市(镇)二氧化氮年均浓度值,两者间不存在显著的相关关系。氮氧化物排放量 2012 年后有所下降,但环境空气二氧化氮浓度依然在 9～10 $\mu g/m^3$ 波动。

Pearson 相关性分析结果表明,烟粉尘排放量与全省城市(镇)环境空气可吸入颗粒物浓度有一定的相关性,但相关关系不显著。烟粉尘排放量自 2014 年呈下降趋势,可吸入颗粒物浓度也由 2014 的 38 $\mu g/m^3$ 下降到 2015 年的 35 $\mu g/m^3$,说明全省烟粉尘减排降低了对环境空气质量的影响。

(3) 机动车保有量的增加,对部分城市环境空气质量有一定影响。

2011,全省机动车保有量为 176.08 万辆,2012～2013 年有下降,2014 年全省机动车保有量激增,由 2013 年的 168.78 万辆增加到 205.97 万辆,2015 年又出现下降,下降至 186.16 万辆;全省城市(镇)环境空气二氧化氮年均浓度值总体无明显变化,均保持在较低水平线下,在 9～12 $\mu g/m^3$;可吸入颗粒物年均浓度值保持在较低水平线下,为 34～39 $\mu g/m^3$(表 4.14)。

表 4.14 2011～2015 年全省机动车保有量与污染指数相关性分析

项目	2011 年	2012 年	2013 年	2014 年	2015 年	与机动车相关性
二氧化氮浓度/($\mu g/m^3$)	12	10	9	10	9	−0.032
可吸入颗粒物浓度/($\mu g/m^3$)	35	34	39	38	35	0.363
机动车/万辆	176.08	160.72	168.78	205.97	186.16	/

Pearson 相关性分析结果表明,海南省机动车保有量与全省城市(镇)环境空气二氧

化氮年均浓度之间的相关关系不显著,与可吸入颗粒物年均浓度有一定的相关性,机动车保有量下降,可吸入颗粒物浓度也出现一定程度的下降。

"十二五"期间,全省积极推进机动车安全技术合格检验和尾气排放达标环保检测,强化机动车环保标志管理。加强尾气路检和报废车上路的执法检查。严格落实老旧车和黄标车报废、淘汰、注销登记及拆解制度。制定黄标车提前淘汰补贴政策,减少路面交通移动源污染。在有条件的市(县),划定黄标车限行区域,深化黄标车上路管理,机动车污染得到一定的控制。"十二五"期间,全省共办理机动车核发检验合格标志业务 192.25 万张;办理机动车报废注销登记 53.17 万辆;淘汰黄标车 75 559 辆,其中,淘汰 2005 年底以前注册运营的黄标车 29 504 辆,圆满完成淘汰任务。同时,加强车用汽柴油品升级工作。自 2013 年 11 月 20 日起,全省全面供应国Ⅳ汽柴油,提前 1 年完成了国家下达的油品升级任务;2015 年 10 月 20 日起,全面供应国Ⅴ汽柴油。从车用燃油品质上,减少了交通源的污染排放。

4.3　地表水环境质量与社会经济发展关系分析

(1) 河流污染程度未随生产总值的增长,呈现增加的趋势。

"十二五"期间,全省社会经济发展迅速,社会经济活力不断提高,虽然 2015 年全省生产总值比 2011 年仅增加了 46.8%,但与"十一五"末的 2 052.12 亿元相比,2015年的全省生产总值比 2010 年增加了 80.4%,而全省河流主要污染指标高锰酸盐指数和氨氮浓度未随着 GDP 成比例增长。2011～2015 年期间,全省不断加强地表水环境的污染防治,河流主要污染指标氨氮浓度在 0.28～0.30 mg/L 波动,高锰酸盐指数浓度基本保持稳定,化学需氧量浓度呈上升趋势。与 2011 年比较,2015 年河流主要污染指标高锰酸盐指数浓度上升了 3.5%,化学需氧量浓度上升了 13.3%,氨氮浓度下降了 3.3%;全省河流综合污染程度基本呈稳定态势。Pearson 相关性分析结果表明,河流主要污染指标除了化学需氧量与 GDP 存在显著的正相关外,氨氮、高锰酸盐指数、河流综合污染指数与 GDP 均不存在显著的正相关关系,水质总体受经济发展影响不明显(表 4.15,图 4.12～图 4.15)。

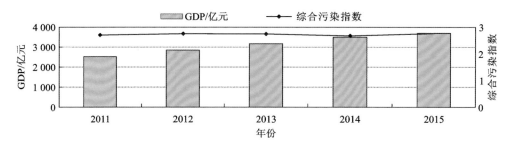

图 4.12　2011～2015 年全省 GDP 和河流综合污染指数相关分析

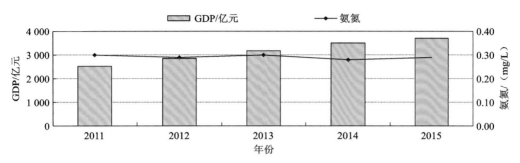

图 4.13　2011～2015 年全省 GDP 和河流氨氮浓度变化比较

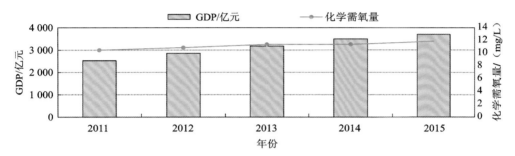

图 4.14　2011～2015 年全省 GDP 和河流化学需氧量浓度变化比较

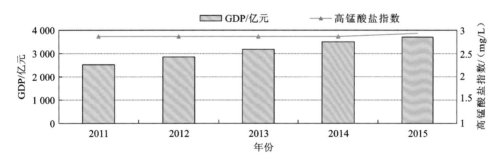

图 4.15　2011～2015 年全省 GDP 和河流高锰酸盐指数浓度变化比较

表 4.15　2011～2015 年全省河流主要污染指标变化相关分析

指标	2011 年	2012 年	2013 年	2014 年	2015 年	与高锰酸盐指数相关性系数	与化学需氧量相关性系数	与氨氮相关性系数	与总磷相关性系数	与综合污染指数相关性系数
生产总值/亿元	2 522.66	2 855.54	3 177.56	3 500.72	3 702.76	0.646	0.969	−0.597	−0.758	0.122
高锰酸盐指数/(mg/L)	2.8	2.8	2.8	2.8	2.9					
氨氮/(mg/L)	0.30	0.29	0.30	0.28	0.29					
化学需氧量/(mg/L)	10.5	10.9	11.4	11.4	11.9					
综合污染指数	2.71	2.76	2.75	2.68	2.77					

注:当 $N=4$,$\alpha=0.05$ 时,相关系数 r 的临界值为 0.950;当 $N=5$,$\alpha=0.05$ 时,相关系数 r 的临界值为 0.878。下同。

（2）人口的增长给地表水环境造成一定的压力。

"十二五"期间全省地表水环境质量总体保持优良,但人口增长给地表水环境造成一定的压力。2015 年全省常住人口 910.82 万人,其中城镇人口、农业人口占总人口的比例分别为 55.1％、44.9％,分别较 2011 年增加 15.7％和减少 19.1％。同期全省河流污染物浓度较 2011 年高锰酸盐指数浓度增加了 3.5％,化学需氧量浓度增加了 13.3％,氨氮浓度减少了 3.3％(图 4.16,图 4.17)。Pearson 相关性分析结果表明,河流主要污染指标化学需氧量与总人口存在一定的关系,其中与城镇人口的相关度较大,相关性系数为 0.706;高锰酸盐指数与城镇人口、农业人口均存在显著相关,相关性系数分别为 1.00、−0.998(表 4.16)。说明河流除了受到工业和城镇生活污水影响外,还受到农业和农村面源的影响。全省人口的增长,尤其是城镇人口的增长对地表水环境带来的压力日益突出。

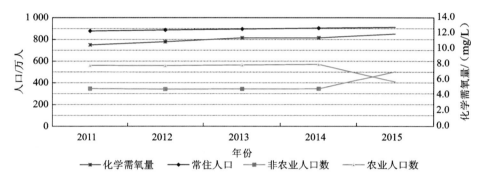

图 4.16　2011～2015 年全省人口和化学需氧量浓度变化比较

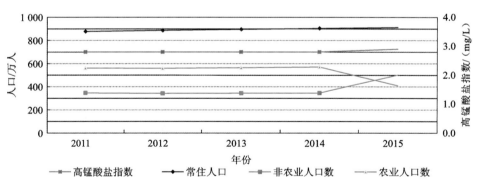

图 4.17　2011～2015 年全省人口和高锰酸盐指数浓度变化比较

表 4.16　全省人口与主要污染指标相关性比较

人口数 /万人	2011 年	2012 年	2013 年	2014 年	2015 年	与高锰酸盐指数相关性系数	与氨氮相关性系数	与化学需氧量相关性系数
常住人口	877.38	886.55	895.28	903.48	910.82	0.679	−0.575	0.975
城镇人口	346.13	342.06	343.82	345.01	502.04	1.00	−0.131	0.706
农业人口	561.69	559.67	565.03	571.29	408.78	−0.998	0.095	−0.676

（3）农业的迅速发展,对水质总体无明显变化。

农业面源是影响全省河流水质的主要原因之一。2015 年废水主要污染物排放结果表明,全省废水主要污染物排放以农业源为主,如主要污染物 COD 排放工业源占 4.7%,农业源占 52.8%,生活源占 41.7%,COD 排放以生活源和农业源为主。另一方面,农药化肥过量施用导致大量营养物质随地表径流进入水体,对水环境造成一定的压力。畜禽养殖业方面,大量畜禽养殖产生的废弃物污水未经处理直接进入水体,加剧了河流、湖泊的富营养化。

"十二五"期间,全省农业得到了快速发展,2015 年农业总产值比 2011 年增加了 29.8%;农用化肥使用总量呈逐年上升趋势,2014 年全省农用化肥施用量比 2011 年增加了 29.9%。与此同时,全省不断加强减排工作力度,一方面着力提高主要工业企业的污水治理水平,另一方面着力提高城镇生活污水处理率,减少工业废水和城市污水污染物排放。虽然五年来河流高锰酸盐指数浓度增加了 3.5%,氨氮浓度减少了 3.3%,但其浓度基本呈稳定趋势(图 4.18～图 4.20)。与 2011 年比较,2015 年河流主要污染指标化学需氧量浓度上升了 13.3%。Pearson 相关性分析结果表明,化学需氧量与农业经济发展具有一定的相关性。农业的迅速发展,虽然带来个别污染指标浓度的增加,但对水质总体无明显变化(表 4.17)。

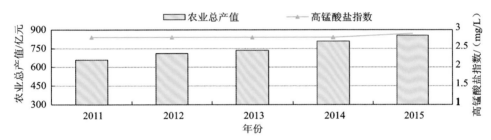

图 4.18　2011～2015 年农业总产值和污染指标浓度变化比较

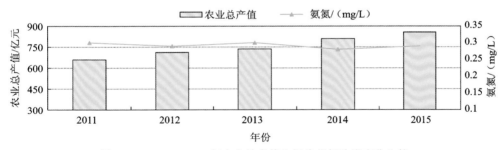

图 4.19　2011～2015 年农业总产值和污染指标浓度变化比较

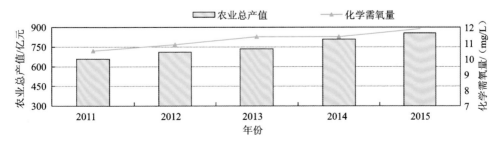

图 4.20　2011～2015 年农业总产值和污染指标浓度变化比较

表 4.17　农业生产总值与主要污染指标相关性比较

指标	2011 年	2012 年	2013 年	2014 年	2015 年	与农业生产总值相关性系数
农业生产总值/亿元	659.23	711.54	736.03	809.52	855.82	/
高锰酸盐指数/(mg/L)	2.8	2.8	2.8	2.8	2.9	0.723
氨氮/(mg/L)	0.30	0.29	0.30	0.28	0.29	-0.643
化学需氧量/(mg/L)	10.5	10.9	11.4	11.4	11.9	0.940

4.4　近岸海域水环境质量与社会经济发展关系分析

"十二五"期间,全省经济社会快速发展,人口增加,国际旅游岛建设推动旅游业快速发展,带来流动性人口大幅增加,各项事业进入快速发展通道,始终以"科学发展,绿色崛起"为引领方向,坚持在保护中发展、在发展中保护,以不破坏生态环境作为发展的大前提,近岸海域水质始终保持稳定优良态势,水质污染程度与污染物入海量、经济社会发展主要指标等相关关系不显著,全省近岸海域水质总体受经济快速发展和污染物排放影响不明显。

（1）经济发展快速,污染物入海量下降,近岸海域水质总体保持优良。

2011～2015 年,全省经济社会发展迅猛,全省国内生产总值（GDP）五年间持续显著上升,全省地区生产总值、人均地区生产总值年均增长 9.5%、8.4%,三次产业结构由 2010 年的 26.1:27.7:46.2 调整为 23.1:23.6:53.3。服务业增加值年均增长 10.6%,占 GDP比重比 2010 年提高 7.1 个百分点,接待游客总人数、旅游总收入分别比 2010 年增长73.6%、110.9%,海洋生产总值比 2010 年增长 87.5%。经济快速发展和人口增加,特别是游客的急剧增多,给近海海域带来的环境压力有所增加。

"十二五"期间全省直排海污染源共向近岸海域排放了约 11.8 亿 t 废水,其中大部分为生活废水,排放入海的化学需氧量污染物约 7.4×10⁴ t、氨氮约 1.5×10⁴ t。由于"十二五"期间节能减排工作的大力推进,沿海工业企业废水处理设施建设和技术改造升级加快,沿海城镇污水处理设施陆续完成建设和技术改造并投入运营,城市（镇）污水收集管网建设不断拓展,环境监管不断加强,五年间直排入海的废水总量呈上升趋势,但是其他污染物排放总体呈波动式下降趋势。

与此同时,2011～2015 年海南岛近岸海域水质平均综合污染程度和活性磷酸盐污染指数、无机氮浓度均处于极低水平,总体基本保持稳定,无显著变化。Pearson 相关性分析结果表明,海南岛近岸海域水质平均综合污染指数与 GDP、常住人口以及直排海污染物入海废水量均不存在显著的相关关系;此外,近岸海域水体的活性磷酸盐污染指数与直排海污染源 COD 入海量、无机氮平均污染指数与直排海污染源氨氮入海量也不存在显著相关关系。在经济快速发展、人口增加的同时,全省加大对污染的治理,直排入海的污染物总量有所减少,近岸海域水质基本保持稳定,水质总体受经济发展、人口增加和直排海污染物入海量的影响不明显(图 4.21,表 4.18)。

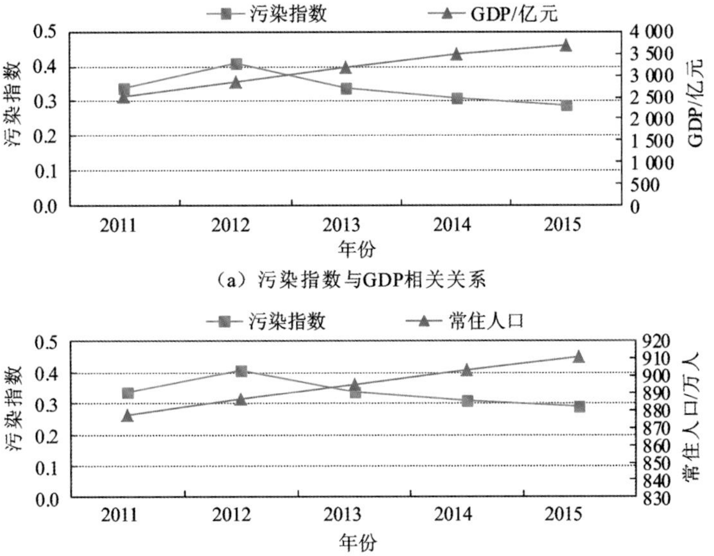

(a) 污染指数与GDP相关关系

(b) 污染指数与人口相关关系

图 4.21　海南岛近岸海域水质综合污染指数与 GDP、常住人口的相关关系

表 4.18　海南岛近岸海域水质污染程度与污染源、经济发展指标关系

年份	水质平均污染指数			直排海污染源污染物入海量			经济社会发展指标	
	平均综合污染指数	活性磷酸盐污染指数	无机氮污染指数	废水/(万 t/a)	COD/(t/a)	氨氮/(t/a)	GDP/亿元	常住人口/万人
2011	0.34	0.33	0.4	19 541.4	7 819.8	1 340.9	2 522.7	877.4
2012	0.41	0.37	0.5	21 167.8	8 375.6	1 184.3	2 855.5	886.5
2013	0.34	0.33	0.35	24 329.0	9 613.4	1 417.6	3 177.5	895.3
2014	0.31	0.3	0.33	25 799.2	9 701.8	1 487.7	3 500.7	903.5
2015	0.29	0.27	0.38	27 705.9	9 475.1	865.6	3 702.7	910.8
与水质污染指数的相关系数	/	/	/	−0.725	−0.574	0.168	−0.677	−0.681

注:当 $N=4$,$\alpha=0.05$ 时,相关系数 r 的临界值为 0.950;当 $N=5$,$\alpha=0.05$ 时,相关系数 r 的临界值为 0.878。下同。

(2) 旅游业发展迅猛,主要滨海旅游区近岸海域水质总体保持优良。

"十二五"期间,全省旅游业增长迅速,特别是国际旅游岛建设之后,全省接待过夜游客人数呈直线上升,2015 年比 2011 年翻一番,从 2 202 万人增加到 4 492 万人。全省接待人数最多的为三亚、海口和东部万宁、琼海、陵水、文昌等沿海市(县),接待过夜游客人数占全省总数的 80% 以上。旅游业带来的流动性人口大部分集中在上述沿海城市(镇)和沿海景区,给近岸海域环境带来了一定压力。相关性分析结果表明,目前旅游业发展对全省主要滨海旅游区近岸海域水质总体影响不明显,滨海旅游区近岸海域水质保持优良态

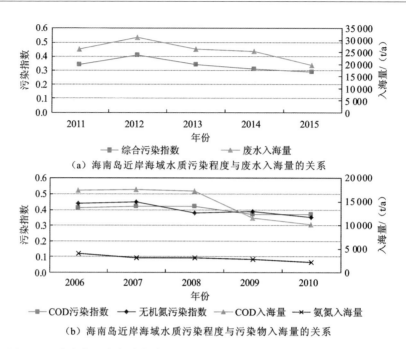

（a）海南岛近岸海域水质污染程度与废水入海量的关系

（b）海南岛近岸海域水质污染程度与污染物入海量的关系

图 4.22　海南岛近岸海域水质污染程度与废水入海量和污染物入海量的关系

势,污染程度无明显变化,但对局部海域水质有轻微影响,个别污染指标在较低浓度水平上略有上升(图 4.22)。

　　2011～2016 年全省海口、三亚和东部文昌、琼海、万宁、陵水等主要滨海旅游区近岸海域水质均为一、二类,水质污染程度低,主要滨海旅游市(县)近岸海域水质基本保持稳定,污染程度无明显变化。Pearson 相关性分析结果表明,全省、海口、三亚、文昌、琼海、万宁和陵水近岸海域水质平均综合污染指数与其接待过夜旅客人数之间的相关关系不显著,说明虽然旅游业快速发展带来了流动性人口的增长,增加了生活类污染物的排放,但由于"十二五"期间,全省大力推进节能减排工作,强化城镇生活污染治理。加快城镇污水处理设施建设与改造,全面加强配套管网建设,全省城镇生活污水和垃圾处理率有较大提高,直排入海的生活污染物得到控制,全省海口、三亚、文昌、琼海、万宁、陵水等沿海旅游市(县)近岸海域水质综合污染程度总体受接待过夜旅客人数急剧增加的影响不明显,仍保持优良态势(表 4.19)。

表 4.19　滨海旅游区近岸海域水质综合污染程度与旅客人数相关性

地区	指标	2011 年	2012 年	2013 年	2014 年	2015 年	相关系数
全省	水质污染指数	0.34	0.41	0.34	0.31	0.29	−0.495
	接待过夜旅客/万人	2 202.02	3 320.36	3 672.71	4 060.21	4 492.87	
海口	水质污染指数	0.42	0.45	0.71	0.68	0.51	−0.556
	接待过夜旅客/万人	550.21	952.90	1 044.31	1 130.68	1 225.21	

续表

地区	指标	2011 年	2012 年	2013 年	2014 年	2015 年	相关系数
三亚	水质污染指数	0.44	0.50	0.53	0.45	0.45	−0.004
	接待过夜旅客/万人	858.47	1 100.38	1 228.40	1 352.77	1 495.72	
文昌	水质污染指数	0.29	0.33	0.25	0.24	0.24	−0.556
	接待过夜旅客/万人	58.68	125.53	137.26	151.75	173.83	
琼海	水质污染指数	0.22	0.29	0.42	0.18	0.19	−0.162
	接待过夜旅客/万人	103.08	185.20	208.11	242.97	279.58	
万宁	水质污染指数	0.35	0.58	0.35	0.28	0.36	−0.111
	接待过夜旅客/万人	325.75	347.56	332.14	362.71	387.03	
陵水	水质污染指数	0.19	0.24	0.28	0.28	0.21	−0.470
	接待过夜旅客/万人	90.48	124.99	139.13	151.46	164.31	

　　2011～2015 年,海南岛近岸海域水质总体保持稳定,大多数近岸海域水质长期处于清洁状态。一、二类海水比例基本稳定,水质优良率在 89.1%～94.6%,其中 2011～2015 年一类海水比例分别为 57.8%、60.0%、60.0%、74.6% 和 76.4%,呈逐年上升趋势。海南岛近岸海域水质监测中,超二类标准的项目均为活性磷酸盐、无机氮、石油类和化学需氧量,2015 年出现非离子氨超标的情况。其中,活性磷酸盐和无机氮均出现超三类标准,石油类和化学需氧量未出现超三类标准,但石油类超标率历年均高于化学需氧量,非离子氨仅在 2015 年出现超四类标准限值的情况。因此确定"十二五"期间,海南岛近岸海域主要污染物为活性磷酸盐、无机氮和石油类(图 4.23)。

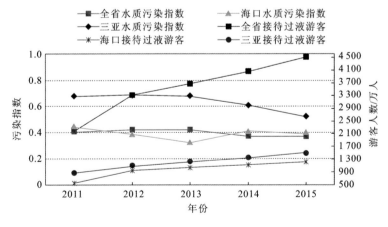

图 4.23　滨海旅游区近岸海域水质综合污染程度与旅客人数的相关关系

　　对全省、海口、三亚和东部沿海市(县)近岸海域水体的无机氮、活性磷酸盐和石油类平均污染指数与其市(县)接待过夜旅客人数进行相关性分析,结果表明,除陵水县活性磷酸盐污染指数与全县接待过夜游客人数存在显著性相关外(0.878),全省、海口、文昌、琼海、万宁和陵水的各项污染指标污染指数与接待过夜旅客人数的相关关系不显著,这些区域近岸海域水质总体受游客人数增长影响不明显。接待旅客人数全省最多、增长幅度全省最高的三亚市和海口市,其近岸海域水体的活性磷酸盐污染指数与接待过夜旅客人数的相关关系不显著,但海口市的石油类(0.738)和三亚市的无机氮污染指数(0.86)与旅客人数存在相对较明显的正相关关系(表4.20,图4.24)。表明全省随着游客的增加,生活污水产生量也大量增加,虽然"十二五"期间大力推进城市污水处理设施建设,城镇污水处理率有所提高,但污水收集管网建设等配套设施建设仍然相对滞后,现有处理设施对氮、磷等污染物的处理效率有待提高,导致进入近岸海域水体的氮、磷等营养盐有所增大,三亚近岸海域水体中的无机氮污染程度和陵水县近岸海域水体中的活性磷酸盐污染程度有所上升。无机氮和活性磷酸盐污染程度的增加应引起高度关注。

表 4.20　滨海旅游区近岸海域水质主要污染指标与旅客人数相关关系

地区	指标	2011 年	2012 年	2013 年	2014 年	2015 年	与接待过夜旅客人数的相关系数
全省	石油类污染指数	0.28	0.36	0.34	0.30	0.22	-0.301
	无机氮污染指数	0.40	0.50	0.35	0.33	0.38	-0.363
	活性磷酸盐污染指数	0.33	0.37	0.33	0.30	0.27	-0.622
	接待过夜游客人数/万人	2 202.02	3 320.36	3 672.71	4 060.21	4 492.87	/
海口	石油类污染指数	0.08	0.04	0.50	0.66	0.48	0.738
	无机氮污染指数	0.77	0.72	0.76	0.77	0.72	-0.425
	活性磷酸盐污染指数	0.40	0.60	0.87	0.60	0.33	0.169
	接待过夜游客人数/万人	550.21	952.90	1 044.31	1 130.68	1 225.21	/
三亚	石油类污染指数	0.52	0.58	0.68	0.58	0.48	-0.079
	无机氮污染指数	0.51	0.56	0.57	0.55	0.63	0.86
	活性磷酸盐污染指数	0.30	0.37	0.33	0.23	0.23	-0.617
	接待过夜游客人数/万人	858.47	1 100.38	1 228.40	1 352.77	1 495.72	/
文昌	石油类污染指数	0.24	0.32	0.22	0.18	0.10	-0.572
	无机氮污染指数	0.22	0.28	0.09	0.13	0.22	-0.252
	活性磷酸盐污染指数	0.40	0.40	0.43	0.40	0.40	0.101
	接待过夜游客人数/万人	58.68	125.53	137.26	151.75	173.83	/
琼海	石油类污染指数	0.24	0.22	0.32	0.08	0.10	-0.602
	无机氮污染指数	0.22	0.41	0.40	0.30	0.27	0.189
	活性磷酸盐污染指数	0.20	0.23	0.53	0.17	0.20	-0.008
	接待过夜游客人数/万人	103.08	185.20	208.11	242.97	279.58	/

续表

地区	指标	2011年	2012年	2013年	2014年	2015年	与接待过夜旅客人数的相关系数
万宁	石油类污染指数	0.24	0.48	0.32	0.24	0.14	−0.475
	无机氮污染指数	0.32	0.88	0.42	0.30	0.42	−0.02
	活性磷酸盐污染指数	0.50	0.37	0.30	0.30	0.53	0.276
	接待过夜游客人数/万人	325.75	347.56	332.14	362.71	387.03	/
陵水	石油类污染指数	0.28	0.22	0.30	0.36	0.10	−0.304
	无机氮污染指数	0.17	0.37	0.27	0.20	0.24	0.151
	活性磷酸盐污染指数	0.13	0.13	0.27	0.27	0.30	0.878
	接待过夜游客人数/万人	90.48	124.99	139.13	151.46	164.31	/

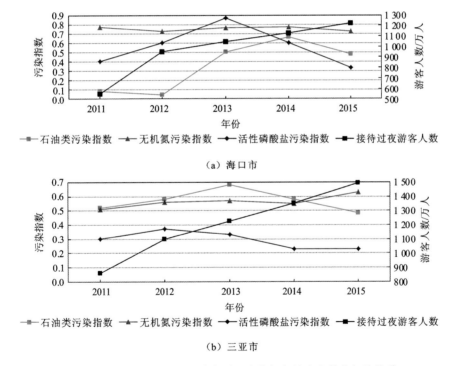

图 4.24　海口、三亚近岸海域水质污染指标与旅客人数的相关关系

（3）工业发展放缓，重点工业区近岸海域水质仍保持优良。

"十二五"期间全省工业发展放缓，全省工业增加值总体保持稳定，从 2011 年 437.94 亿元增长到 2015 年 448.95 亿元，增长率仅为 2.5%。洋浦经济开发区、东方化工城和澄迈老城工业园区等老牌重点工业园区规模以上工业增加值也基本保持稳定，现有工业企业的工业废水经处理后也直排入海（表 4.21，图 4.25）。

表 4.21　重点工业区近岸海域水质综合污染程度与工业增加值相关性

年份	全省		洋浦		东方		澄迈（老城）	
	水质平均综合污染指数	工业增加值/亿元	水质平均综合污染指数	规模以上工业增加值/亿元	水质平均综合污染指数	规模以上工业增加值/亿元	水质平均综合污染指数	规模以上工业增加值/亿元
2011	0.28	437.94	0.32	141.62	0.21	40.98	0.33	51.98
2012	0.29	482.05	0.23	153.7	0.29	48.01	0.37	54.57
2013	0.31	509.57	0.3	143.59	0.26	48.39	0.36	72.97
2014	0.18	471.23	0.14	130.99	0.15	50.23	0.26	80.44
2015	0.13	448.95	0.09	112.59	0.11	53.05	0.22	79.04
相关系数	0.489		0.772		−0.46		−0.703	

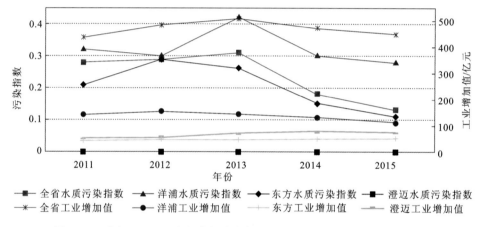

图 4.25　重点工业区近岸海域水质综合污染程度与工业增加值的相关关系

2011~2015 年，洋浦经济开发区、东方化工城和澄迈老城工业园区等重点工业区近岸海域水质保持优良，平均综合污染指数始终处于极低水平。Pearson 相关性分析结果表明，全省、洋浦和东方近岸海域水质平均综合污染指数与工业增加值的相关关系不显著，表明重点工业区近岸海域水质总体受工业发展的影响不明显，"十二五"全省集中治理工业集聚区水污染。集聚区内工业废水必须经预处理达到集中处理要求，方可进入污水集中处理设施，重点工业区近岸海域水质保持优良。但洋浦水质平均综合污染指数与其规模以上工业增加值存在相对较明显的正相关关系（0.772）。表明洋浦经济开发区，规模工业产值变化将对洋浦近岸海域水质产生影响，因此，在发展洋浦经济开发区的过程中应注意保护近岸海域水环境质量。

（4）重要港口货物吞吐量持续增长，港口污染程度总体呈下降趋势。

"十二五"期间，海洋渔业、海洋旅游、海洋交通运输等海洋产业发展进行调整，海口港、三亚港和八所港的货物吞吐量保持持续增长趋势,运输船舶往来频繁,其中海口港、三亚港和八所港货物吞吐量分别从 2011 年 $6\,549\times10^4$ t,204×10^4 t 和 997×10^4 t 增加到 2015 年 $7\,800\times10^4$ t、385×10^4 t、1368×10^4 t,增长率分别为 19.1%、88.7%、37.2%。

2011~2015 年,全省重要港口——秀英港(海口港)、三亚港和八所港附近海域水质综合污染程度总体呈下降趋势,尤其是海口港和三亚港的石油类污染程度下降幅度较为明显。Pearson 相关性分析结果表明,港口近岸海域水质平均综合污染指数、石油类污染指数与港口货物吞吐量均不存在显著的相关关系(表 4.22,图 4.26)。虽然"十二五"期间全省重要港口货物吞吐量有一定上升,但由于积极治理船舶污染,增强港口码头污染防治能力。加快港口、码头、装卸站垃圾接收、转运及处理处置设施建设,提高污染防治含油污水、化学品洗舱水等接收处置能力及污染事故应急能力。石油类等污染物入海量得到有效控制,港口水质没有受到明显影响。

表 4.22　重要港口近岸海域水质综合污染程度与货物吞吐量相关性

年份	海口港			三亚港			八所港		
	水质平均综合污染指数	石油类污染指数	货物吞吐量/$\times10^4$ t	水质平均综合污染指数	石油类污染指数	货物吞吐量/$\times10^4$ t	水质平均综合污染指数	石油类污染指数	货物吞吐量/$\times10^4$ t
2011	/	/	6 549	0.77	1.26	204.00	0.18	0.24	997.00
2012	/	/	7 271	0.66	0.80	215.00	0.18	0.18	1 068.00
2013	1.34	1.70	5 424	0.72	0.72	140.00	0.17	0.30	1 685.00
2014	1.00	1.31	8 915	0.55	0.52	226.00	0.10	0.04	1 400.00
2015	0.53	0.60	7 800	0.53	0.54	385.01	0.11	0.08	1 368.63
与货物吞吐量的相关系数	−0.595	−0.534	/	−0.729	−0.398	/	−0.365	0.061	/

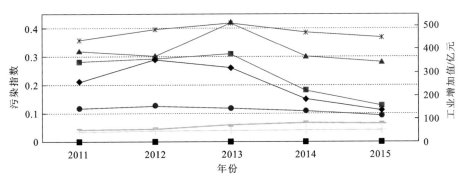

图 4.26　重要港口近岸海域水质综合污染程度与货物吞吐量的相关关系

4.5　声环境质量与社会经济发展关系分析

4.5.1　道路交通噪声与社会经济发展关系分析

（1）全省汽车保有量与平均车流量总体有所上升，道路交通噪声保持稳定。

"十二五"期间，全省汽车保有量总体有所上升，2015 年较 2011 年上升了 5.72%，年平均车流量呈上升趋势，2015 年较 2011 年上升了 8.42%，全省道路交通噪声长度加权平均值总体保持稳定，保持在 67.5 dB(A) 左右。全省道路交通噪声长度加权平均值与汽车保有量和平均车流量的对数相关系数分别为 0.458、0.075，两者均存在不显著的正相关关系（图 4.27，图 4.28）。主要原因是全省不断加强道路交通建设和机动车管理，道路交通噪声影响总体得到有效控制。

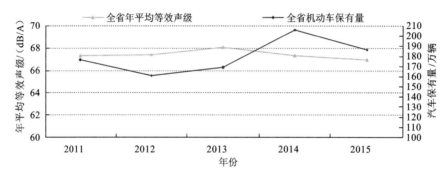

图 4.27　2011～2015 年全省汽车保有量与道路交通噪声等效声级关系

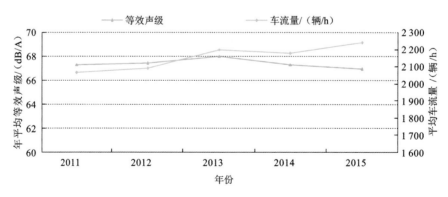

图 4.28　2011～2015 年全省平均车流量与道路交通噪声等效声级关系

（2）汽车保有量的增加给部分城市道路交通噪声带来一定的影响。

海口市机动车保有量呈逐年上升趋势，2015 年较 2011 年上升 77.60%，道路交通噪声长度加权平均值总体略有上升。道路交通噪声长度加权平均值与汽车保有量的对数相关系数为 0.921，两者存在显著的正相关关系。海口机动车保有量的增加对道路交通噪声有一定影响(图 4.29)。主要原因是"十二五"期间,海口加强城市道路交通建设,采取打通断头路,打通世贸东路、侨中路、高登东路等 30 多条断头路,极大完善城区交通体系;规划建设交通路网,建设海口快速路网工程,海秀快速路是海口历史上投资规模最大的单一市政项目;优先发展公共交通,投放节能与新能源公交车等,缓解道路拥堵问题。但由于道路基础设施集中开工和目前多条道路施工未完工,道路施工对交通噪声带来一定程度的影响。

三亚市机动车保有量呈上升趋势,2015 年较 2011 年上升 78.12%,道路交通噪声长度加权平均值略呈上升趋势,2012~2015 年道路交通噪声长度加权平均值超过标准限值。道路交通噪声长度加权平均值与汽车保有量的对数相关系数为 0.630,两者虽不存在显著相关关系,但有较高的正相关关系,三亚市机动车保有量的增加对道路交通噪声有轻微影响(图 4.30)。主要原因是三亚市近年来城市基础设施建设加快,部分交通道路狭窄,大型车辆增多,车辆拥堵现象严重,民众声控意识淡薄,汽车、摩托乱鸣现象严重。

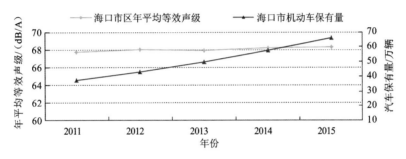

图 4.29　2011~2015 年海口市汽车保有量与道路交通噪声等效声级关系

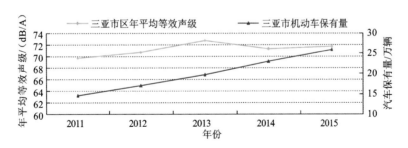

图 4.30　2011~2015 年三亚市汽车保有量与道路交通噪声等效声级关系

4.5.2　区域噪声与社会经济发展关系分析

(1) 第三产业强劲发展,城市区域噪声总体有所控制,部分城市略有上升。

全省第三产业产值呈逐年上升趋势,2015 年较 2011 年上升 71.62%,但区域噪声面积加权平均值总体保持稳定,保持在 53.0 dB(A)左右。全省区域噪声面积加权平均值与第三产业产值的对数相关系数为 0.656,两者存在不显著的正相关关系(图 4.31)。这主要是"十二五"期间,全省开展多部门联合整治,各部门各司其职,集中治理,同时不断加强城市区域声环境管理,第三产业强劲发展的同时城市区域噪声得到明显控制。

三亚市第三产业产值呈明显上升趋势,2015 年较 2011 年上升 51.03%,区域噪声面积加权平均值总体有所上升,2015 年较 2011 年上升 3.0%。区域噪声面积加权平均值与第三产业产值的对数相关系数为 0.965,两者存在显著正相关关系,三亚市第三产业发展对区域噪声有一定的影响(图 4.32)。

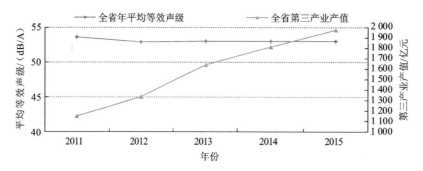

图 4.31 2011～2015 年全省第三产业值与区域噪声等效声级关系

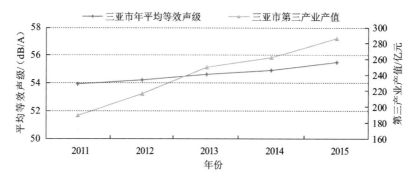

图 4.32 2011～2015 年三亚市第三产业值与区域噪声等效声级关系

(2) 城市化建设速度加快对部分城市区域噪声有所影响。

"十二五"期间,全省经济快速发展,城市化建设速度加快,全省城镇总人口呈逐年上升趋势,2015 年较 2011 年上升 13.31%,海口市城市建成区扩大,2015 年较 2011 年上升 26.77%,但区域噪声面积加权平均值总体变化不大(图 4.33)。全省区域噪声面积加权平均值与城镇总人口的对数相关系数为 0.616,两者存在不显著的正相关关系。海口市区域噪声面积加权平均值与建成区面积的对数相关系数为 0.706,两者存在不显著的正相关关系(图 4.34)。主要原因是全省在加快经济发展的同时,重视城市功能区区划建设,区域噪声污染得到有效控制。

三亚市城市建成区扩大,2015 年较 2011 年上升 12.80%,过夜游客人数呈明显上升趋势,2015 年较 2011 年上升 74.23%,主要受城市建设影响,区域噪声面积加权平均值呈逐年上升趋势(图 4.35,图 4.36)。三亚市区域噪声面积加权平均值与建成区面积的对数相关系数为 0.853,两者虽不存在显著相关关系,但有较高的正相关关系。三亚市区域噪

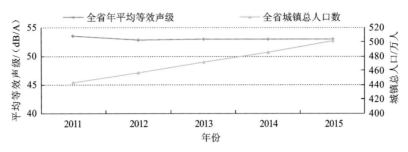

图 4.33　2011～2015 年全省城镇总人口与区域噪声等效声级关系

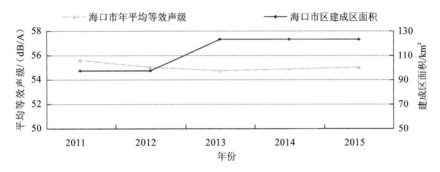

图 4.34　2011～2015 年海口市建城区面积与区域噪声等效声级关系

声面积加权平均值与游客人数的对数相关系数为 0.950,两者存在显著的正相关关系。
城市化建设速度加快给三亚区域噪声带来一定影响。

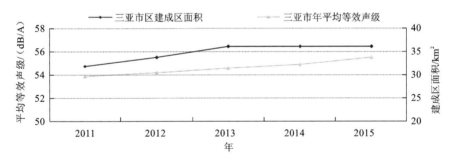

图 4.35　2011～2015 年三亚市建城区面积与区域噪声等效声级关系

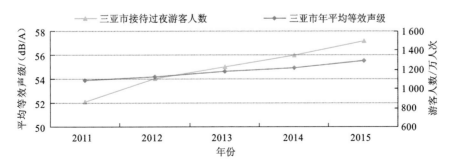

图 4.36　2011～2015 年三亚市接待过夜游客人数与区域噪声等效声级关系

4.6　固体废物与社会经济发展关系分析

　　"十二五"期间海南工业得到大力发展,全省工业增加值总体呈上升趋势。这期间,海南一方面侧重发展绿色环保、科技含量高、充分发挥海南优势的产业,一方面加快对传统产业的改造和提升,走上发展新型工业化之路。从图 4.37 可以看出,随着全省工业的不断发展,工业增加值呈上升趋势,2011～2014 年全省工业固废的产生量逐渐增加,由于海南矿业股份有限公司固废产生量大幅减少,2015 年全省工业固体废物产生量相比 2014 年有所下降。同时全省严格贯彻"资源开发与节约并举,把节约放在首位,提高资源利用效率"的方针,以优化资源利用为核心、提高资源利用效率为目标,依靠技术进步,2011～2014 年全省工业固废的综合利用率呈逐年上升趋势。2015 年综合利用率有所下降。

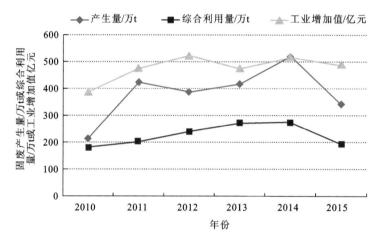

图 4.37　海南省工业固体废物产生量与工业增加值关系

第5章　结论与建议

5.1　环境质量结论

2015年,全省环境质量总体优良。按照《环境空气质量标准》(GB 3095—2012)评价,城市(镇)环境空气质量优良天数比例为97.9%,所监测城市(镇)环境空气质量均符合或优于二级标准;大气降水总体良好,局部地区出现酸性降水;地表水水质优良,总体水质优良率为92.9%;其中,94.2%的河流监测断面、83.3%的湖库监测点位水质达到或优于地表水Ⅲ类标准;城市(镇)集中式饮用水水源地水质保持优良,所监测的29个饮用水水源地水质全部达标率为100%;城市(镇)声环境质量总体较好,但夜间噪声污染较为严重;海南岛近岸海域水质总体保持优良,一、二类海水占92.8%;近岸海域沉积物质量总体优良;近岸海域浮游植物生境质量总体一般,浮游动物生境质量总体优良,底栖生物生境质量总体一般;环境辐射处于安全状态;全省生态环境状况继续保持“优”,生态环境状况指数(EI)值为87.64。

“十二五”期间,全省环境质量总体保持优良态势。城市(镇)环境空气质量总体符合二级标准,部分城市(镇)环境空气质量达到一级标准,优良天数比例大于95%;大气降水保持良好;地表水水质总体稳定,南渡江、昌化江、万泉河三大河流水质保持为优,绝大多数中小河流和监测湖库水质保持优良;城市(镇)主要饮用水水源地水质保持优良;城市(镇)声环境质量总体保持较好,夜间噪声污染仍较为严重;近岸海域水质总体保持优良;环境辐射无明显变化,均处于安全状态;2010~2014年五年全省生态环境状况指数变化不明显,整体呈轻微下降趋势。

5.1.1　环境空气质量

2015年,全省环境空气质量总体优良,优良天数比例为97.9%,其中优级天数73.5%,良级天数24.4%,轻度污染天数2.0%,中度污染天数0.1%。18个市(县)的SO_2、NO_2、CO三项指标均符合国家一级标准;澄迈县和琼中县O_3符合国家一级标准,其余16个市(县)符合国家二级标准;五指山市、文昌市、乐东县$PM_{2.5}$符合国家一级标准,其他15个市(县)符合国家二级标准;琼海市、临高县PM_{10}符合国家二级标准,其余16个市(县)符合国家一级标准。

“十二五”期间,全省环境空气质量总体优良,各市(县)环境空气质量均优于或符合二级标准。2011~2012年,全省18个市(县)按照环境质量老标准开展二氧化硫、二氧化氮、可吸入颗粒物3项指标监测,空气质量优良天数比例为100%。2013~2015年,随着18个市(县)陆续按照环境空气质量新标准增加了一氧化碳、细颗粒物、臭氧指标监测后,受臭氧和细颗粒物影响,全省空气质量优良天数比例开始出现下降,从 2013 年的 99.1%下降至 2015 年的 97.9%,但主要污染物二氧化硫、二氧化氮、可吸入颗粒物 5 年来无明显变化,其中二氧化硫、二氧化氮在较低水平波动。

5.1.2　大气降水

2015 年,全省降水质量总体良好,降水 pH 年均值为 6.15,酸雨频率为 4%,与 2014 年比较无明显变化。降水中的主要阳离子为 Na^+,主要阴离子为 Cl^-。"十二五"期间,全省降水 pH 年均值为 6.05~6.23,降水酸雨率为 4%~6%,总体无明显变化。

5.1.3　地表水环境质量

2015 年,全省地表水水质总体优良,总体水质优良率为 92.9%;其中,94.2%的河流监测断面、83.3%的湖库监测点位水质达到或好于地表水 III 类标准,城市(镇)集中式饮用水水质达标率达 100%。

"十二五"期间,全省地表水河流水质保持优良态势,三大河流和绝大部分中小河流水质保持优良,河流水质符合或好于 III 类标准的断面比例为 89.7%~94.2%,部分中小河流(段)水质略有好转;达到或好于 III 类水质的湖库比例均在 80%以上,主要污染物浓度总体无显著变化。全省城市(镇)集中式水源地水质保持优良态势,按取水量和监测频次统计,水源地达标率均为 90%以上,2015 年达 100%。

5.1.4　地下水环境质量

2015 年,海口地区地下水环境质量良好,潜水水位受地形地貌影响较大。"十二五"期间,海口地区地下水环境质量总体良好,潜水水位保持天然动态变化规律,水质基本稳定;承压水受人工开采量增大影响,水质保持良好。

5.1.5　近岸海域水环境质量

2015 年,海南岛近岸海域海水水质总体为优,绝大部分近岸海域处于清洁状态,一、二类海水占 92.8%,97.1%的功能区测点水质达到水环境功能区管理目标要求。近岸海域沉积物质量总体优良;近岸海域浮游植物生境质量总体一般,浮游动物生境质量总体优良,底栖生物生境质量总体一般。

"十二五"期间,近岸海域水质总体保持稳定,水质优良率在 89.1%~94.6%;近岸海域沉积物质量存在较大幅度的波动,2013 年沉积物质量明显劣于 2011 年和 2015 年,主要受铅的影响;海南岛近岸海域浮游植物的种类数逐年增加,但其丰度则逐年降低,其生境质量为优良的点位在增多,生境质量整体呈改善趋势。浮游动物的丰度呈先增加后降低趋势,种类数呈增加趋势,其生境质量的优良率逐年升高,生境质量呈改善趋势。底栖生物的栖息密度呈先降低后升高的变化规律,整体呈升高趋势,生物量和种类数整体呈下降趋势,其生境质量的优良率呈下降趋势。

5.1.6　城市(镇)声环境质量

2015 年,全省昼间区域声环境质量总体较好,夜间噪声污染较大,声源主要来自生活噪声;道路交通声环境质量总体为好,个别城市(镇)夜间噪声污染尤为突出。城市功能区全省昼间总体达标率 98.1%,夜间总体达标率 69.2%,主要为 3 类、4 类功能区夜间达标率较低。"十二五"期间,全省城市(镇)昼间区域声环境质量、道路交通声环境质量,总体保持稳定,海口市昼间功能区声环境质量好于夜间。

5.1.7　辐射环境质量

2015 年,全省辐射环境质量处于正常水平,污染源周围辐射环境质量没有显著变化。"十二五"期间辐射环境质量总体良好。陆地 γ 辐射水平、土壤环境和近岸海域环境中天然放射性核素浓度均处于环境正常水平,无显著变化。监测的饮用水水源地水、地下水和松涛水库水中放射性核素活度浓度年际无明显变化。各监测点电磁辐射水平年际无明显变化,均低于《电磁环境控制限值》(GB 8702—2014)中规定的公众曝露控制限值。

5.1.8　生态环境质量

全省生态环境状况继续保持"优",生态环境状况指数(EI)值为 87.64,比 2013 年下降 2.1。18 个市(县)生态环境质量除海口市、临高县、东方市、屯昌县、定安县和儋州市为"良"外,其他 12 个市(县)生态环境质量均为"优"。

变化幅度上分析,2010～2014 年五年全省生态环境状况指数变化不明显,整体呈轻微下降趋势。全省 18 个市(县)有 8 个市(县)的生态环境状况变化不明显,主要分布在海南的西部沿海和中部山区,包括五指山市、澄迈县、临高县、乐东县、东方市、白沙县、儋州市和屯昌县。局部地区生态环境状况略有变化,但趋势不显著。18 个市(县)有 9 个市(县)的 $2 < \Delta EI \leqslant 5$,生态环境状况略有变化,但变化趋势不显著。其中昌江县生态环境状况略微变好;定安县、保亭县、琼海市、三亚市、琼中县、海口市、文昌市、万宁市 8 个市(县)的生态环境状况略有变差。

5.1.9　污染物排放

2015 年,海南省化学需氧量排放 18.79×10^4 t,氨氮排放 2.10×10^4 t,二氧化硫排放 3.23×10^4 t,氮氧化物排放 8.95×10^4 t。环境中 4 项污染物指标均比上年有所下降,圆满完成了国家下达的"十二五"总量减排目标。全省一般工业固体废物产生量为 340.76×10^4 t,综合利用量为 190.29×10^4 t,处置量为 38.05×10^4 t。全省危险废物产生量为 4.01×10^4 t,综合利用量 0.12×10^4 t,处置量为 3.96×10^4 t,倾倒丢弃量为 0。城市(镇)生活垃圾无害化处理率达 82.5%。

"十二五"期间,化学需氧量逐年减少,氨氮排放较为稳定,二氧化硫排放逐年减少,氮氧化物排放量先升后降。工业固体废物产生量总体呈上升趋势,综合利用率总体偏低,处置量总体呈下降趋势,2013年、2014年实现工业废物零排放。危险废物产生量总体呈上升趋势,综合利用率总体偏低,处置量总体呈上升趋势,五年来危险废物零排放。全省不断加强生活垃圾处理设施建设,垃圾无害化处理设施能力达到6 620 t/d,但由于垃圾清运范围的不断扩大,清运量逐年增加,已超过现有生活垃圾无害化处理设施的处理能力。

5.2　主要环境问题

全省环境空气质量长期保持优良,各市(县)环境空气质量均优于或符合国家二级标准,但受臭氧和细颗粒物影响,部分市(县)空气质量偶尔出现超标。

地表水局部河流(段)受到一定程度污染,主要分布在部分中小河流的局部河段,尤其是城市(镇)附近和入海河口河段,普遍存在丰水期污染大于枯、平水期的特征。个别湖库出现富营养化,个别饮用水水源地水质轻度污染,水质未能稳定达标。

地下水环境监测范围过小,监测方法落后,存在监测网点密度低、监测井老化等问题。

局部近岸海域受到一定程度的污染,三亚河入海口附近海域水质受城市生活污水影响,常年保持在四类水质;万宁小海近岸海域水质受养殖废水影响,水质波动较大,偶见四类及劣四类海水。

城市(镇)声环境局部区域、道路交通噪声污染依然较重,夜间尤为突出。

全省生态环境状况继续保持"优",但生态环境状况指数略有下降趋势,局部地区生态环境状况略有变差,极少数地区生态环境状况明显变差。

5.3　变化原因分析

5.3.1　环境空气质量

"十二五"期间,全省个别城市(镇)受颗粒物影响加大,环境空气质量有所下降。主要是由于城镇化基础设施建设过程中,大规模的道路建设、旧城改造、房地产施工等带来大量扬尘,施工管理却不到位,缺乏有效的防尘措施;机动车保有量的激增,在行驶过程中带来的扬尘等导致颗粒物污染加大。

5.3.2　地表水环境质量

个别河流化学需氧量浓度略有上升,与农业面源废水和生活污水偷排加重有关。"十二五"以来,罗带河、文教河化学需氧量浓度呈上升趋势,其中罗带河化学需氧量上升主要由于河岸两边生活污水偷排现象加重导致;文教河化学需氧量上升主要由于上游畜禽养殖场增加,污水随意排放导致。

部分湖库受氮磷营养盐影响加大。近年来随着农业种植和畜禽养殖业的不断扩大，农业面源污染呈增大趋势，虽然全省湖库氨氮、总磷浓度处于较低水平，但部分湖库受总磷影响较大，总磷为大部分湖库水质的定类因子。

5.3.3　地下水环境质量

2011~2015 年，海南省地下水水质总体上稳定保持良好级别，未出现异常变化，这主要因为海南始终坚持生态优先发展战略，严格控制工业排放指标，朝着零排放、高附加值、低能耗的项目和产业发展，让海南绿色生态、绿色发展、绿色崛起，环境质量位居全国一流。

5.3.4　近岸海域环境质量

人口大量增加导致海南岛主要城市近岸海域受氮、磷影响显著。"十二五"期间，全省主要城市（海口、三亚）近岸海域水质受氮、磷影响显著，如"十二五"期间海口市近岸海域无机氮平均综合污染指数在 0.72~0.77，活性磷酸盐平均综合污染指数在 0.33~0.87；三亚市近岸海域无机氮平均综合污染指数在 0.51~0.63，明显高于其他市（县）。尽管"十二五"期间全省大力推进城镇污水处理设施和污水收集管网建设，城市生活污水处理率有所上升，但随着国际旅游岛的不断开发，常住人口和旅游人口持续增加，现有污水处理能力难以满足人口增长的需求，加之全省污水处理设施主要去除废水中的化学需氧量，对氮、磷等营养盐的去除率不高，导致全省主要城市近岸海域受氮、磷影响显著。

"十二五"期间，全省主要港口近岸局部海域受石油类影响减弱，海口秀英港石油类污染指数由 2013 年的 1.7 下降至 2015 年的 0.6；三亚港石油类污染指数由 2011 年 1.26 下降到 2015 年 0.54；文昌清澜港石油类污染指数由 2011 年 0.30 下降到 2015 年 0.08；东方八所港石油类污染指数由 2011 年 0.24 下降到 2015 年 0.08。主要原因在于"十二五"期间，全省继续推进港湾船舶污染物"零排放"计划，加强港口船舶管理，减少了石油类的排放。

5.3.5　城市（镇）声环境

虽然全省环境噪声污染得到一定控制，但局部区域、道路交通噪声污染依然较重，夜间尤为突出。由于噪声污染存在瞬时性、分散性等特点，噪声污染调查取证难。噪声的发生往往具有反复性，对于部分商业活动噪声治理效果不理想；对夜间施工扰民建筑工地多次现场责令整改，但是部分建筑商仍千方百计坚持作业。公共场所早间锻炼和晚间文娱活动噪声存在的不同理解往往让噪声监管处于两难境地。部分旅游城市夜间生活丰富，活动繁忙，夜市、大排档、露天歌舞厅等民众活动成为夜间噪声污染的主要原因。这与全省城市（镇）建设规划普遍滞后于发展，城市（镇）功能区混乱，各类声源相互影响，治理困难，有着相当大的关系。由于环境噪声专项治理还未形成长效机制，现有法规不健全也是加重噪声监管难度的重要方面。民众声控意识淡薄,汽车、摩托乱鸣现象仍存在。随着城市基础设施建设加快、房地产开发及道路施工活动频发、机动车行驶带来的交通噪声对部分城市的噪声污染有所加大。近几年,三亚市机动车保有量和自驾游车辆不断增多,城市道路交通声环境质量有所下降。

5.3.6　生态环境质量

将各市(县)生物丰度指数、植被覆盖率指数、水网密度指数、环境质量指数的变化和生态环境状况指数变化作逐步回归分析,发现 4 项指标的变化对 EI 变化均有影响,水网密度指数则是 4 个指标中对 EI 变化影响相对较大的。水网密度指数受河流长度、湖库(近海)面积、水资源量变化的影响。由于河流长度与湖库(近海)面积年际变化不大,因此水资源量的变化是影响水网密度指数的主要因子,是 EI 值变化影响最显著因子。

5.4　对策和建议

5.4.1　环境空气质量

按照《海南省大气污染防治行动计划实施细则》《海南省大气污染防治实施方案(2016~2018 年)》要求,加大大气污染防治。

(1)多措并举减少扬尘污染源,严格控制颗粒物对环境空气的影响。强化施工和道路扬尘环境监管,加强房屋建筑、拆除和市政工程施工现场管理,推行绿色文明施工管理模式,施工场所严格执行全封闭围挡、堆土覆盖、洒水压尘、道路裸地硬化等扬尘控制措施;严厉整治矿山和水泥厂扬尘,依法取缔城市周边非法采石和采砂企业;加强农业面源污染综合治理,严禁城市(镇)及周边地区废弃物露天焚烧。

(2)强化移动源污染防治,减少机动车污染排放。加强城市交通管理,鼓励绿色出行措施,加快淘汰高污染排放机动车,各市(县)严禁高污染排放机动车上路行驶,大力推行使用新能源汽车。

(3)加大工业企业治理力度,推进挥发性有机物污染治理。在石化、有机化工、医药、表面涂装、塑料制品、包装印刷、胶合板制造等重点行业开展挥发性有机物综合治理,推进产品创新,减少生产和使用过程中挥发性有机物排放。

(4)做好面源污染治理,减少大气污染排放。包括全面禁止槟榔木材熏烤和炉灶熏烤;划定秸秆焚烧区,秸秆禁烧区内无秸秆垃圾焚烧火点;科学合理施用化肥农药,禁止销售使用高毒高残留农药和非环保乳油型农药,按期逐步减少农药和化肥的使用量。

5.4.2　地表水环境质量

开展城镇内河(湖)治理,落实《海南省城镇内河(湖)水污染治理三年行动方案》。开展排查污染源,集中打击偷排漏排、非法采砂、垃圾入河、非法养殖等违法行为;实施污水治理河道清淤、垃圾收集、工业废水、养殖、种植业面源、水土流失治理、河道非法采砂、湿地保护、生态恢复、水环境监测建设等整治工作。

加强集中式饮用水水源地保护工作。加强集中式饮用水水源保护区规范化建设,依法清理、取缔全省集中式饮用水水源保护区内违法建筑和排污口,对水质出现超标的饮用水水源地开展综合整治,确保水质稳定达标。

5.4.3　地下水环境质量

继续完善地下水监测网络建设。目前的地下水环境监测范围过小,存在监测网点密度低、监测井老化等问题。随着海南省社会经济发展,工程活动对地下水的需求和影响将越来越大,亟须加大投入完善地下水监测网建设,定期调查评估地下水环境质量。

5.4.4　近岸海域环境质量

开展入海河流治理工作,严格控制陆源污染。结合城镇内河(湖)水污染治理行动,对入海河流开展集中治理。研究建立重点近岸海域排污总量控制制度,实行严格的陆源污染物排海标准,鼓励沿海市(县)对陆域各类污水进行连片集中治理后深海排放。

加强海水养殖规范管理,控制水产养殖污染。各市(县)编制出台本地《养殖水域滩涂规划》,划定养殖禁止区、限养区和适养区,逐步关闭和搬迁禁养区内养殖项目。加强水产品药残检测,严厉打击违法违规养殖用药行为,制定水产养殖废水排放地方标准,严格查处未达标排放养殖废水的行为。推广应用养殖废水处理和循环水养殖技术,防治高位池和工厂化海水养殖污染。推进水产养殖池塘标准化改造,推动水产养殖向集约化、标准化、产业化及生态化方向发展。

5.4.5　城市(镇)声环境

完善全省城市(镇)声环境功能区划。根据城镇功能分区实行噪声分类管理,逐步建立和完善环境噪声防治管理办法,严格控制交通噪声、建筑、工业、社会生活等环境污染,认真组织实施城镇"安静工程",确保各环境功能区特别是居民文教区声环境质量达标,营造安宁和谐的美好人居环境。

加强交通运输车辆的管理。通过加强立法和监督管理,进一步加强交通运输车辆的管理,禁止在市区鸣笛和行驶农用车辆及大型货车,在一些城市敏感路段铺设了沥青降噪路面,对个别道路实施拓宽、改道等疏通工程。同时严格交通次序,划定禁鸣喇叭路段,控制城区主、次干线噪声污染。

5.4.6　生态环境质量

　　强力推动"多规合一",划定生态保护红线,将国家法律法规定的自然保护区、饮用水水源保护区、水产种质资源保护区、森林公园、地质公园、风景名胜区、湿地公园等划入红线区,同时也将关系海南岛生态安全的重点生态功能区、生态环境敏感区/脆弱区和具有重要生态保护价值的林地、湿地、极小种群生境等划为生态保护红线。全面施行《海南省生态保护红线管理规定》,明确生态保护红线的划定和管理,提出违反规定开发乱建构成犯罪的将被依法追究刑事责任。建立生态保护红线监测平台,开展定期监测与调查,对生态保护红线区内生态环境实施动态监管。加强生态环境监管能力建设,划定生态环境监管网格,开展日常巡查,推进生态保护红线区联合执法,加强对生态保护红线区的监管,依法查处破坏生态环境的违法行为。

　　加快落实生态立省战略,健全生态文明制度体系,强化党政领导干部生态环境和资源保护职责,全面落实《海南省党政领导干部生态环境损害责任追究实施细则(试行)》,通过明晰领导干部在生态环境领域的责任红线,从而实现有权必有责、用权受监督、违规要追究,督促党政领导干部在生态环境领域正确履职用权的"一把制度利剑",全面保护全省良好生态环境。

　　继续实施生物多样性保护与行动战略计划、"绿化宝岛"大行动、海防林恢复建设工程、天然林保护工程,巩固退耕还林成果,增强中部山区水源涵养、水土保持和生物多样性保护等功能,加强水土保持工作,保护水资源。健全生态保护补偿机制,加大资金投入,加强对国家重点生态功能区环境保护和管理。

附录　监测点位布设

1. 环境空气质量监测

2011年,全省15个市(县)25个点位开展城市(镇)环境空气质量监测与评价。除海口市、三亚市7个国控点位实现自动监测外,其余市(县)点位采用24小时自动采样,实验室手工分析的方法开展空气质量监测。

随着国家和地方对空气质量监测的重视,各市(县)陆续建设了空气自动站实现空气质量的自动监测,其中,2013年省政府印发的《关于加强环境空气质量监测工作的通知》(琼府办〔2013〕29号),明确了各市(县)点位布设数量,并要求必须按照环境空气质量新标准开展环境空气质量监测。为此,2013～2014年,各市(县)陆续升级和新建了部分空气自动站,并取消了部分清洁对照点。截至2015年,全省18个市(县)(三沙市未建设)共设38个测点开展城市(镇)环境空气质量监测,其中评价点位(趋势点)31个,清洁对照点7个(表1)。除琼海居仁村国家农村区域站开展SO_2、NO_2、PM_{10}三项指标监测外,其余点位全部按照《环境空气质量标准》(GB 3095—2012)开展SO_2、NO_2、PM_{10}、$PM_{2.5}$、CO、O_3六项指标监测。

表 1　海南省城市(镇)环境空气质量监测信息

序号	市(县)	点位数	监测点位名称	点位类型	备注
1	海口市	5	东寨港▲	对照点	2013年起开展六项指标监测
			海南师范大学▲	趋势点	
			海南大学▲	趋势点	
			市环保局宿舍▲	趋势点	
			秀英海南医院▲	趋势点	
2	三亚市	2	河西站▲	趋势点	2013年起开展六项指标监测
			河东站▲	趋势点	
3	儋州市	3	东坡学校	趋势点	2014年起开展六项指标监测
			市第一中学	趋势点	
			和庆中学	对照点	
4	五指山市	3	阿陀岭背景站▲	对照点	国家背景站,2011年起开展六项指标监测
			林科所站	趋势点	2014年开展六项指标自动监测。取消市监测站自动趋势点
			琼南电视台站	趋势点	

续表

序号	市(县)	点位数	监测点位名称	点位类型	备注
5	琼海市	4	居仁村农村站▲	对照点	国家农村区域站开展三项指标监测
			环保大楼	趋势点	2014 年起开展六项指标监测
			海桂学校	趋势点	
			市人民医院	趋势点	
6	文昌市	3	头苑中学站	对照点	2015 年起开展六项指标监测
			国土环境资源局	趋势点	
			市矿山管理站宿舍	趋势点	
7	万宁市	3	市水业公司站	对照点	2015 年起开展六项指标监测
			城北新区站	趋势点	
			万宁中学站	趋势点	
8	东方市	2	市国土环境资源站	趋势点	2014 年起开展六项指标监测
			档案馆站	趋势点	
			大田中学	对照点	
9	定安县	2	县自来水公司	趋势点	2015 年起开展六项指标监测
			环境资源监察大队	趋势点	
10	屯昌县	1	环境资源监察大队	趋势点	2015 年起开展六项指标监测
11	澄迈县	2	县国土环境资源局	趋势点	2015 年起开展六项指标监测
			县委大院	趋势点	
12	临高县	1	县委大院档案馆	趋势点	2015 年起开展六项指标监测
13	白沙县	1	环保大楼	趋势点	2015 年起开展六项指标监测
14	昌江县	1	县国土环境资源局	趋势点	2015 年起开展六项指标监测
15	乐东县	1	县国土环境资源局	趋势点	2014 年起开展六项指标监测
16	陵水县	2	县纪委大楼	趋势点	2015 年起开展六项指标监测
			县敬老院	趋势点	
17	保亭县	1	保亭中学	趋势点	2015 年起开展六项指标监测
18	琼中县	1	县国土环境资源局	趋势点	2015 年起开展六项指标监测

注:表中"▲"表示国控点。

"十二五"期间,全省大气降尘监测点位逐步完善。2011~2013 年开展大气降尘监测的市(县)为海口市、三亚市、五指山市、儋州市、文昌市、定安县、屯昌县、澄迈县、白沙县、昌江县 10 个市(县);2014 年增加乐东县;2015 年增加保亭县。截至 2015 年,全省 12 个市(县)开展城市(镇)大气降尘监测,共设 27 个测点,每月开展监测,获得监测数据 322 个(表 2)。

表 2　2011～2015 年海南省城市（镇）降尘监测信息

序号	市（县）	监测点位名称	测点类型	监测项目	监测频次	备注
1	海口市	东寨港	对照点	自然降尘	每月监测	
		秀英海南医院	趋势点			
		市环保局宿舍	趋势点			
		海南大学	趋势点			
		海南师范大学	趋势点			
		省农科院	趋势点			
2	三亚市	金陵度假村	对照点			
		环境保护局	趋势点			
		第一小学	趋势点			
		华盛天涯水泥厂生活区	趋势点			
		省第三人民医院	趋势点			
3	五指山市	市监测站	趋势点			
4	儋州市	西中学校	趋势点			2013 年撤销
		和庆镇政府	趋势点			2013 年撤销
		市委招待所	趋势点			2013 年撤销
		东坡学校	趋势点			2013 年新增
		市第一中学	趋势点			2013 年新增
5	文昌市	头苑中学	对照点	自然降尘	每月监测	
		市府旧楼	趋势点			2013 年撤销
		市第三中学	趋势点			
		市矿山管理站宿舍大楼	趋势点			2013 年新增
6	定安县	定城镇政府	对照点			2014 年撤销
		县自来水公司	趋势点			2014 年新增
		环境资源监察大队	趋势点			
7	屯昌县	监测站办公楼	趋势点			
8	澄迈县	电视局宿舍楼	趋势点			2013 年撤销
		监测站	趋势点			2013 年撤销
		国土环境资源局大楼	趋势点			2013 年新增
		监测站	趋势点			2013 年新增
9	白沙县	环保大楼	趋势点			
10	昌江县	叉河监测点	趋势点			2012 年新增
		县监测站	趋势点			
11	乐东县	县国土环境资源局	趋势点			2014 年新增
12	保亭县	县政府办公楼	趋势点			2015 年新增

2. 大气降水监测

2011~2015年,全省大气降水监测点位逐步完善,截至2015年,全省(除三沙市外)18个市(县)均开展大气降水监测。监测点位由最初的13个市(县)23个监测点位,增加到18个市(县)28个监测点位(表3)。所有测点逢雨必测,必测项目为降水量、降水pH值、电导率。其中,海口市、三亚市、五指山市、东方市增测硫酸根、硝酸根、氯离子、氟离子、铵根离子、钙离子、钠离子、锰离子、钾离子9种离子浓度。

表3 2011~2015年海南省城市(镇)大气降水监测信息

序号	城市	点位数	监测点位名称	监测项目	监测频次	备注
1	海口市	3	市环保局宿舍▲	降水量、降水pH值、电导率、9种离子浓度	逢雨必测	
			海南大学▲			
			秀英海南医院▲			
2	三亚市	3	河西站			
			河东站▲			
			珠江南田温泉▲			
3	五指山市	2	阿陀岭背景站▲			
			市监测站			
4	东方市	2	大田坡鹿办公楼▲			
			环发楼▲			
5	琼海市	1	环保大楼	降水量、降水pH值、电导率	逢雨必测	
6	儋州市	1	市监测站			
7	文昌市	1	市矿山管理站宿舍大楼			
8	万宁市	1	市水业公司			
9	定安县	2	县自来水公司			
			县监测站			
10	屯昌县	2	监测站办公楼			
			光明小学			
11	澄迈县	2	国土环境资源局大楼			
			县监测站			
12	临高县	1	县委大院			2014年新增
13	白沙县	2	土产公司			
			县监测站			
14	昌江县	1	县监测站			
15	乐东县	1	县国土环境资源局			2014年新增
16	陵水县	1	县政府投资中心			2013年新增
17	保亭县	1	县政府办公楼			2014年新增
18	琼中县	1	县城市区			2015年新增

注:表中"▲"表示国控点。

3. 地表水环境质量监测

（1）河流和湖库。

2011～2015年，全省（除三沙市）对32条主要河流87个断面、18个大中型水库26个点位开展了水质单月监测（表4，表5），监测项目为《地表水环境质量标准》（GB 3838—2002）的表1和表2项目，同时增测悬浮物、电导率、流量（河流）、水位（湖库）、叶绿素 a（湖库）和透明度（湖库）。

表4　2011～2015年海南省主要河流水质监测断面信息

河流名称		监测断面
南渡江流域	南渡江干流	山口▲、金江取水口、下溪村、后黎村▲、定城取水口、定城下、福美村、龙塘▲、儒房▲
	南溪河	元门桥
	南春河	白沙农场18队
	南叉河	方平、南叉河取水口、县一小
	腰仔河	尖岭苗村
	大塘河	龙兴村
	龙州河	温鹅村、罗温水厂、深水桥
	海甸溪	424医院、华侨宾馆
万泉河流域	万泉河干流	乘坡大桥、牛路岭水库出口下、龙江▲、红星取水口、南中、汀洲▲
	大边河	乌石农场10队、溪仔村
	营盘溪	红岛畜牧场
昌化江干流流域	昌化江干流	什统村、乐中▲、乐东水厂取水口、山荣、跨界桥▲、广坝桥、大风▲
	南圣河	132师水电站、南圣河取水口、冲山镇、毛道乡
	石碌河	水泵房、水头村、叉河口▲
东部中小流域	文教河	潭牛公路桥、坡柳水闸
	文昌河	农垦橡胶所一队、下园水闸、北山村、水涯新区
	九曲江	羊头外村桥
	龙首河	和乐桥
	龙尾河	后安桥
	太阳河	沉香湾水库出口下、太阳河合口桥、分洪桥
	陵水河	什玲公路桥、群英大坝、大溪村、什巾村
	东山河	后山村
南部中小流域	藤桥河	南春电站、三道四队、藤桥河大桥
	三亚河	妙林、海螺村
	宁远河	岭曲村桥、雅亮、大隆水库出口下、崖城大桥
	望楼河	石门水库出口下、乐罗

河流名称		监测断面
西部中小流域	珠碧江	珠碧江合水桥、大溪桥、上村桥
	罗带河	高坡岭水库出口下、罗带铁路桥
北部中小流域	北门江	沙河水库出口下、南茶桥、侨值桥、中和桥
	文澜江	光吉村、多莲取水口、临高二中大桥、白仞滩电站
	演州河	演州河河口

注:表中"▲"表示国控点。

表 5　2011～2015 年海南省主要湖库水质监测断面信息

湖库名称	点位名称	湖库名称	点位名称
大隆水库	水库出口	探贡水库	水库出口
赤田水库	水库出口	高坡岭水库	水库出口
水源池水库	水库出口	广坝水库	广坝 11 队外库心▲
松涛水库	南丰库区▲		大坝出口
	番加库区	陀兴水库	水库出口
	牙叉库区	万宁水库	水库入口
牛路岭水库	水库入口		水库出口
	水库出口	福山水库	水库入口
石碌水库	水库入口		水库出口
	水库出口	春江水库	水库中心
南丽湖	湖库中心	沙河水库	水库中心
	湖库出口	石门水库	水库出口
尧龙水库	水库出口	湖山水库	水库出口

注:表中"▲"表示国控点。

（2）城市（镇）集中式饮用水水源地。

2011～2015 年,城市（镇）集中式饮用水水源地监测点位由全省 18 个市（县）（三沙市除外）25 个增加到 18 个市（县）29 个集中式饮用水水源地。增加三亚大隆水库、三亚半岭水库、五指山七指岭河、五指山河、万宁牛路岭水库、白沙南溪河 6 个集中式饮用水水源地,由于受城区发展、地理位置等原因撤销五指山南圣河、白沙南叉河 2 个集中式饮用水水源地。

4. 地下水环境质量监测

2011～2015 年,海南省地下水环境监测主要包括海口市地下水动态监测,以及琼海市官塘、万宁市兴隆农场、儋州市蓝洋农场、三亚市凤凰山庄等热矿水、矿泉水动态监测。全省共布设 37 个监测点,其中国家级监测点 11 个,省级监测点 26 个（表 6）。海口市现有监测点 32 个,监控面积 1 100 km^2,监控琼北自流盆地 6 个含水层,其他地区热矿水、矿泉水动态监测点 5 个。监测项目为水位、水质和水温。水位监测频率为 3 次/月,水质和水温监测频率为 2 次/年,取样时间分别为枯水期（4 月）和丰水期（9 月）。

表 6　2011～2015 年海南省地下水监测点信息

点位名称	监测点位置	地下水类型	监测项目	监测频次
M14-1	海口市石山镇	潜水		
M18-1	海口市龙桥中学	潜水		
M86	海口市美安民井	潜水		
M72	海口市云道民井	潜水		
M75	海口市龙塘民井	潜水		
M76	海口市龙塘镇北青村	潜水		
M88	海口市好俗民井	潜水		
M87	海口市长流民井	潜水		
M104	海口市东部试验场	潜水		
M64	海口市九小	第1层承压水		
M99	海口市攀丹上村	第1层承压水		
M105	海口市东部试验场	第1层承压水		
M30	海口市白沙门海峡所	第2层承压水		
M32	海口市秀英区琼华村	第2层承压水	包括水位、水质和水温。	
M39	海口市桂林洋振家村	第2层承压水	其中水质监测执行《地下水质量标准（GB/T 14848—93）》，主要为:pH值、总硬度、TFe、NH_4^+、Cl^-、SO_4^{2-}、NO_3^-、NO_2^-、F^-、矿化度、偏硅酸、砷、汞、镉、铬（总）、铬（Ⅵ）、铅、锰、化学耗氧量、挥发酚类、氰化物等。	水位:3次/月;水质和水温:2次/年（枯水期和丰水期）
M40	海口市蔬菜加工厂	第2层承压水		
M90	海口市龙塘镇	第2层承压水		
M91	海口市解放路	第2层承压水		
M96	海口市金盘试验场	第2层承压水		
M106	海口市东部试验场	第2层承压水		
M42	澄迈县老城镇拔南村	第3层承压水		
M56	海口市南大桥资源厅	第3层承压水		
M61	海口市光华模具厂	第3+4层承压水		
M62	海口市海南劳动服务公司	第3+4层承压水		
M97	海口市金盘试验场	第3层承压水		
M107	海口市东部试验场	第3+4层承压水		
M52	海口市龙华区地矿局	第5层承压水		
M108	海口市东部试验场	第5层承压水		
M109	海口市东部试验场	第7层承压水		
G03	琼海市官塘	热矿水		
ZK31	万宁市兴隆华侨农场新民队	矿泉水		
ZK35	万宁市兴隆华侨农场迎宾馆	热矿水		
ZK1	三亚市凤凰山庄	热矿水		
ZK6	儋州市蓝洋农场	热矿水		

5. 近岸海域环境质量监测

2012 年,省政府正式印发了《海南省近岸海域环境功能区划(2010 年修编)》,对全省(三沙市除外)近岸海域环境功能区进行了重新修编,为与调整后的功能区保持对应,2013年对全省近岸海域监测点位进行优化调整,监测点位由 68 个调整为 80 个,其中省控监测点位由 45 个调整为 55 个。2013~2015 年,全省海口市、三亚市、儋州市、东方市、文昌市、琼海市、万宁市、临高县、澄迈县、陵水县、昌江县、乐东县 12 个沿海市(县)对 80 个近岸海域监测点位进行了水质监测。80 个监测点位中,29 个为国控点位,55 个为省控点位,68 个为功能区点位,详见表 7。每年上、下半年各监测一次,每次涨、退潮各采样一次。必测项目为水温、悬浮物、盐度、pH 值、溶解氧、化学需氧量(碱性锰法)、石油类、活性磷酸盐、无机氮(亚硝酸盐氮、硝酸盐氮、氨氮)、汞、铜、铅、镉和非离子氨共 14 项(表 8)。全年开展一次水质全项目监测,监测项目为《海水水质标准》(GB 3097—1997)中除放射性核素和病原体外的全部项目。

表 7　2011~2015 年海南省近岸海域水质监测信息

序号	点位代码	点位名称	所在市(县)	点位类型	备注
1	HN0101	天尾角	海口	国控	
2	HN0102	三连村	海口	国控、省控、功能区	
3	HN0103	铺前湾	海口	国控	
4	HN0104	海口湾	海口	国控、省控、功能区	
5	HN0105	秀英港	海口	省控、功能区	2013 年撤销
6	HN0106	寰岛	海口	省控、功能区	2013 年撤销
7	HN0107	东水港	海口	省控、功能区	2013 年撤销
8	HN0108	东寨红树林	海口	省控、功能区	
9	HN0109	桂林洋	海口	省控、功能区	
10	HN0110	假日海滩	海口	省控、功能区	
11	HN0120	秀英港区	海口	省控、功能区	2013 年新增
12	HN0201	合口港湾近岸	三亚	国控、省控、功能区	
13	HN0202	亚龙湾	三亚	国控、省控、功能区	
14	HN0203	坎秧湾近岸	三亚	国控	
15	HN0204	大东海	三亚	国控、省控	
16	HN0205	三亚湾	三亚	国控、省控、功能区	
17	HN0206	天涯海角	三亚	国控、省控、功能区	
18	HN0207	梅山镇近岸	三亚	国控	
19	HN0208	潮见桥	三亚	省控	
20	HN0209	三亚港	三亚	省控、功能区	
21	HN0210	三亚大桥	三亚	省控	

序号	点位代码	点位名称	所在市(县)	点位类型	备注
22	HN0211	南山角	三亚	省控、功能区	
23	HN0214	铁炉港养殖区	三亚	功能区	2013 年撤销
24	HN0215	榆林港	三亚	功能区	
25	HN0216	蜈支洲岛	三亚	功能区	
26	HN0217	西岛	三亚	省控、功能区	
27	HN0220	铁炉港度假旅游区	三亚	功能区	2013 年新增
28	HN0221	崖州养殖区	三亚	功能区	2013 年新增
29	HN2701	桥头金牌	澄迈	国控、省控、功能区	
30	HN2702	马村港	澄迈	省控、功能区	
31	HN2704	盈滨半岛	澄迈	省控、功能区	2013 年新增
32	HN2801	临高近岸	临高	国控	
33	HN2802	美夏区	临高	省控点兼功能区测点	2013 年撤销
34	HN2803	马袅区	临高	省控、功能区	
35	HN2804	金牌港	临高	功能区	
36	HN2805	新美夏区	临高	省控、功能区	2013 年新增
37	HN2806	后水湾	临高	功能区	2013 年新增
38	HN2807	新盈渔港	临高	功能区	2013 年新增
39	HN3101	昌江近岸	昌江	国控点	
40	HN3102	昌化港口区	昌江	省控、功能区	
41	HN3103	棋子湾度假旅游区	昌江	省控、功能区	2013 年新增
42	HN3104	昌江核电	昌江	省控、功能区	2013 年新增
43	HN3401	香水湾	陵水	国控、省控、功能区	
44	HN3402	陵水湾	陵水	国控、功能区	
45	HN3403	黎安港	陵水	省控、功能区	
46	HN3404	新村港养殖区	陵水	省控、功能区	2013 年撤销
47	HN3405	新村港度假旅游区	陵水	省控、功能区	2013 年新增
48	HN3406	陵水湾养殖区	陵水	功能区	2013 年新增
49	HN3407	土福湾	陵水	省控、功能区	2013 年新增
50	HN9201	潭门港湾	琼海	国控点	
51	HN9202	博鳌湾	琼海	国控、省控、功能区	
52	HN9203	青葛港	琼海	省控、功能区	
53	HN9204	博鳌港	琼海	功能区测点	2013 年撤销
54	HN9205	琼海麒麟菜自然保护区	琼海	省控、功能区	2013 年新增
55	HN9206	潭门渔港	琼海	功能区	2013 年新增
56	HN9301	兵马角	儋州	国控	
57	HN9302	新英湾养殖区	儋州	国控、省控、功能区	

序号	点位代码	点位名称	所在市(县)	点位类型	备注
58	HN9303	儋洲白蝶贝自然保护区	儋州	国控、省控、功能区	
59	HN9304	洋浦鼻	儋州	国控、功能区	
60	HN9305	海头港渔业养殖区	儋州	省控、功能区	
61	HN9306	头东村养殖区	儋州	省控、功能区	
62	HN9307	三都海域	儋州	省控、功能区	2013 年撤销
63	HN9308	洋浦港	儋州	省控、功能区	
64	HN9309	新三都海域	儋州	省控、功能区	2013 年新增
65	HN9310	观音角	儋州	省控、功能区	2013 年新增
66	HN9401	求雨村养殖区	乐东	省控、功能区	2013 年撤销
67	HN9402	望楼港养殖区	乐东	省控、功能区	2013 年撤销
68	HN9403	莺歌海	乐东	省控、功能区	2013 年新增
69	HN9404	龙栖湾	乐东	省控、功能区	2013 年新增
70	HN9405	龙沐湾	乐东	省控、功能区	2013 年新增
71	HN9501	抱虎港湾	文昌	国控点	
72	HN9502	抱虎角	文昌	国控、省控点、功能区	
73	HN9503	铜鼓岭近岸	文昌	国控。省控点、功能区	
74	HN9504	东郊椰林	文昌	国控、省控点、功能区	
75	HN9505	八门湾养殖区	文昌	省控、功能区	2013 年撤销
76	HN9506	清澜港	文昌	省控、功能区	
77	HN9507	冯家湾滨海娱乐区	文昌	省控、功能区	
78	HN9508	清澜红树林自然保护区	文昌	省控、功能区	
79	HN9509	八门湾度假旅游区	文昌	功能区	2013 年新增
80	HN9510	木兰头	文昌	功能区	2013 年新增
81	HN9601	大洲岛	万宁	国控、功能区	
82	HN9602	小海	万宁	省控、功能区	
83	HN9603	石梅湾	万宁	省控、功能区	
84	HN9604	乌场	万宁	省控、功能区	
85	HN9605	山钦湾度假旅游区	万宁	省控、功能区	2013 年新增
86	HN9606	英豪半岛度假旅游区	万宁	功能区	2013 年新增
87	HN9701	八所化肥厂外	东方	国控、省控、功能区	
88	HN9702	乐东-东方近岸	东方	国控、功能区	
89	HN9703	八所港	东方	省控、功能区	
90	HN9704	东方盐场	东方	省控、功能区	2013 年撤销
91	HN9705	北黎河口养殖区	东方	功能区	2013 年撤销
92	HN9706	感恩养殖区	东方	省控、功能区	2013 年新增
93	HN9707	黑脸琵鹭省级自然保护区	东方	省控、功能区	2013 年新增

表 8 2015 年海南省近岸海域质量监测情况汇总

业务类别	监测范围	监测频次	监测项目
水质监测	80 个监测点位(29 个国控点位,55 个省控点位,68 个功能区点位)	半年一次	必测项目为水温、悬浮物、盐度、pH 值、溶解氧、化学需氧量(碱性锰法)、石油类、活性磷酸盐、无机氮(亚硝酸盐氮、硝酸盐氮、氨氮)、汞、铜、铅、镉和非离子氨共 14 项。全年开展一次水质全项目监测,监测项目为《海水水质标准》(GB 3097—19997)中除放射性核素和病原体外的全部项目

6. 辐射环境质量监测

2011～2015 年,海南省辐射环境监测点位由 24 个增加至 42 个,包括 16 个空气吸收剂量率监测点(含 4 个自动站)、4 个大气监测点、3 个海水监测点、7 个饮用水水源水监测点、1 个地下水监测点、1 个地表水监测点、3 个土壤监测点、3 个海洋生物监测点和 4 个电磁辐射监测点,覆盖 9 个市(县)和三沙、儋州、文昌近岸海域,涉及 5 大类 32 个辐射监测项目(表 9)。

表 9 海南省辐射环境监测方案

监测对象	监测项目	监测点位	频次	备注
空气吸收剂量率	γ 辐射剂量率(连续)	海口市海南广场 海口市红旗镇站* 三亚市榆亚路站* 三沙市永兴岛站*	连续	* 为 2012 年新增
	空气吸收剂量率 γ 辐射剂量率(累积)	海口市金牛岭公园 海口市人民公园 海口市东寨港红树林保护区 三亚市鹿回头公园 三亚市三亚湾 三亚市白鹭公园 五指山市水满乡 东方市三角公园 琼海市博鳌论坛会址 儋州市峨蔓兵马角 昌江县棋子湾 三沙市永兴岛	1 次/季	

续表

监测对象		监测项目	监测点位	频次	备注
大气	空气中碘	^{131}I、^{125}I	海口市红旗镇站	1次/月	2015年新增
	气溶胶	^{90}Sr、γ核素(^{7}Be、^{232}Th、^{228}Ac、^{226}Ra、^{40}K、^{134}Cs、^{137}Cs、^{131}I、^{133}I)	海口市海南广场 三亚市榆亚路站 三沙市永兴岛站 海口市红旗镇站	1次/月	2013年新增
	沉降物	^{90}Sr、^{3}H、γ核素(^{7}Be、^{232}Th、^{228}Ac、^{226}Ra、^{40}K、^{134}Cs、^{137}Cs、^{131}I、^{133}I)	海口市海南广场	1次/季	
	氚	氚化水蒸气	海口市海南广场	1次/年	
水体	地表水	总α、总β、U、Th、^{226}Ra、^{90}Sr、^{137}Cs	儋州市松涛水库	2次/年	2013年新增
	饮用水水源水	总α、总β、U、Th、^{226}Ra、^{90}Sr、^{137}Cs	海口市龙塘饮用水水源地	2次/年	2015年新增
		总α、总β	海口永庄水库饮用水水源保护区 海口秀英水厂 三亚水源池水库饮用水水源保护区 三亚大隆水库饮用水水源保护区 三亚赤田水库饮用水水源保护区 三亚半岭水库饮用水水源保护区	2次/年	
	地下水	总α、总β、U、Th、^{226}Ra、^{40}K	海口市省环科院	1次/年	2013年新增
	海水	U、Th、^{226}Ra、^{90}Sr、^{137}Cs	儋州市峨蔓兵马角 三沙市永兴岛 文昌市铜鼓岭	1次/年	
生物	海洋生物	γ核素(^{60}Co、^{226}Ra、^{137}Cs)、^{90}Sr	儋州兵马角 三沙永兴岛 文昌铜鼓岭	1次/年	2014年新增
土壤	土壤	γ核素(^{238}U、^{232}Th、^{226}Ra、^{40}K、^{137}Cs)	海口市金牛岭公园 海口市东寨港红树林保护区 三亚市三亚湾	1次/年	
电磁	电磁	射频电场强度	海口市人民公园 三亚市海月广场 海口市中波发射台	1次/年	
		工频电磁场	海口市海甸岛110kV变电站	1次/年	

7. 声环境质量监测

2011～2015 年,全省除三沙市外的 18 个市(县)开展了城市(镇)昼间区域环境噪声监测,测点数 1 713 个,覆盖面积为 194.13 km^2;每 5 年的第三年开展一次夜间区域环境噪声监测。18 个市(县)开展城市(镇)昼间道路交通噪声监测,监测路段 210 条,测点数 360 个,监测路段长度 372.38 km;每 5 年的第三年开展一次夜间道路交通噪声监测。地级以上城市海口市、三亚市按国家要求开展了功能区声环境质量季度监测,三亚市 2013 年开始开展功能区噪声监测,地级以上城市共布设 13 个监测点位,其中海口市 4 个,三亚市 9 个,每个季度监测一天 24 小时。

8. 生态遥感监测

2011～2015 年,利用遥感影像开展了全省生态环境遥感监测。依据《生态环境状况评价技术规范(试行)》(HJ/T 192—2006),按照全国生态环境遥感监测与评价实施方案和海南省生态环境遥感监测与评价实施方案,在遥感调查的基础上,进行遥感解译,建立生态环境遥感数据库,结合 SO_2、COD、固体废物等环境数据,计算生态环境状况指数(EI),进行全省和各市(县)生态环境状况评价。